中国电子教育学会高教分会推荐

应用型本科高校系列教材

大学计算机基础实训教程

主　编　杨再丹

副主编　李绿山　康万杰　臧绍刚

西安电子科技大学出版社

内 容 简 介

本书是《大学计算机基础》配套的实训教材。全书以理论教学周次为实训单元，既有专门针对每堂理论课中重要知识点的小实验，又有每章节教学完成后提高和拓展学生实际应用能力的综合性实验。本书内容主要包括计算机硬件的组成与连接，相关教学工具软件的安装及使用，Windows 7 的组成及操作，网络的设置与测试，局域网的典型应用，Internet 的应用，文字处理软件 Word 2010、电子表格软件 Excel 2010、电子演示文稿软件 PowerPoint 2010 的使用，计算机应用技术基础习题(涵盖了全国计算机等级考试《MS Office 高级应用》考试大纲的内容及模拟试题等)。

本书可作为高等院校各专业"计算机基础"课程的教材，也可以作为计算机技术培训教材，同时还可作为广大计算机爱好者自学用书。

图书在版编目（CIP）数据

大学计算机基础实训教程/杨再丹主编. —西安：西安电子科技大学出版社，2016.8(2020.8 重印)
应用型本科高校系列教材
ISBN 978–7–5606–4247–5

Ⅰ. ① 大…　Ⅱ. ① 杨…　Ⅲ. ① 电子计算机—高等学校—教材　Ⅳ. ① TP31

中国版本图书馆 CIP 数据核字(2016)第 181793 号

策　　划　毛红兵
责任编辑　毛红兵
出版发行　西安电子科技大学出版社(西安市太白南路 2 号)
电　　话　(029)88242885　88201467　　邮　　编　710071
网　　址　www.xduph.com　　　　　　电子邮箱　xdupfxb001@163.com
经　　销　新华书店
印刷单位　陕西天意印务有限责任公司
版　　次　2016 年 8 月第 1 版　　2020 年 8 月第 7 次印刷
开　　本　787 毫米×1092 毫米　1/16　印　张　21
字　　数　493 千字
印　　数　45 201～46 200 册
定　　价　40.00 元

ISBN 978–7–5606–4247–5/TP

XDUP 4539001–7

如有印装问题可调换

序

2015 年 5 月教育部、国家发展改革委、财政部"关于引导部分地方普通本科高校向应用型转变的指导意见"指出：当前，我国已经建成了世界上最大规模的高等教育体系，为现代化建设作出了巨大贡献。但随着经济发展进入新常态，人才供给与需求关系深刻变化，面对经济结构深刻调整、产业升级加快步伐、社会文化建设不断推进，特别是创新驱动发展战略的实施，高等教育结构性矛盾更加突出，同质化倾向严重，毕业生就业难和就业质量低的问题仍未有效缓解，生产服务一线紧缺的应用型、复合型、创新型人才培养机制尚未完全建立，人才培养结构和质量尚不适应经济结构调整和产业升级的要求。

因此，完善以提高实践能力为引领的人才培养流程，率先应用"卓越计划"的改革成果，建立产教融合、协同育人的人才培养模式，实现专业链与产业链、课程内容与职业标准、教学过程与生产过程对接。建立与产业发展、技术进步相适应的课程体系，与出版社、出版集团合作研发课程教材，建设一批应用型示范课程和教材，已经成了目前发展转型过程中本科高校教育教学改革的当务之急。

长期以来，本科高校虽然区分为学术研究型、教学型、应用型又或者一本、二本、三本等类别，但是在教学安排、教材内容上都遵循统一模式，并无自己的特点，特别是独立学院"寄生"在母体学校内部，其人才培养模式、课程设置、教材选用，甚至教育教学方式都是母体学校的"翻版"，完全没有自己的独立性，导致独立学院的学生几乎千篇一律地承袭着二本或一本的衣钵。不难想象，当教师们拿着同样的教案面对着一本或二本或三本不同层次的学生，在这种情况下又怎么能够培养出不同类型的人才呢？高等学校的同质性问题又该如何破解？

本科高校尤其是地方高校和独立学院创办之初的目的是要扩大高等教育办学资源，运用自己新型运行机制，开设社会急需热门专业，培养应用型人才，为扩大高等教育规模，提高高等教育毛入学率添彩增辉，而今，这个目标依然不能动摇。特别是，适应我国新形势下本科院校转型之需要，更应该办出自己的特色和优势，即，既不同于学术研究型、教学型高校，又有别于高职高专类院校的人才培养定位，应用型本科高校应该走自己的特色之路，在人才培养模式、专业设置、教师队伍建设、课程改革等方面有所作为、有所不为，经过贵州省部分地方学院、独立学院院长联席会多次反复讨论研究，我们决定从教材编写着手，探索建立适应于应用型本科院校的教材体系，因此，才有了这套"应用型本科高校系列教材"。

本套教材具有以下一些特点：

一是协同性。这套教材由地方学院、独立学院院长们牵头；各学院具有副教授职称以上的教师作为主编；企业的专业人士、专业教师共同参编；出版社、图书发行公司参与教材选题的定位，可以说，本套教材真正体现了协同创新的特点。

二是应用性。本套教材编写突破了多年来地方学院、独立学院的教材选用几乎一直同一本或母体学校同专业教材的体系结构完全一致的现象，完全按照应用型本科高校培养人才模式的要求进行编写，既废除了庞大复杂的概念阐述和晦涩难懂的理论推演，又深入浅出地进行了情境描述和案例剖析，使实际应用贯穿始终。

三是开放性。以遵循充分调动学生自主学习的兴趣为契机，把生活中，社会上常见的现象、行为、规律和中国传统的文化习惯串联起来，改变了传统教材追求"高、大、全"、面面俱到，或是一副"板着脸训人"的高高在上的编写方式，而是用最真实、最符合新时代青年学生的话语方式去组织文字，以改革开放的心态面对错综复杂的社会和价值观等问题，促进学生进行开放式思考。

四是时代性。这个时代已经是互联网＋的大数据时代，教材编写适宜短小精悍、活泼生动，因此，这些教材充分体现了互联网＋的精神，或提出问题、或给出结论、或描述过程，主要的目的是让学生通过教材的提示自己去探索社会规律、自然规律、生活经历、历史变迁的活动轨迹，从而，提升他们抵抗风险的能力，增强他们适应社会、驾驭机会、迎接挑战的本领。

我们深知，探索、实践、运作一套系列教材的工作是一项旷日持久的浩大工程，且不说本科学院在推进向应用型转变发展过程中日积月累的诸多欠账一时难还，单看当前教育教学面临的种种困难局面，我们都心有余悸。探索科学的道路总不是平坦的，充满着艰辛坎坷，我们无所畏惧，我们勇往直前，我们用心灵和智慧去实现跨越，也只有这样行动起来才无愧于这个伟大的时代所赋予的历史使命。由于时间仓促，这套系列教材会有不尽人意之处，不妥之处在所难免，还期盼同行的专家、学者批评斧正。

"众里寻他千百度，蓦然回首，那人却在，灯火阑珊处。"初衷如此，结果如此，希望如此，是为序言。

应用型本科高校系列教材委员会

2016 年 8 月

应用型本科高校系列教材编委会

前　言

计算机应用技术是一门理论性和实践性都非常强的学科。通过"大学计算机基础"课程的学习，学生已经掌握了一定的理论知识，但仍需要配合大量的上机操作才能巩固和提高，才能够灵活应用于实际的工作和学习中。为此，编者总结了长期的实际教学经验，编写了与《大学计算机基础》相配套的《大学计算机基础实训教程》，旨在加强计算机应用技术的实践环节，帮助学生有目的、有针对性地进行训练，以达到培养学生的上机动手能力、解决实际问题能力及知识综合运用能力的目的。

本书的上机及实验内容均以理论教学周次为单元进行组织，内容与课堂教学相辅相成，让学生能够明确每堂实验课的目标和意义，能够将课堂上学到的理论知识立即应用于实践，解决了学生在实践课上"不知道做什么"和"不知道怎么做"的实际困难。

本书采用任务驱动、由浅入深的学习模式，首先让学生完成一些简单的、基础的实验，逐步建立起上机操作的兴趣和成就感，然后再积极、主动地完成一些难度较高的综合性实验。

本书提供了丰富详尽的实验素材、详细的操作步骤和实验参考结果，让学生不仅能够在教师的课堂指导之下进行学习，而且还可以在课后独立自主地完成相关练习。

在本书中，学生所有的上机操作结果均能以文件的形式保存下来，或上传至 FTP 服务器，最大程度地方便了教师对学生作业的批阅及上机实践成绩的统计，督促和鼓励学生按时按量完成相关实验，掌握相关知识。

同时，为了便于阅读和理解，本书作如下约定：

- 书中使用的中文菜单和命令名称用引号（""）括起来，如果是级联菜单，则用"—"连接，如"插入"—"引用"—"脚注和尾注"，表示先单击"插入"菜单，再单击"引用"子菜单项，最后单击执行"脚注和尾注"命令。
- 如没有特殊说明，书中的"单击"、"双击"和"拖动"均是指用鼠标左键进行操作，而"右击"是指用鼠标右键单击。
- 本书中用"+"号连接的两个键或三个键表示组合键，在操作时表示同时按下这两个键或三个键。例如：Ctrl+A 是指先按下 Ctrl 键不放，再按下 A 键，结束时先释放 A 键，再释放 Ctrl 键。

本书由杨再丹、李绿山、康万杰、臧绍刚编写，由杨再丹统稿。本书在编写过程中得到了贵州民族大学何彪教授、陈加法教授及其他长期从事计算机相关教学的一线教师的大力支持和帮助，在此一并表示诚挚的感谢！

本书配套资源请在西安电子科技大学出版社教学资源网下载(www.xdup.com)。

由于时间仓促，作者水平有限，本书不足之处在所难免。为便于以后教材的修订，恳请各位专家、教师及读者多提宝贵意见。主编的邮箱地址：yzd0017544@sina.com。

编　者
2016.6

目　　录

第 1 单元 上机及实验

✕✕

一、计算机主机的外部连接及内部结构
二、计算机的开机、关机及重新启动
三、鼠标及键盘的基本使用
四、指法训练

✕✕

在桌面上以"自己名字+的第 01 次作业"(如：李四的第 01 次作业)为名新建一个文件夹，以下简称"自己文件夹"，用于保存本次上机操作的结果，上机结束后将此文件夹压缩并上传到 FTP 服务器的"第 01 周作业上传"文件夹中。

1.1 计算机主机的外部连接及内部结构

(1) 将计算机主机轻轻从电脑桌内移出，先仔细观察其原来的连线并做好记录。

(2) 将主机后部的所有连线拆除。

注意：

■ 拆除电源线、鼠标线、键盘线、USB 设备及音箱话筒线时，应捏紧插头部分，缓慢向外用力，如果插头太紧可左右轻轻摇晃并适当增加力度，但不能在连线上用力拉扯。

■ 显示器插头的两端各有一个固定螺丝，先逆时针旋转使其完全与插座脱离，再将插头轻轻取下。

■ 网线插头上有一个弹片卡子，先压下此弹片，再将插头轻轻取下。

(3) 将主机摆放到一个比较宽敞的平台上，参考图 1-1 及图 1-2，依次找到以下部件，并在作业本上记录其标记及外形特征：电源开关、复位开关、电源指示灯、硬盘读写指示灯、光驱进出盒按钮、前置 USB 接口、前置音频接口、电源接口、键盘接口、鼠标接口、串/并行接口、网线接口、显示器接口、后置 USB 接口、后置音频接口。

(4) 主机外部结构观察记录完成后，用十字形螺丝刀将主机的右侧面板拆开，参考图 1-3。

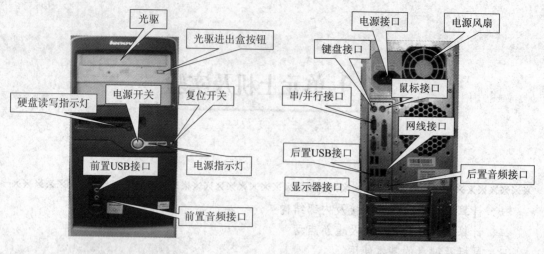

图 1-1　主机前面板组成　　　　　　　　图 1-2　主机后面板组成

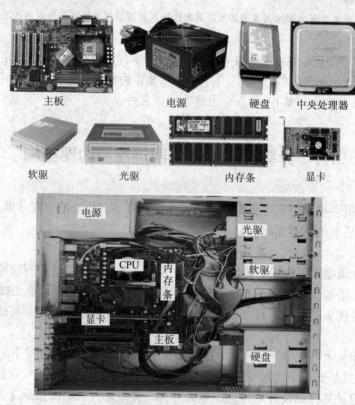

图 1-3　主机内部结构

(5) 观察并记录各部件的外形及连接，完成后关闭机箱面板，并将所有连线正确安装回主机，注意：

■　各接口均有方向，插入前应注意区别。

■　键盘和鼠标接口外形比较相似，但颜色不同，其中紫色接口用于连接键盘，而浅绿色接口用于连接鼠标，并且都有防插错缺口，安装时要将两个缺口对应，如图 1-4 所示。

图 1-4　PS/2 防插错缺口

■　连接音频插头时，耳机、音箱应插在蓝色的接口上，话筒插在粉红色的接口上。

(6) 全部连线安装完成后仔细检查一遍，确认无误后再将机箱放入计算机桌。

(7) 验证计算机能否正常开机，如有异常应立即报告指导教师或机房管理员。

1.2　计算机的开机、关机及重新启动

1. 开机

(1) 打开显示器电源。

(2) 按下主机前面板上的电源开关，此时相应的电源指示灯点亮，计算机即进入加电自检(POST)程序，检查计算机中的各种主要硬件参数是否正确、工作是否正常，其间会在屏幕上显示一个记录计算机中各主要部件配置参数的表格，如图 1-5 所示(注：如此表格被计算机厂家的标识画面遮盖，可在计算机开机后按下键盘上的 Tab 键；若表格停留太短看不清楚，可在刚显示表格时快速按下键盘上的 Pause Break 键)，完成后再从硬盘启动相应的操作系统程序，如图 1-6 所示，当出现了 Windows 桌面后，计算机的开机过程结束，如图 1-7 所示。

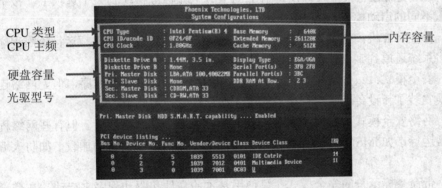

图 1-5　开机自检结果

图 1-6　启动 Windows 7

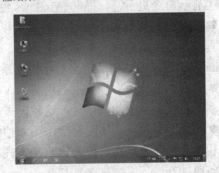

图 1-7　开机完成

2. Windows 7 的高级启动选项

当计算机出现故障而不能正常启动后，用户可以使用 Windows 7 提供的"高级启动选项"来启动 Windows，以便修改注册表或者加载/删除驱动程序，解决大部分硬件及软件问题。

(1) 启动计算机，并在显示完系统自检表格后快速按下键盘上的 F8 键，即可进入到 Windows 7 的"高级启动选项"菜单，如图 1-8 所示。

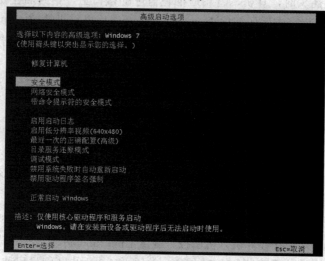

图 1-8　Windows 7 高级启动选项

(2) 在出现的选项菜单中，用键盘上的上、下光标键移动到某个选项上，按下回车键即可进入不同的启动模式，其中：

■ 修复计算机：当 Windows 7 无法正常启动时，可使用此选项运行诊断程序来修复系统或将系统还原到某个正常时候的状态。

■ 安全模式：只加载系统最小的服务和最基本的硬件驱动程序，但无网络连接。一般在错误安装了新设备或驱动程序后系统无法启动时使用此项。

■ 网络安全模式：在最小安全模式的基础上增加了网络连接。但有些网络程序可能无法正常运行，如 MSN 等，还有很多自启动的应用程序不会自动加载，如防火墙、杀毒软件等。

■ 带命令提示符的安全模式：只使用基本的文件和驱动程序来启动，在登录之后，屏幕上显示命令提示符，而非 Windows 图形界面。

■ 启用启动日志：以最小的安全模式启动，同时将由系统加载(或没有加载)的所有驱动程序和服务记录到一个文本文件中，该文件名为 ntbtlog.txt，它位于%windir%(默认为 C:\windows)目录中。启动日志对于确定系统启动问题的准确原因很有用。

■ 启用低分辨率视频：利用基本 VGA 驱动程序启动。当安装了使 Windows 不能正常启动的新视频卡驱动程序时，这种模式十分有用。

■ 最近一次正确的配置(高级)：使用 Windows 最后一次正常关闭时所保存的注册表信息和驱动程序来启动，但是该启动方式不能解决由于驱动程序或文件被损坏或丢失所导致的问题。

■ 目录服务还原模式：这是针对服务器操作系统的，并只用于还原域控制器上的 SYSVOL 目录和 ActiveDirectory 目录服务。

■ 调试模式：启动时通过串行电缆将调试信息发送到另一台计算机。

■ 禁用系统失败时自动重新启动：阻止 Windows 在崩溃后自动重新启动。

■ 禁用驱动程序签名强制：允许在 Windows 中加载包含不正确签名的硬件驱动程序。

3. 关机

关机操作就是关闭所有打开的窗口及正在运行的程序。

(1) 单击任务栏上的"开始"按钮，打开"开始"菜单。

(2) 在"开始"菜单中直接单击"关机"按钮，可退出 Windows 系统并关闭主机电源。当然，也可以根据需要单击"关机"按钮右侧的三角形按钮，在打开的选项列表中选择其他的关机模式，如图 1-9 所示。

图 1-9　关闭计算机选项

注意：

■ 如果在 Windows 控制面板的电源选项中正确设定了电源开关的功能，也可直接通过按下电源开关来关闭系统，如图 1-10 所示。

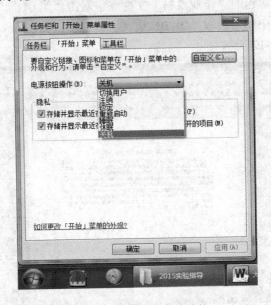

图 1-10　设置电源开关功能

■ 在计算机死机后，长按电源开关 5 秒钟以上，可强行关闭主机电源。

4. 重新启动

关闭所有打开的窗口及正在运行的程序，并在关机选项中选择"重新启动"命令。当然，在计算机死机的情况下也可直接按下主机前面板上的复位开关(Reset)来强制重新启动计算机。

1.3 鼠标及键盘的基本使用

(1) 在桌面空白区域右击鼠标，从弹出的快捷菜单中选择"新建"—"文件夹"命令，新建一个文件夹，当出现如图 1-11 所示的提示时，按住键盘上的 Ctrl 键不放，多次按下 Shift 键，直到启动自己熟悉的汉字输入法为止，并输入"李四的第 01 次作业"，这样就在桌面上以自己的名字建立了一个空文件夹。

注意：以后每次上机都需要按此方法来建立文件夹，所有的上机操作结果都保存在此文件夹中，最后将此文件夹上传到 FTP 服务器。

图 1-11　新建文件夹以保存上机结果

(2) 在本书配套资源包的"作业素材"文件夹中双击"第 01 周"图标。

(3) 在打开的窗口中单击选取"第 01 周 键盘功能练习题.docx"文档，再按下 Enter 键打开该文档，如图 1-12 所示。

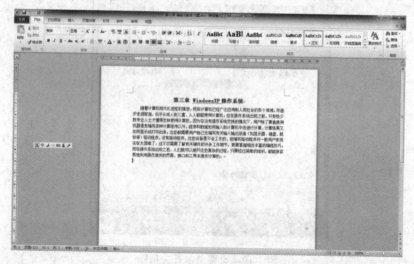

图 1-12　打开鼠标及键盘操作示例文档

(4) 在打开的 Word 窗口中单击标题栏右端的"向下还原"按钮,如图 1-13 所示。

(5) 将鼠标光标移动到窗口的上边缘,当光标呈"↕"形状时,拖动鼠标改变窗口的高度;将鼠标光标移动到窗口的右边缘,当光标呈"↔"形状时,拖动鼠标改变窗口的宽度;将鼠标光标移动到窗口的右下角,当光标呈"↘"形状时,拖动鼠标改变窗口的大小;再移动光标至窗口的标题栏上,拖动鼠标移动窗口到屏幕的右上角。

图 1-13　取消窗口最大化

(6) 把第一段从第二行第九个字后分成两段,用 Backspace 键删除标题中的"XP"两个字符,用 Del 键删除第一段的"进程"两个汉字;用 Tab 键增加第一段第一行的起始位置。

(7) 在文档的最后输入"Windows XP!!!"

(8) 用鼠标从第一段的开始拖动到结束位置,选取第一段,使用 Ctrl + C 及 Ctrl + V 组合键将第一段复制到文档的最后,操作结果如图 1-14 所示。

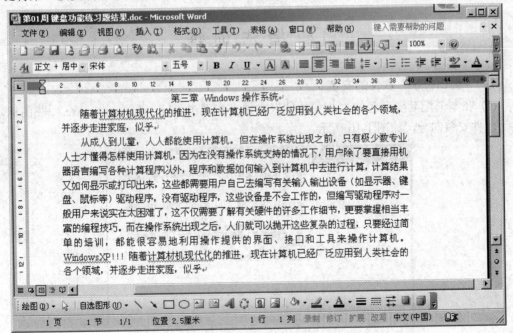

图 1-14　鼠标及键盘操作后的示例文档

(9) 在键盘上按下 Alt + F 组合键,打开 Word 的文件菜单,再按 A 键,即可打开"另存为"对话框,如图 1-15 所示。

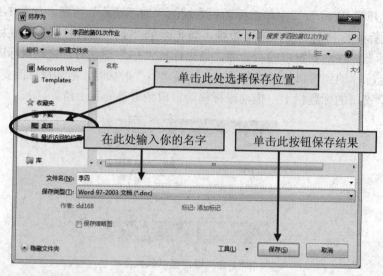

图 1-15　保存练习结果

(10) 单击对话框的"保存位置"右侧的下拉按钮，选择"桌面"，再双击"李四的第01 次作业"图标。

(11) 在"文件名"栏中输入你自己的名字，单击"保存"按钮，这样编辑后的文档将以你自己的名字为文件名保存在自己的文件夹中。

(12) 用组合键 Alt + F4 关闭文档。

1.4　指　法　训　练

1."金山打字"软件的安装

(1) 在本书配套资源包的"相关软件"文件夹中双击"kinsofttypeeasy.exe"图标，启动软件安装向导，如图 1-16 所示。

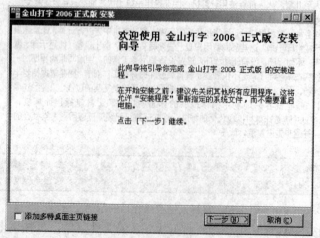

图 1-16　启动软件安装向导

(2) 在安装向导中单击"下一步"按钮，打开许可协议向导，如图1-17所示。

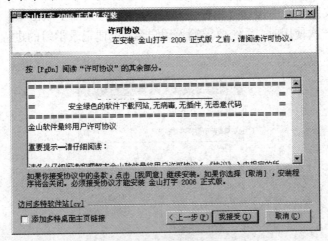

图 1-17 接受软件安装协议

(3) 在许可协议向导中单击"我接受"按钮，打开安装位置向导，如图1-18所示。

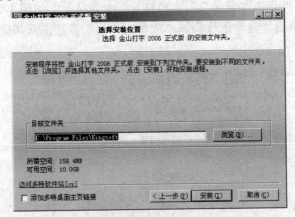

图 1-18 选择软件安装位置

(4) 在安装位置向导中直接单击"安装"按钮，向导将自动将有关文件解压缩并复制到硬盘的相应位置，最后显示安装完成提示对话框，如图1-19所示。

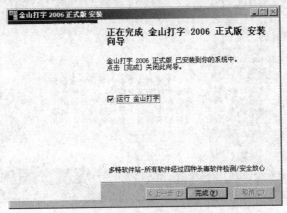

图 1-19 完成软件安装

2."金山打字"软件的使用

(1) 在完成安装向导中勾选"运行 金山打字"或在桌面上双击  图标,即可启动金山打字程序。第一次使用时,系统要求输入用户名,以便记录学习的进程和成绩,如图 1-20 所示。

图 1-20　金山打字程序用户登录

(2) 输入用户名并单击"登录"后,将打开一个对话框,如图 1-21 所示,提示用户是否进行学前测试,单击"是"进行测试,或单击"否"直接进入如图 1-22 所示的主界面练习。

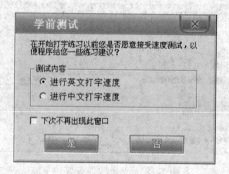

图 1-21　选择是否进行学前测试

图 1-22　金山打字程序主界面

(3) 先在主界面中单击"打字教程"按钮，复习一下指法知识，如图 1-23 所示。

图 1-23　金山打字程序打字教程

(4) 复习完成指法知识后，返回主界面，再单击"英文打字"按钮，将打开如图 1-24 所示界面。

图 1-24　英文打字模式

(5) 在"英文打字"界面中用户可根据自己的基础选择一种"初级键位练习"、"高级键位练习"、"单词练习"及"文章练习"模式。

(6) 在键位比较熟悉后，为提高学习的兴趣和输入速度，也可在主界面中单击"打字游戏"按钮，打开"打字游戏"进行练习，如图 1-25 所示。

图 1-25　金山打字程序中的打字游戏

注意：

- 坚决改掉以前不正确的指法习惯，一切从零开始。
- 杜绝"一指禅"、"二指禅"、"二郎腿"。
- 杜绝在键盘上边看边找键，一定要实现盲打。
- 保持正确的姿势和手指分工，杜绝手指相互帮忙。
- 刚开始时不要盲目追求速度，一定要在指法正确的前提下练习。

提交作业

将自己文件夹压缩并上传到 FTP 服务器的"第 01 周作业上传"文件夹中。

第2单元 上机及实验

※※※※※※※※※※※※※※※※※※※※※※※※※※※※※※※※※※※※
一、微软拼音(ABC 输入风格)输入法的使用
二、五笔字型输入法的使用
三、五笔字根练习
※※※※※※※※※※※※※※※※※※※※※※※※※※※※※※※※※※※※

在桌面上以"自己名字＋的第 02 次作业"(如：李四的第 02 次作业)为名新建一个文件夹，以下简称"自己文件夹"，用于保存本次上机操作的结果，上机结束后将此文件夹压缩并上传到 FTP 服务器的"第 02 周作业上传"文件夹中。

2.1　微软拼音(ABC 输入风格)输入法的使用

1. 微软拼音输入法的启动及关闭

(1) 在 Windows 7 的任务栏中单击输入法切换按钮 ，并在打开的输入法列表中选择"中文(简体)-微软拼音 ABC 输入风格"图标，如图 2-1 所示。或连续按下键盘上的 Ctrl + Shift 组合键。当任务栏中显示" "图标时，即可启动微软拼音输入法，如图 2-2 所示。

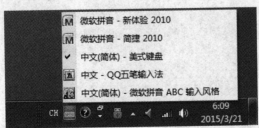

图 2-1　启动"中文(简体)-微软拼音 ABC 输入风格"输入法

图 2-2　启动微软拼音 ABC 输入风格输入法

(2) 启动微软拼音输入法后，可在任务栏上单击" "按钮并选择"EN 英语(美国)"项，或按下 Ctrl+空格键，均可关闭微软 ABC 拼音输入法，如图 2-3 所示。

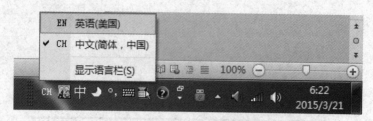

图 2-3 关闭"微软拼音 ABC 输入风格"输入法

2．设置微软拼音输入法

(1) 设置输入法状态栏位置。

在默认情况下，当启动输入法后，系统会在任务栏通知区域中显示输入法的状态栏，用户可以根据需要在任务栏上单击" **CH** "按钮并选择"显示语言栏"项将其设置为浮动状态栏，并可拖动其前方的" ▌"按钮来改变位置，也可单击其右上角的" ▐ "按钮将状态栏还原到任务栏通知区域，如图 2-4 所示。

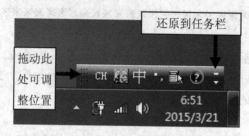

图 2-4 设置输入法状态栏位置

(2) 设置输入法状态栏显示项目。

单击输入法状态栏右下角的下拉按钮，可根据需要来显示或隐藏输入法的功能按钮，如图 2-5 所示。

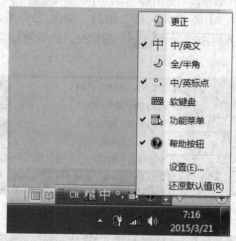

图 2-5 设置输入法状态栏显示项目

(3) 设置输入法属性。

使用中文输入法输入文字前，为方便使用和提高输入效率，通常需要根据个人习惯对输入法属性进行设置。

① 右击输入法状态栏，从快捷菜单中选择"设置"项，打开"文本服务和输入语言"对话框，如图 2-6 所示。

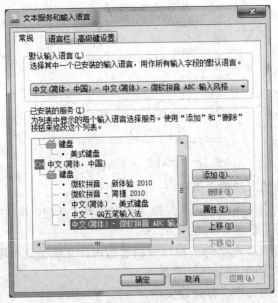

图 2-6   "文本服务和输入语言"对话框

② 在"已安装的服务"列表中选择"中文(简体)-微软拼音 ABC 输入风格"项并单击"属性"按钮，打开"Microsoft 微软拼音 ABC 输入风格 设置选项"对话框，如图 2-7 所示。

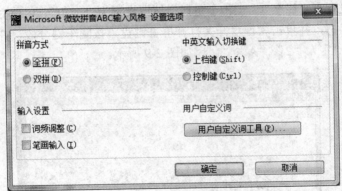

图 2-7   "Microsoft 微软拼音 ABC 输入风格 设置选项"对话框

③ 在对话框中根据需要设置"拼音方式"、"中英文输入切换键"、"输入设置"等项目。

④ 在对话框中单击"用户自定义词工具"按钮，打开"ABC 定义新词"对话框，将用户常用的短语定义为词语。例如：在"新词"后面的文本框中输入"贵州民族大学信息工程学院"，在"外码"中输入"a"，然后单击"添加"按钮，则用户新添加的短语就会加入到"浏览新词"列表中，如图 2-8 所示。这样，在输入文字的过程中，可以按下"ua"来快速地输入"贵州民族大学信息工程学院"这组文字了。

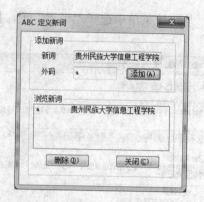

图 2-8 "ABC 定义新词" 对话框

3．使用微软拼音输入法输入信息

(1) 在桌面任意空白位置右击，从快捷菜单中选择"新建"—"文件夹"命令，以"李四的第 02 次作业"为名新建一个文件夹。

(2) 打开新建文件夹，在文件夹窗口空白处右击，从快捷菜单中选择"新建"—"文本文档"命令，并将文档更名为自己的名字。

(3) 双击刚才建立的文档，打开该文档。

(4) 切换到微软拼音 ABC 输入法，分别将状态条上的中英文切换按钮设置为"中文"、标准/双打切换按钮设置为"标准"、半角/全角切换按钮设置为"全角"、中英文标点切换按钮设置为"中文"状态，并在文档中依次输入："字"、"2"、"A"、"。"。

(5) 分别用鼠标单击以上按钮，将状态条上的中英文切换按钮设置为"英文"、标准/双打切换按钮设置为"标准"、半角/全角切换按钮设置为"半角"、中英文标点切换按钮设置为"英文"状态，并单击软键盘开关打开屏幕键盘，按回车键分段，并用屏幕键盘在文档中再次输入："字"、"2"、"A"、"。"，如图 2-9 所示。

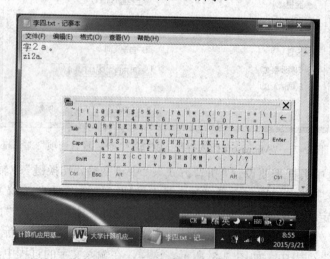

图 2-9 不同状态下输入的信息对比

(6) 在文档的第三行后以全拼(依次输入每个汉字的全部拼音代码，按空格键，再用数字键选字。注意，如果所需的字不在当前候选字列表中，可用"+"或"−"键翻页)。

(7) 以全拼方式输入以下汉字(400 字)，并统计时间及输入速度(字/分钟)。

交换机也称为"智能型集线器"。它是集线器的升级换代产品，从外观和线路连接上来看，它与集线器基本上没有多大区别，都是带有多个端口的设备，都可以通过 RJ45 端口来连接星型网络中的计算机，但是在交换机内部拥有一条很高带宽的背部总线和内部交换矩阵。交换机的所有的端口都挂接在这条背部总线上。控制电路收到数据包以后，处理端口会查找内存中的 MAC 地址对照表以确定目标网卡挂接在哪个端口上，通过内部交换矩阵直接将数据包迅速传送到目的节点，这样可以明显地提高数据传输效率，节约网络资源，避免网络堵塞，并且还可实现数据安全传输。这也是交换机快速取代集线器的重要原因之一。

另外，交换机也可以把一个大的网络分成若干个小的网络，通过对照地址表，交换机只允许必要的网络流量通过交换机，实现网络管理，这就是计算机网络中常用 VLAN 技术。通过交换机的过滤和转发，可以有效地隔离广播风暴，减少错误包的出现，避免共享冲突。

(8) 输入完成后再用简拼(对于常用或已经多次输入字词和成语只需输入其每个字的声母部分，如："有"(y)，"如果"(rg)，"计算机"(jsj)，"中共中央"(zgzy)，"中共中央委员会"(zgzywyh)等)的方法输入以上文字，比较其输入效率。

2.2　五笔字型输入法的使用

1. 五笔字型输入法的安装

(1) 在本书配套资源包中双击"相关软件"文件夹中的"五笔字型输入法安装程序.exe"图标，启动五笔字型输入法安装向导，如图 2-10 所示。

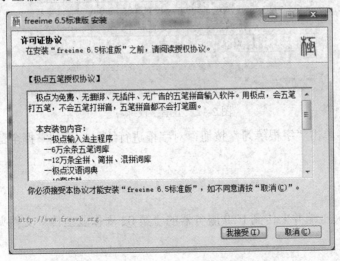

图 2-10　启动五笔字型输入法安装向导

(2) 在"安装向导"对话框中根据提示单击相应按钮，直到显示如图 2-11 所示的提示信息，完成五笔字型输入法的安装。

图 2-11　完成五笔字型输入法的安装

2. 五笔字型输入法的启动、关闭、手工造词、属性设置

参考微软拼音(ABC 输入风格)输入法的使用方法进行相关操作。

2.3　五笔字根练习

(1) 启动"金山打字 2006"程序，在主界面中单击"五笔打字"按钮，进入"五笔打字"界面，如图 2-12 所示。

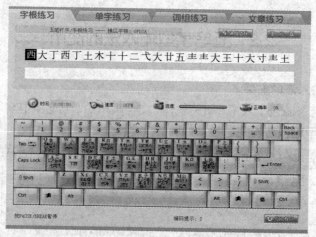

图 2-12　五笔字根练习

(2) 在界面中单击"字根练习"按钮，对字根进行练习，直到掌握全部字根为止。

提交作业

将自己文件夹压缩并上传到 FTP 服务器的"第 02 周作业上传"文件夹中。

第 3 单元 上机及实验

✖✖✖✖✖✖✖✖✖✖✖✖✖✖✖✖✖✖✖✖✖✖✖✖✖✖✖✖✖✖✖✖✖✖

一、屏幕截图
二、文件的压缩与解压缩
三、文件的下载与上传
四、汉字录入

✖✖✖✖✖✖✖✖✖✖✖✖✖✖✖✖✖✖✖✖✖✖✖✖✖✖✖✖✖✖✖✖✖✖

在桌面上以"自己名字＋的第 03 次作业"(如：李四的第 03 次作业)为名新建一个文件夹，以下简称"自己文件夹"，用于保存本次上机操作的结果，上机结束后将此文件夹压缩并上传到 FTP 服务器的"第 03 周作业上传"文件夹中。

3.1　屏　幕　截　图

1. 使用屏幕打印键(PrintScreen)

(1) 在计算机中任意启动一个应用程序或打开一个窗口，如在"附件"中打开"扫雷"游戏。

(2) 按下键盘下的 PrintScreen 键，尽管屏幕上没看出什么变化，但在计算机内部，已将当前屏幕上显示的所有信息复制并放入了系统剪贴板中。

(3) 单击"开始"按钮，在打开的"开始"菜单中依次选择"所有程序"—"附件"—"画图"，启动画图程序。

(4) 在"画图"程序中单击"粘贴"按钮，将刚才放入剪贴板中的屏幕信息粘贴到画图程序中，如图 3-1 所示。

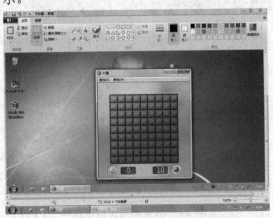

图 3-1　将屏幕显示的信息粘贴到画图程序

(5) 在"画图"程序中单击"文件"按钮，并选择"另存为"—"JPEG 图片"命令，如图 3-2 所示。

图 3-2　将图形保存到文件

(6) 在打开的"保存为"对话框中依次设置保存位置为桌面上自己创建的文件夹、文件名为自己的名字、文件类型为 .jpeg，如图 3-3 所示。

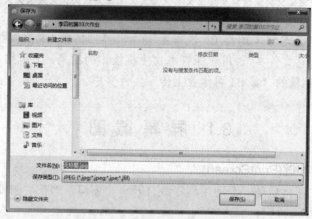

图 3-3　设置保存选项

(7) 单击"保存"按钮，将图形文件保存到计算机并关闭"画图"程序。

(8) 返回到第二步，先按下 Alt 键不放，再按 PrintScreen 键，启动"画图"程序，从剪贴板中将当前活动窗口的信息粘贴到画图程序中，结果如图 3-4 所示，再将图形以"活动窗口截图.jpg"为文件名保存到自己文件夹中。

图 3-4　截取活动窗口信息

2. 使用 Windows 7 截图工具

(1) 单击"开始"按钮，在打开的"开始"菜单中依次选择"所有程序"—"附件"—"截图工具"，启动截图程序，如图 3-5 所示。

图 3-5　启动 Windows 7 截图工具

(2) 将准备截取的区域切换为活动窗口(即在屏幕的最表层)，然后在"截图工具"程序界面中单击"新建"按钮，并用鼠标拖动选择截取区域，截图成功后将在"截图工具"程序界面中显示已截取到的图形，如图 3-6 所示。

图 3-6　使用 Windows 7 截图工具截图

(3) 在"截图工具"程序界面中单击"保存"、"复制"、"发送"、"笔"、"橡皮擦"等按钮对图形进行进一步的操作。这里我们单击"保存"按钮，打开"另存为"对话框，将图形保存在自己的文件夹中，如图 3-7 所示。

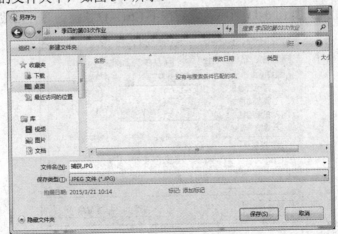

图 3-7　保存截图结果

3. 使用专业截图软件(HardCopy)。

(1) 在本书配套资源包中双击"相关软件"文件夹中的"ha-hardcopyp2.2-rain.exe"图标，启动 HardCopy 安装向导，如图 3-8 所示。

(2) 在安装向导中依次单击"下一步"按钮，直到显示如图 3-9 所示的对话框，完成安装。

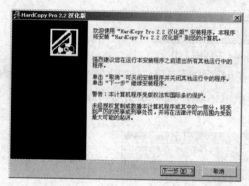
图 3-8　启动 HardCopy 安装向导

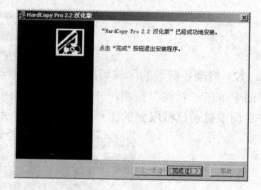
图 3-9　完成 HardCopy 安装

(3) 在桌面上双击 图标，打开 HardCopy 的主界面，如图 3-10 所示。

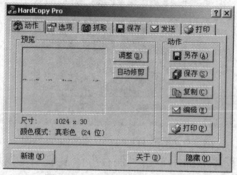
图 3-10　HardCopy 的主界面

(4) 在主界面中单击"选项"选项卡，给 HardCopy 设置动作的快捷按键。注意不要和 PrintScreen 设置冲突，如图 3-11 所示，设置按下 Ctrl + Q 快捷键时开始截图操作。

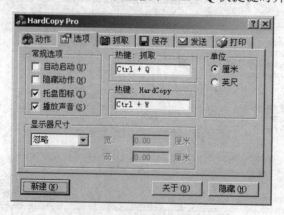
图 3-11　设置 HardCopy 的功能键

(5) 在主界面中单击"抓取"选项卡，给 HardCopy 设置一种截图模式，如图 3-12 所示。

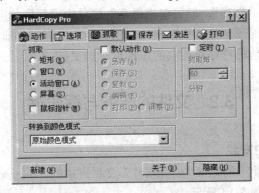

图 3-12 设置 HardCopy 的截图方式

其中各选项含义如下：

■ 矩形：手工拖动鼠标确定一个矩形截图区域。

■ 窗口：手工单击选择一个窗口作为截图区域。

■ 活动窗口：将当前活动窗口作为截图区域。

■ 屏幕：将整个屏幕作为截图区域。

■ 鼠标指针：截图时是否包含鼠标指针，仅对"活动窗口"和"屏幕"项有效。

■ 颜色模式：截图后包含的颜色数量。

■ 默认动作：设置截取图形后自动进行的下一个操作，也可在主界面的"动作"选项卡中手工进行。

■ 定时：设置截取图形后自动进行的下一个操作的时间间隔。

(6) 根据需要设置好以上参数后(本例设置为"矩形")，可打开任一窗口或程序，按下设定的抓取热键(本例设置 Ctrl + Q)，这时 HardCopy 的主界面将自动隐藏，然后用鼠标在屏幕上拖动，截取一个区域，截图完成后将自动打开 HardCopy 的"动作"选项卡，如图 3-13 所示，其中各按钮的功能如下：

■ 调整：手工调整截取图形的有效范围。

■ 自动修剪：自动调整截取图形的有效范围。

■ 另存：将截取的图形以文件的形式保存下来(本例要求以"截图.jpg"为文件名，

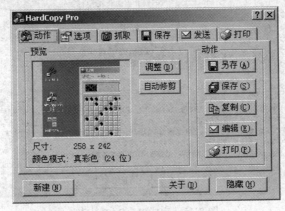

图 3-13 设定截图后的操作

保存到自己的文件夹中)。

- 保存：功能同"另存"，但要在"保存"选项中设置好相应参数才能使用。
- 复制：将截取的图形放入剪贴板，以供其他应用程序(如画图、WORD 等)使用。
- 编辑：打开其他的程序对截取的图形进行加工。

3.2 文件的压缩与解压缩

1．WinRAR 软件的安装

(1) 在本书配套资源包中双击"相关软件"文件夹中的"winrar371sc.exe"图标，启动 WinRAR 安装向导，如图 3-14 所示。

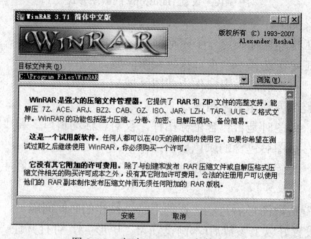

图 3-14 启动 WinRAR 安装向导

(2) 在安装向导中单击"安装"按钮，向导会自动进行相关安装步骤，并显示如图 3-15 所示的对话框，单击"确定"按钮完成安装。

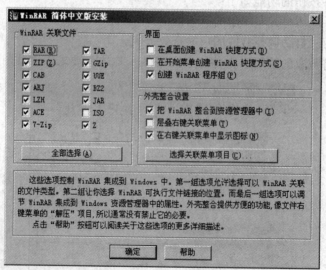

图 3-15 完成 WinRAR 安装

2．压缩文件或文件夹

在计算机中选取要进行压缩的文件或文件夹，右击选定的对象，从弹出的快捷菜单中选取"添加到…"命令，即可完成文件或文件夹的压缩，并在当前文件夹中创建一个以该文件夹名命名的压缩文件，如："相关软件.rar"，如图 3-16 所示。

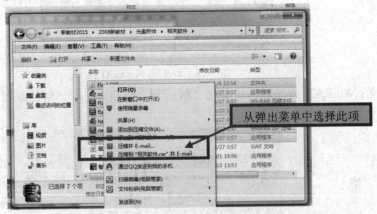

图 3-16　用 WinRAR 快速压缩文件

3．解压缩文件

在计算机中右击要解压缩的文件，从弹出的快捷菜单中选取"解压缩到…"命令，即可完成文件的解压缩，并在当前文件夹中创建以压缩文件名命名的文件夹，将该压缩文件中的对象释放到此文件夹中，如图 3-17 所示。

图 3-17　用 WinRAR 快速解压缩文件

3.3　文件的下载与上传

1．FlashFXP 软件的安装

(1) 在本书配套资源包中双击"相关软件"文件夹中的"FlashFXP.rar"图标，启动 FlashFXP.rar 解压缩程序，如图 3-18 所示。

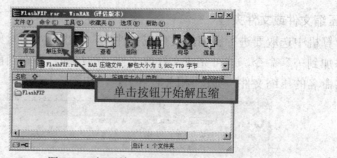

图 3-18　解压缩 FlashFXP.rar

(2) 在 WinRAR 程序界面中单击"解压到"按钮，打开"解压路径和选项"对话框，如图 3-19 所示。

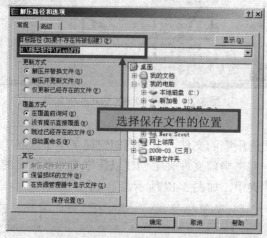

图 3-19　解压缩 FlashFXP.rar 到硬盘

(3) 根据需要设置解压缩后文件保存的位置(如：D:\)及相关选项，单击"确定"按钮。

(4) 依次双击"计算机"—"系统磁盘 D:"—"FlashFXP"图标，打开 FlashFXP 文件夹。

(5) 在文件夹窗口中右击"flashfxp.exe"，从快捷菜单选择"发送到"—"桌面快捷方式"命令，为程序在桌面上创建一个快捷图标，方便程序的启动，如图 3-20 所示。

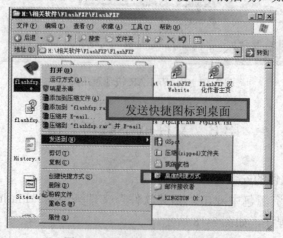

图 3-20　发送快捷图标到桌面

2. 连接到 FTP 服务器

(1) 在 Windows 的桌面上双击"快捷方式 到 flashfxp.exe"图标即可启动 FlashFXP 程序，如图 3-21 所示。

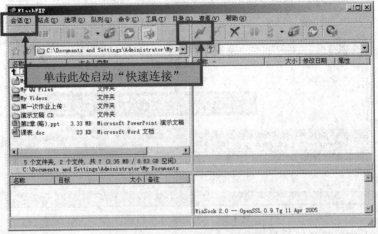

图 3-21　启动 FlashFXP 的快速连接

(2) 执行"会话"菜单中的"快速连接"命令或在工具栏中单击  连接图标，再单击"快速连接"按钮，打开如图 3-22 所示的对话框。

(3) 分别输入 FTP 服务器的地址(如：10.6.6.6)及用户名、密码，然后单击"连接"按钮。当在连接信息窗格中显示连接成功及在服务器目录窗格中显示出 FTP 服务器的目录后，即表明连接完成。

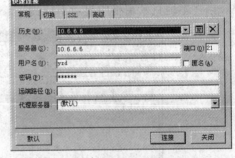

图 3-22　"快速连接"对话框

3. 从 FTP 服务器下载文件到本机

(1) 单击本机目录窗格上面的地址栏，将当前目录设置为要保存下载文件的文件夹，如本例中自己在桌面上建立的"李四"文件夹，如图 3-23 所示。

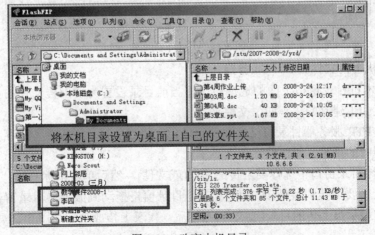

图 3-23　改变本机目录

(2) 单击 FTP 服务器目录窗格上面的地址栏，将当前目录设置为要下载文件所在的文件夹，如本例中的"作业素材"，如图 3-24 所示。

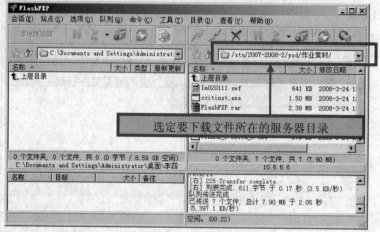

图 3-24　改变服务器目录

(3) 在远程 FTP 服务器目录窗格中选择将要下载的目录(或文件)，然后单击鼠标右键，选择"传送"命令，或直接将要下载的目录(或文件)从服务器目录窗格拖动到本地目录窗格，当在本地目录窗格中显示下载的目录(或文件)图标后，代表下载成功，如图 3-25 所示。

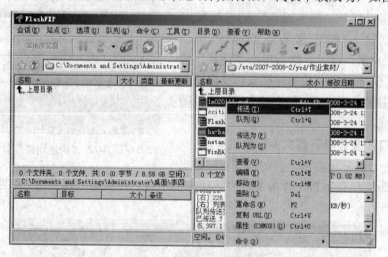

图 3-25　开始下载文件

4. 从本机上传文件到 FTP 服务器

(1) 单击本机目录窗格上面的地址栏，将当前目录设置为要上传文件的文件夹，如本例中自己在桌面上建立的"李四"文件夹。

(2) 单击 FTP 服务器目录窗格上面的地址栏，将当前目录设置为要保存上传文件的文件夹，如本例中的"第 3 周作业上传"。

(3) 在本地目录窗口中选择要上传的目录(或文件)，然后单击鼠标右键，选择"传送"命令，或直接将要上传的目录(或文件)从本地目录窗格拖动到服务器目录窗格，当在服务器目录窗格中显示出上传的目录(或文件)图标后，代表上传成功，如图 3-26 所示。

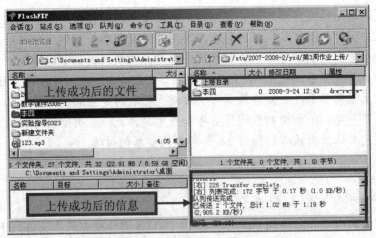

图 3-26　文件上传成功

3.4　汉　字　录　入

(1) 启动"金山打字 2006"程序,在主界面中单击"五笔打字"按钮,进入"五笔打字"界面,如图 3-27 所示。

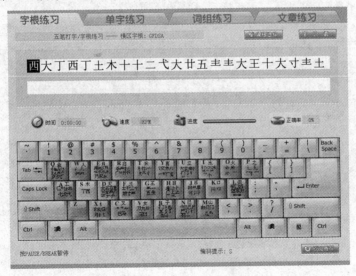

图 3-27　五笔字型汉字录入练习

(2) 在界面中单击"单字练习"按钮,进行单字输入练习,直到掌握全部字根及汉字的拆分规则为止。

(3) 在界面中单击"文章练习"按钮,进一步提高汉字输入速度。

在自己文件夹中新建一个文本文档,使用五笔字型输入法输入以下汉字(300 字),统计时间及输入速度(字/分钟)并记录在文档的第一行,完成后将文档保存在自己文件夹中。

物联网是新一代信息技术的重要组成部分,也是"信息化"时代的重要发展阶段。其英文名称是:"Internet of things(IoT)"。顾名思义,物联网就是物物相连的互联网。这有两层意思：其一，物联网的核心和基础仍然是互联网，是在互联网基础上的延伸和扩展的网络；其二，其用户端延伸和扩展到了任何物品与物品之间，进行信息交换和通信，也就是物物相息。物联网通过智能感知、识别技术与普适计算等通信感知技术，广泛应用于网络的融合中，也因此被称为继计算机、互联网之后世界信息产业发展的第三次浪潮。物联网是互联网的应用拓展，与其说物联网是网络，不如说物联网是业务和应用。因此，应用创新是物联网发展的核心，以用户体验为核心的创新2.0是物联网发展的灵魂。

提交作业

将自己文件夹压缩并上传到FTP服务器的"第03周作业上传"文件夹中。

第 4 单元上机及实验

※※※※※※※※※※※※※※※※※※※※※※※※※※※※※※※※

　　一、安装及设置虚拟机软件
　　二、用虚拟机安装 Windows 7
　　三、备份及还原 Windows 7
　　四、Windows 7 组成元素及基本操作

※※※※※※※※※※※※※※※※※※※※※※※※※※※※※※※※

　　在桌面上以"自己名字 + 的第 04 次作业"(如：李四的第 04 次作业)为名新建一个文件夹，以下简称"自己文件夹"，用于保存本次上机操作的结果，上机结束后将此文件夹压缩并上传到 FTP 服务器的"第 04 周作业上传"文件夹中。

4.1　安装及设置虚拟机软件

　　(1) 在本书配套资源包中双击"相关软件"文件夹中的"VirtualBox.exe"图标，启动虚拟机安装向导，如图 4-1 所示。

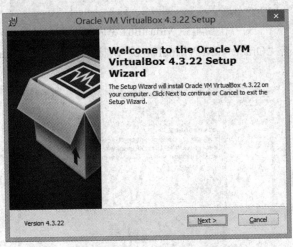

图 4-1　VirtualBox 安装对话框

　　(2) 单击"Next"按钮，选择程序安装组件及安装路径，选择默认设置，单击"Next"按钮，如图 4-2 所示。

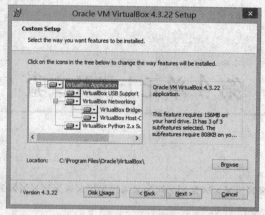

图 4-2　VirtualBox 安装对话框

（3）根据向导提示依次设置是否创建桌面快捷方式、是否在快速启动栏创建图标和关联文件，单击"Next"按钮，在弹出的警告信息栏中单击"Yes"按钮—"Install"按钮，等待程序安装完成，最后单击"Finish"按钮，如图 4-3 所示。

图 4-3　VirtualBox 完成安装

（4）在桌面上双击"Oracle VM VirtualBox"快捷图标，启动 VirtualBox 主程序窗口，如图 4-4 所示。

图 4-4　Virtual Box 启动界面

(5) 单击"新建"按钮，弹出"新建虚拟电脑"对话框，如图 4-5 所示。

图 4-5　新建虚拟电脑

(6) 在"名称"文本框处输入自己的名字，"类型"选择"Microsoft Windows"，"版本"
选择"Windows 7(64 bit)"，单击"下一步"按钮，打开"内存大小"对话框，如图 4-6 所示。

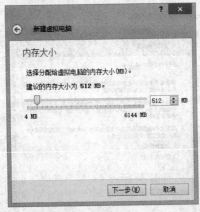

图 4-6　设置内存大小

(7) 将内存大小调整为 1024 MB，单击"下一步"按钮，打开"虚拟硬盘"对话框，
如图 4-7 所示。

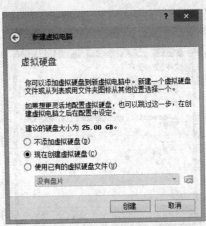

图 4-7　设置虚拟硬盘

(8) 选择"现在创建虚拟硬盘",单击"创建"按钮,打开"虚拟硬盘文件类型"对话框,如图 4-8 所示。

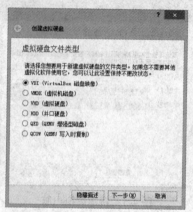

图 4-8 设置虚拟硬盘文件类型

(9) 选择"VHD(虚拟硬盘)",单击"下一步"按钮,打开"存储在物理硬盘上"对话框,如图 4-9 所示。

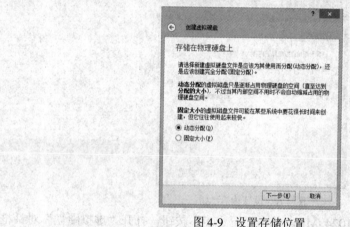

图 4-9 设置存储位置

(10) 选择"动态分配",单击"下一步"按钮,设置虚拟硬盘文件位置和大小,如图 4-10 所示。

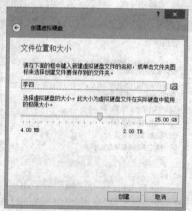

图 4-10 设置文件位置和大小

(11) 设置虚拟硬盘大小为 25 GB，位置为默认位置，单击"创建"按钮，完成虚拟机创建，如图 4-11 所示。

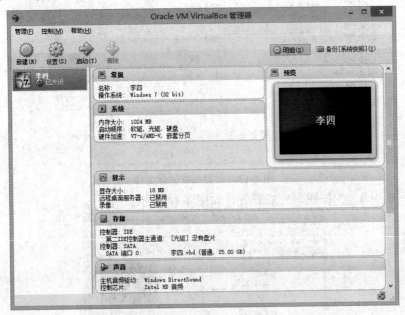

图 4-11　完成虚拟机创建

(12) 在主界面的工具栏中单击"设置"按钮，然后在打开的"设置"对话框的左侧单击"系统"标签，在"主板"选项卡的"启动顺序"栏中，取消"软驱"前面的复选框，并单击下拉按钮，将"软驱"移至"硬盘"下方，保证"光驱"为第一启动选项，如图 4-12 所示。

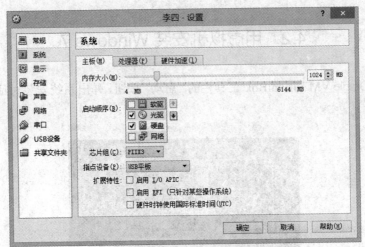

图 4-12　设置启动选项

(13) 单击"设置"对话框左侧的"存储"标签，设定"没有盘片"选项，再单击"属性"栏右侧的"分配光驱"光盘图标按钮，设定"选择一个虚拟光驱"，弹出"请选择一个虚拟光盘文件"对话框，在对话框中找到自己下载的 Windows 7.ISO 系统镜像文件路径，单击"打开"按钮，如图 4-13 所示。

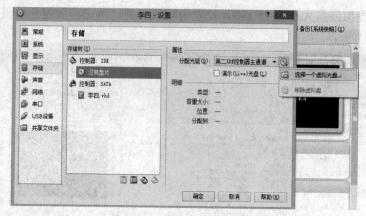

图 4-13　设置系统镜像文件

(14) 单击"确定"按钮，完成设置，如图 4-14 所示。

图 4-14　完成设置

4.2　用虚拟机安装 Windows 7

(1) 单击 Oracle VM VirtualBox 工具栏的"启动"按钮，弹出系统安装对话框，如图 4-15 所示。

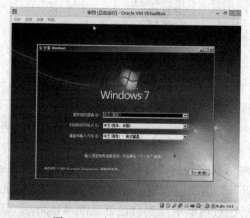

图 4-15　启动操作系统安装

(2) 选择默认设置，单击"下一步"按钮，单击"现在安装"按钮，如图 4-16 所示。

图 4-16　开始安装

(3) 在弹出的"请阅读许可条款"对话框中勾选"我接受许可条款"复选框，单击"下一步"按钮，如图 4-17 所示。

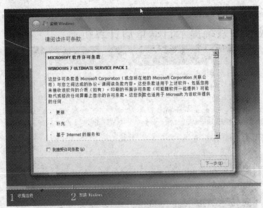

图 4-17　接受协议

(4) 在安装类型设置窗口中选择"自定义(高级)"安装，如图 4-18 所示。

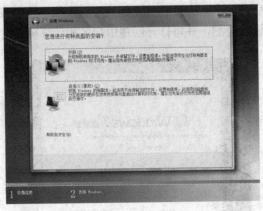

图 4-18　自定义(安装)

(5) 在弹出的"您想将 Windows 安装在何处？"对话框中，单击"驱动器选项(高级)"标签，然后单击"新建"按钮，输入 C 盘大小为 20 000 MB，单击"应用"按钮；再选择"磁盘 0 未分配空间"，单击"新建"按钮，剩下的空间分配给 D 盘，单击"应用"按钮；

选择"磁盘 0 分区 2"，单击"格式化"按钮，等待格式化完成后，单击"下一步"按钮，如图 4-19 所示。

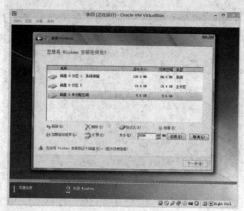

图 4-19　硬盘分区格式化

（6）此时计算机将会复制 Windows 文件到硬盘上，并展开 Windows 文件进行安装，如图 4-20 所示。安装完成后，系统提示自动重启计算机。

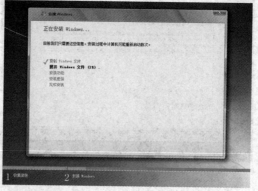

图 4-20　安装系统文件

（7）等待计算机重启后，计算机接着对注册表、系统程序进行安装，完成后计算机接着对操作系统的硬件性能进行检测，并将打开创建用户名和计算机名对话框，如图 4-21 所示。

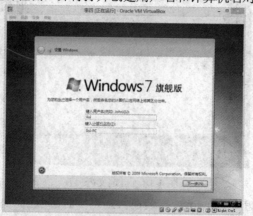

图 4-21　创建用户名和计算机名

（8）在对话框中，输入"用户名"为自己名字的拼音，"计算机名"为默认计算机名，单击"下一步"按钮，打开"为帐户设置密码"对话框，如图 4-22 所示。

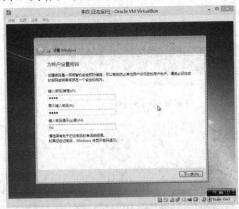

图 4-22　"为帐户设置密码"对话框

(9) 使用自己名字的拼音作为帐户密码，在"输入密码提示(必需)"处输入帐户密码，然后单击"下一步"按钮，打开"键入您的 Windows 产品密钥"对话框，此处单击"跳过"按钮，如图 4-23 所示。

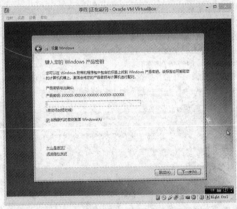

图 4-23　输入密钥

(10) 在打开的"帮助您自动保护计算机及提高 Windows 的性能"对话框中单击"以后询问我"选项，如图 4-24 所示。

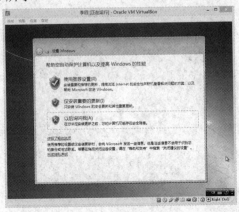

图 4-24　选择配置选项

(11) 在打开的"查看时间和日期设置"对话框中分别正确设置"时区"、"日期"和"时间"选项，如图4-25所示。

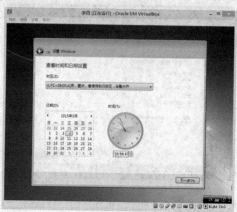

图4-25　设置时间和日期

(12) 单击"下一步"按钮，打开"请选择计算机当前的位置"对话框，选择"工作网络"，如图4-26所示。

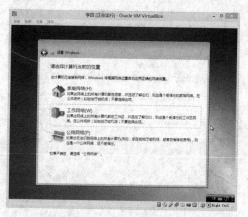

图4-26　选择网络位置

(13) 安装程序将根据用户的配置对操作系统进行最后的设置，完成后，会显示Windows 7桌面及"回收站"图标，如图4-27所示。

图4-27　显示系统桌面

(14) 单击"开始"菜单，单击"关闭"按钮，可关闭操作系统，再重新打开 Virtual Box 的"设置"对话框，单击"存储"标签，然后单击"自己名字.vhd"，在对话框右侧"明细"栏中，找到"位置"标签，右键单击"位置"后面的地址，在弹出的快捷菜单中选择"复制"命令，如图 4-28 所示。

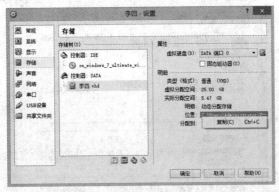

图 4-28　虚拟机安装位置

(15) 在桌面上双击打开"计算机"图标，在地址栏中粘贴复制的地址，找到以自己名字命名的文件夹，并将文件夹复制到自己的 U 盘上以备下次使用。

4.3　备份及还原 Windows 7

系统的备份和还原是 Windows 7 的一个重要功能，可以帮助用户在系统发生故障后快速将系统还原到先前的某个状态(即创建还原点时的状态)，并且不会影响用户创建的个人文件。

1. 创建系统还原点

通常，Windows 7 系统会每周自动创建还原点，并且当系统检测到计算机发生更改时(如安装程序或驱动程序)，也将自动创建还原点。用户也可以在计算机正常运行时手动创建还原点，以便在计算机出现问题时将其还原到创建还原点时的状态。

(1) 右击桌面上的"计算机"图标，在弹出的快捷菜单中选择"属性"项，打开"系统"窗口，如图 4-29 所示。

图 4-29　打开"系统"窗口

(2) 在窗口左侧任务列表中单击"系统保护"命令,打开"系统属性"对话框,在"系统保护"选项卡的"保护设置"列表框中选择操作系统所在的磁盘(一般为 C:),如图 4-30 所示。

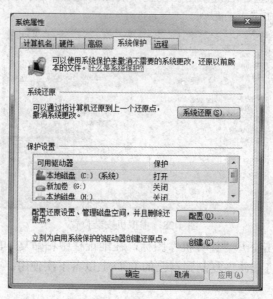

图 4-30　选择备份磁盘

(3) 单击"创建"按钮,在打开的对话框中输入一个还原点说明,如图 4-31 所示。

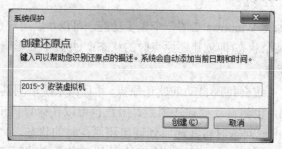

图 4-31　创建还原点说明

(4) 单击"创建"按钮,系统开始创建还原点,完成后显示相关提示信息,如图 4-32 所示。

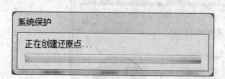
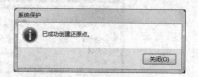

(a) 创建还原点进程提示　　　　　　(b) 还原点创建成功提示

图 4-32　完成还原点创建

2. 还原系统

在使用的过程中,如果因为安装驱动程序、应用程序或由于用户错误操作而导致系统不能正常运行,可在图 4-30 所示的对话框中单击"系统还原"按钮,打开"系统还原"对话框,如图 4-33 所示。

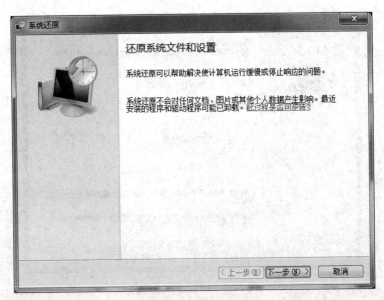

图 4-33　启动系统还原向导

（1）在对话框中单击"下一步"按钮，打开如图 4-34 所示的对话框。

图 4-34　选择还原点

（2）在对话框的还原点列表中选择一个需要的还原点，并单击"下一步"按钮，并在打开的"确认还原点"对话框中单击"完成"按钮，如图 4-35 所示。

（3）在打开的提示框中单击"是"按钮，系统自动重新启动，并开始进行还原操作。当电脑重启后，如果还原成功，会打开一个告知用户系统还原成功的提示对话框，单击"关闭"按钮，完成还原操作。

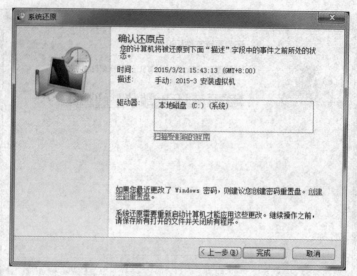

图 4-35　确认还原点信息

4.4　Windows 7 组成元素及基本操作

1．更名桌面快捷图标

将桌面快捷图标"计算机"更名为"自己姓名+的计算机"。

(1) 在桌面上右击"计算机"图标，从快捷菜单中选择"重命名"命令。

(2) 在文件名栏中输入"李四(用自己的姓名代替)的计算机"，按回车键，结果如图 4-36 所示，将桌面截图，以"4-1.jpg"命令保存在自己文件夹中。

图 4-36　重命名系统快捷图标

2．创建桌面快捷图标

为程序"mspaint.exe"在桌面上建立快捷图标。

(1) 依次在桌面上双击"计算机"—"C:"盘图标，在"计算机"窗口的搜索文本框中输入"mspaint.exe"，找到"mspaint.exe"文件，如图 4-37 所示。

(2) 右击找到的"mspaint.exe"文件，从快捷菜单中选择"发送到"—"桌面快捷方式"命令。

(3) 将桌面截图，并以"4-2.jpg"保存在自己文件夹中。

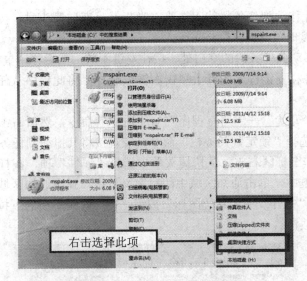

图 4-37　在桌面上创建快捷图标

3．设置桌面快捷图标属性

将系统快捷图标"网络"从桌面删除，其操作步骤为：

(1) 在桌面右击"网络"图标，从快捷菜单中选择"删除"命令，并在弹出的提示框单击"是"按钮，如图 4-38 所示。

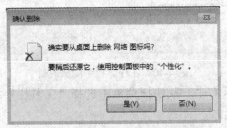

图 4-38　删除"网络"快捷图标

(2) 将桌面截图，并以"4-3.jpg"保存在自己文件夹中。

4．设置任务栏属性

将任务栏调高一倍，并放置在桌面的上方；将任务栏固定程序区上面的所有图标解锁；将"画图"的图标锁定到任务栏；隐藏任务栏上的时钟图标；将"地址栏"添加到任务栏并锁定任务栏，最后将桌面截屏并以"4-4.jpg"保存在自己文件夹中。

(1) 在任务栏非图标区右击，从快捷菜单中取消"锁定任务栏"项，如图 4-39 所示。

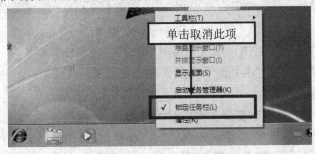

图 4-39　取消锁定任务栏

(2) 将鼠标指针移动到任务栏的上边缘，当指针呈双向箭头时，按住鼠标左键不放，向上拖动到一倍高度时放开。

(3) 鼠标左键移动到任务栏的空白处，按住左键不放，然后移动鼠标到桌面上方放开。

(4) 依次在任务栏固定程序图标上单击右键，选择"将此程序从任务栏解锁"命令，直到解锁所有图标。

(5) 依次单击"开始"—"所有程序"—"附件"命令，然后右击"画图"图标，在弹出的快捷菜单中选择"锁定到任务栏"命令，或直接将其拖动到任务栏左侧。

(6) 在任务栏非图标区右击，从快捷菜单中选择"属性"项，在打开的"任务栏和开始菜单属性"对话框中，单击通知区域中的自定义按钮，弹出通知区域图标对话框，如图4-40 所示，并单击"打开或关闭系统图标"按钮，在"时钟"后的下拉菜单中选择关闭，然后单击"确定"按钮。

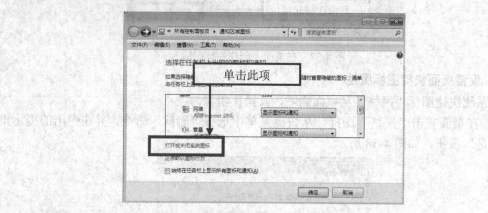

图 4-40　在任务栏中隐藏时钟

(7) 在任务栏非图标区右击，从快捷菜单中选择"工具栏"项，并单击"地址"，如图4-41 所示。

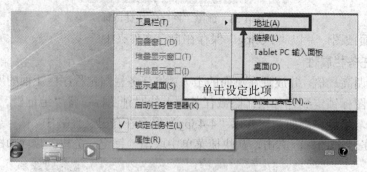

图 4-41　将地址添加到任务栏

(8) 在任务栏非图标区右击，从快捷菜单中选择"锁定任务栏"项。

(9) 将桌面截图，并以"4-4.jpg"命名保存在自己文件夹中。

5．调整窗口属性

在桌面上打开"计算机"窗口并完成以下操作：

(1) 将窗口最大化，再将屏幕截图并以"4-5.jpg"保存在自己文件夹中。

(2) 将窗口还原，再将屏幕截图并以"4-6.jpg"保存在自己文件夹中。

(3) 将窗口高度、宽度各设为原来的一半，再将屏幕截图并以"4-7.jpg"保存在自己文件夹中。

(4) 将窗口移动到屏幕右上角，在窗口中单击"组织"按钮并选择"布局"命令，分别隐藏导航窗格、细节窗格、预览窗格及菜单栏，如图4-42所示，再将屏幕截图并以"4-8.jpg"保存在自己文件夹中。

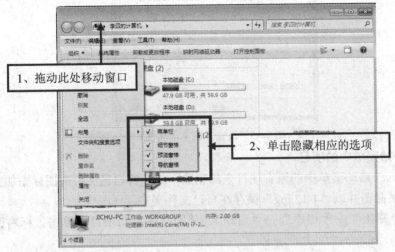

图 4-42　隐藏窗口组件

(5) 将窗口最小化，再将屏幕截图并以"4-9.jpg"保存在自己文件夹中。

6．设置菜单属性

在"计算机"窗口中双击打开 C 盘，通过一定的操作将其"编辑"菜单下的"复制"命令变成可用(黑色)，将屏幕截图并以"4-10.jpg"保存在自己文件夹中。

(1) 在"计算机"窗口中双击打开 C 盘。

(2) 选择 C 盘下面的任意一个文件或文件夹。

(3) 打开"编辑"菜单。

(4) 将屏幕截图并以"4-10.jpg"保存在自己文件夹中。

7．设置开始菜单属性

将 Windows 7 开始菜单左侧原有的项目全部删除，并设置不再显示最近运行的程序列表，再将"记事本"图标添加到其顶部，最后将操作结果截图并以"4-11.jpg"保存在自己文件夹中。

(1) 单击"开始"按钮，打开"开始菜单"。

(2) 分别在开始菜单顶部的各项目上单击鼠标右键，选择"从列表中删除"命令。

(3) 右击"开始"按钮，从快捷菜单中选择"属性"命令，打开"任务栏和「开始」菜单属性"对话框，如图4-43所示。

(4) 在对话框的"隐私"项中取消"存储并显示最近在「开始」菜单中打开的程序"前的复选标记，然后单击"确定"按钮，并再次打开"画图"程序，验证操作是否成功。

(5) 单击"开始"—"所有程序"—"附件"，右击"记事本"图标，在弹出的快捷菜单中选择"附到「开始」菜单"命令。

(6) 打开"开始"菜单，将其截图并以"4-11.jpg"保存在自己文件夹中。

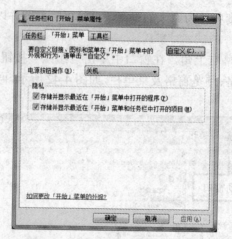

图 4-43　设置开始菜单属性

8. 删除开始菜单中的项目

将 Windows 7 启动菜单中的原有项目全部删除，然后将自己文件夹图标添加到其中，最后将操作结果截图并以 "4-12.jpg" 保存在自己文件夹中。

(1) 单击 "开始" — "程序" — "启动"，分别在各启动项目中单击鼠标右键，选择 "删除"。

(2) 在桌面上右击自己文件夹，从快捷菜单中选择 "复制" 命令。

(3) 在开始菜单的 "启动" 图标上右击，从快捷菜单中选择 "打开" 命令。

(4) 在打开的 "启动" 文件夹窗口右击，从快捷菜单中选择 "粘贴" 命令。

(5) 在开始菜单中显示 "启动" 项，将屏幕截图并以 "4-12.jpg" 保存在自己文件夹中。

9. 设置记忆程序数目

设置要显示的最近打开过的程序的数目为 5，将操作结果截图并以 "4-13.jpg" 保存在自己文件夹中。

(1) 右击任务栏非图标区域，从快捷菜单中选择 "属性" 命令。

(2) 在打开的对话框中选择 "「开始」菜单" 选项卡，并单击 "自定义" 按钮，打开 "自定义「开始」菜单" 对话框，如图 4-44 所示。

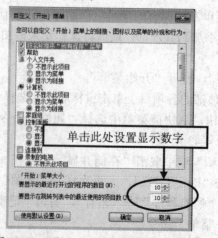

图 4-44　"自定义「开始」菜单" 对话框

(3) 在"自定义「开始」菜单"中单击数字增减按钮，将数字设置成 5，并将屏幕截图并以"4-13.jpg"保存在自己文件夹中。

作业提交

将自己文件夹压缩并上传到 FTP 服务器的"第 04 周作业上传"文件夹中。

第 5 单元上机及实验

✳✳✳
一、Windows 7 对文件及文件夹的管理
二、Windows 7 对磁盘的管理
✳✳✳

在桌面上以"自己名字 + 的第 05 次作业"(如：李四的第 05 次作业)为名新建一个文件夹，以下简称"自己文件夹"，用于保存本次上机操作的结果，上机结束后将此文件夹压缩并上传到 FTP 服务器的"第 05 周作业上传"文件夹中。

5.1 Windows 7 对文件及文件夹的管理

1. 文件的基本操作

1) 在桌面上新建一个文本文档，试图命名为："C:\W.txt"，将系统提示信息截屏并以"文件命名错误.jpg"保存在自己文件夹中。

(1) 在桌面上单击鼠标右键，从快捷菜单中选择"新建"—"文本文档"命令。

(2) 在文件的名称框中依次输入"C:\W.txt"。

(3) 屏幕将弹出一个提示框，如图 5-1 所示。

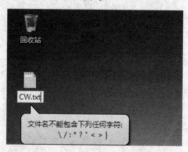

图 5-1　文件命名出错

(4) 按下键盘上的 PrintScreen 键，再依次执行"开始"—"所有程序"—"附件"—"画图"命令，在画图程序的"剪贴板"选项组中选择"粘贴"，将放入剪贴板中的桌面信息粘贴到画图程序中，如图 5-2 所示。

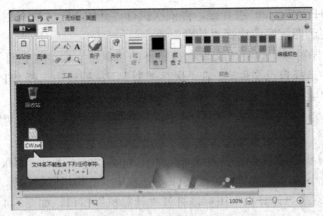

图 5-2　将屏幕信息截图保存

(5) 在画图程序窗口中执行"文件"按钮下的"保存"命令，在打开的"另存为"对话框的左侧列表中选择自己文件夹，在"保存类型"下拉列表中选择"JPEG"格式，在"文件名"框中输入"文件命名错误"，单击"保存"按钮。

2) 在自己文件夹中新建一个文本文档，将其命名为"文件 1-2.txt"。

(1) 打开桌面上自己建立的文件夹。

(2) 在空白处单击鼠标右键，依次选择"新建"—"文本文档"。

(3) 在文件的名称框中输入"文件 1-2.txt"，按回车键确认。

3) 在桌面上新建一个文本文档，将其命名为"文件 1-2.txt"，然后将其拖入(复制)到自己文件夹中，将系统提示信息截屏，以"文件重名.jpg"保存在自己文件夹中，并在"文件 1-2.txt"中用文字说明 1)和 2)中出现提示的原因。

(1) 建立文件 1-2.txt"的方法同 2)。

(2) 选定新建的"文件 1-2.txt"，并按下键盘上的 Ctrl + C 组合键，将其放入系统剪贴板。

(3) 双击打开自己的文件夹，并按下键盘上的 Ctrl + V 组合键，这时屏幕上将出现如图 5-3 所示的提示信息。

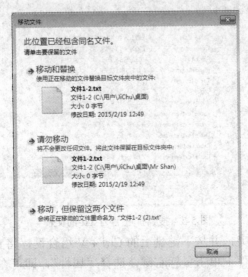

图 5-3　文件重名提示信息

(4) 按下 Alt+PrintScreen 组合键，再依次执行"开始"—"所有程序"—"附件"—"画图"命令，在画图程序中选择"粘贴"命令。

(5) 在画图程序窗口中执行"文件"按钮下的"保存"命令，在打开的"另存为"对话框的左侧列表中选择自己文件夹，在"保存类型"下拉列表中选择"JPEG"格式，在"文件名"框中输入"文件重名"，单击"保存"按钮。

(6) 双击打开第 2 题建立的"文件 1-2.txt"，分别在文档中输入前两题操作出现提示的原因并存盘。

4) 分别在计算机中查找扩展名为 .exe、.txt、.bmp、.jpg、.docx、.xlsx、.pptx、.wav、.avi 的文件，将其中最小的一个复制到自己文件夹中，并牢记其相应的图标及打开方式。

(1) 在桌面上双击"计算机"图标，打开"计算机"窗口，如图 5-4 所示。

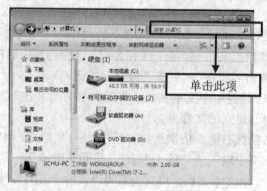

图 5-4　在计算机中搜索文件

(2) 在右上角的搜索文本框中输入"*.txt"。

(3) 在右侧的窗格中显示搜索结果，如图 5-5 所示。在窗口空白处右击并选择"排序方式"—"大小"，然后选定最小的一个文件，并按下键盘上的 Ctrl + C 组合键。

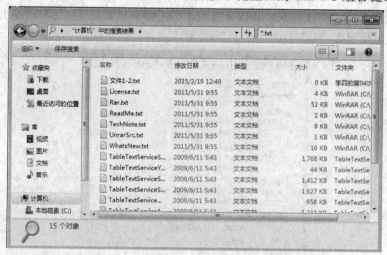

图 5-5　搜索扩展名为 .txt 的文件

(4) 打开自己的文件夹，并按下键盘上的 Ctrl + V 组合键，将文件复制到当前位置。

(5) 在复制过来的文件上单击鼠标右键，选择"属性"，即可在"属性"对话框中看到该类型文件默认的打开方式，如图 5-6 所示。

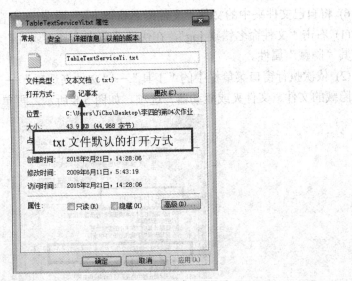

图 5-6　查看文件的打开方式

(6) 在"搜索结果"窗口右上角的搜索文本框内输入其他文件扩展名，重复执行(2)～(5)步，完成其他类型文件的操作。

5) 在计算机中查找"mspaint.exe"文件，将其常规属性记录在"文件 1-2.txt"中。

(1) 在自己文件夹中双击打开"文件 1-2.txt"，先输入"第一大题第 5 题答案："，再分行输入文件的所有常规属性项目，如"文件名："等。

(2) 在打开的"计算机"窗口右上角搜索文本框中输入"mspaint.exe"，找到 mspaint.exe 文件，并右击打开其"属性"对话框。

(3) 依次在每项属性的具体内容上拖动选定，再右击，选择"复制"，如图 5-7 所示。

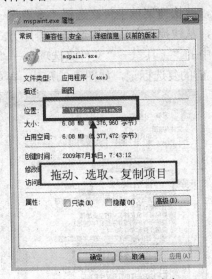

图 5-7　复制文件的属性内容

(4) 在"文件 1-2.txt"中相应的位置处按下 Ctrl + V 组合键，将相关内容复制到文档中。

(5) 重复执行(3)～(4)步，完成文件其他属性项目的操作。

(6) 保存文档。

6) 将自己文件夹中的文件"文件命名错误.jpg"隐藏(即在窗口中看不到该文件)。

(1) 右击"文件命名错误.jpg",在快捷菜单中选择"属性"项,打开"属性"对话框,设定其"隐藏"属性。

(2) 依次执行窗口菜单栏中的"工具"—"文件夹选项"—"查看"命令,并选定"不显示隐藏的文件、文件夹或驱动器"选项,如图5-8所示,再单击"确定"按钮。

图 5-8　隐藏文件

注：要显示隐藏的文件或文件夹,可在此对话框中设定"显示隐藏的文件、文件夹和驱动器"项。

7) 将自己文件夹中的文件按"大图标"方式查看、按大小排序、显示文件的扩展名,并将此文件夹窗口截图,以"查看及排列对象.jpg"为文件名保存在自己文件夹中。

(1) 双击打开自己的文件夹。

(2) 在窗口空白处右击,从快捷菜单中依次选择"查看"—"大图标"命令。

(3) 在窗口空白处右击,从快捷菜单中依次选择"排序方式"—"大小"命令。

(4) 依次执行窗口菜单中的"工具"—"文件夹选项"—"查看"选项卡,并取消"隐藏已知文件类型的扩展名"前的复选标记,如图5-9所示,再单击"确定"按钮返回。

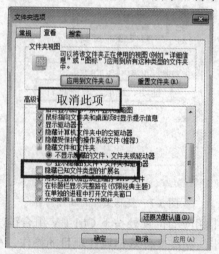

图 5-9　取消隐藏文件扩展名

(5) 按 Alt + PrintScreen 组合键将当前窗口截图，并以"查看及排列对象.jpg"为文件名保存在自己文件夹中。

8) 将自己文件夹的属性记录在"文件 1-2.txt"中。

(1) 在自己文件夹中双击打开"文件 1-2.txt"，先输入"第一大题第 8 小题答案："，再分行输入文件夹的所有常规属性项，如"文件夹名："等。

(2) 在桌面上右击自己文件夹，在快捷菜单中选择"属性"项，打开"属性"对话框。

(3) 依次在每项属性的具体内容上拖动选定，再右击，在快捷菜单中选择"复制"命令，如图 5-10 所示。

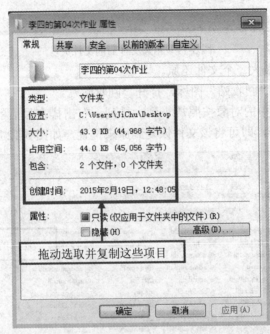

图 5-10　复制文件的属性内容

(4) 在"文件 1-2.txt"中相应的项目后按下 Ctrl + V 组合键，将相关内容复制到文档中。

(5) 重复执行(3)～(4)步，完成文件夹其他属性项目的操作。

(6) 执行记事本程序"文件"菜单中的 "保存"命令。

2．将资源包复制到自己文件夹中并打开

将本书配套资源包"作业素材"—"第 05 周"复制到自己的文件夹中并打开，分别完成以下操作。

1) 将文件夹中的对象以"大图标"方式查看，以"名称"排序。

2) 将第 10 个到第 14 个及第 18、20 个文件(注意：不是文件夹)删除。

(1) 先选取第 10 个文件，按住 Shift 键，用鼠标单击第 14 个文件，松开 Shift 键，再按下 Ctrl 键，分别单击第 18 及第 20 个文件，并在选定的对象上单击鼠标右键，从快捷菜单中选取"删除"命令，或者按下键盘上的 Del(Delete)键。

(2) 在弹出的"确认文件|文件夹删除"对话框中单击"是"按钮，结果如图 5-11 所示。

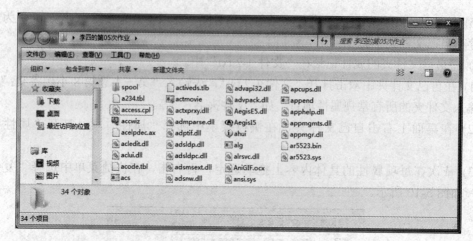

图 5-11　删除文件后的文件夹

3) 将刚才删除的最大一个文件还原。

(1) 双击桌面上的"回收站"图标，打开"回收站"。

(2) 将"回收站"中的对象按照从小到大排列，右击排在最后的一个文件，从快捷菜单中选择"还原"命令，即可将该文件恢复到原来位置，如图 5-12 所示。

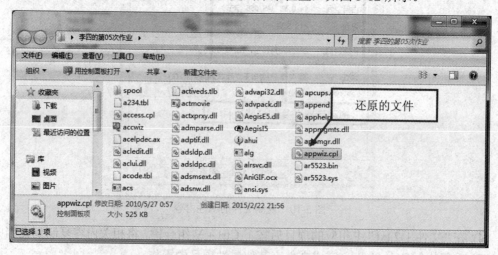

图 5-12　还原文件后的文件夹

4) 在自己文件夹中显示文件的扩展名，然后将第 5 个文件主文件名更换为"WinWord"，将第 7 个文件更名为"文字处理程序.exe"。

(1) 依次在文件夹窗口中单击"工具"—"文件夹选项"—"查看"命令，打开"查看"对话框，并取消"隐藏已知文件类型的扩展名"选项，如图 5-13 所示。

(2) 选定第 5 个文件，在对象上单击右键，在弹出的快捷菜单中选择"重命名"命令，或直接用鼠标单击其名字区域，选定主文件名，输入"WinWord"并按回车键。

(3) 选定第 7 个文件，在对象上单击右键，在弹出的快捷菜单中选择"重命名"命令并删除其主文件名和扩展名，再输入"文字处理程序.exe"并按回车键，注意观察并分析第(2)步和此步骤的区别。

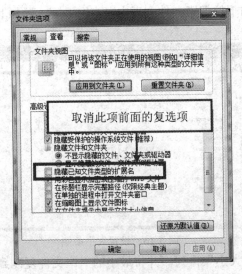

图 5-13　显示文件的扩展名

5) 将计算机的 C 盘中、2015 年期间修改的、大小在 100 KB～1 MB 的最小一个应用程序文件复制到自己文件夹中。

(1) 桌面上双击"计算机"图标，打开 C 盘，在窗口右上角搜索文本框内输入"*.exe"，如图 5-14 所示。

图 5-14　Windows 的搜索窗口

(2) 在搜索文本框的下拉搜索条件列表中单击"修改日期"，选择 2015 年，如图 5-15 所示。

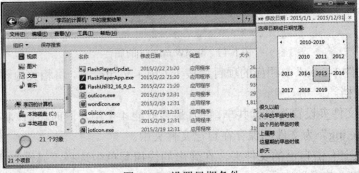

图 5-15　设置日期条件

(3) 在搜索文本框的下拉搜索条件列表中单击"大小"，选中(100 KB～1 MB)，如图 5-16 所示。

图 5-16　设置大小条件

(4) 将文件列表按"大小"排列，并将最小的一个文件复制到自己文件夹中。

6) 将文件"WinWord.exe"路径记录在"文件 1-2.txt"中。

(1) 在自己文件夹中双击打开"文件 1-2.txt"，先输入"第二大题第 6 题答案："，再换行输入"文件"WinWord.exe"路径是："。

(2) 在打开"计算机"窗口的右上角搜索文本框中输入"WinWord.exe"，找到"WinWord.exe"文件，右击打开其"属性"对话框，拖动选择其"位置"项，右击并选择"复制"命令，如图 5-17 所示。

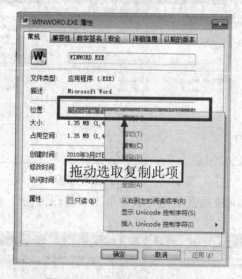

图 5-17　WinWord.exe 的属性

(3) 在"文件 1-2.txt"中相应的项目后按下 Ctrl + V 组合键，将相关内容复制到文档中。

(4) 保存文档。

7) 将自己文件夹设置为只读共享，并且最多只能 4 个用户同时访问，将操作结果截图，以"共享文件夹.jpg"为文件名保存在自己文件夹中。

(1) 在桌面上右击自己的文件夹，在弹出的快捷菜单中选择"属性"命令，打开"属性"对话框中的"共享"选项卡，如图 5-18 所示。

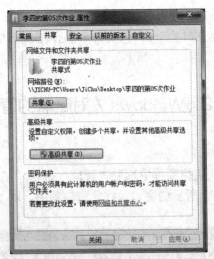

图 5-18　设置文件夹共享

(2) 单击"高级共享"按钮，弹出"高级共享"对话框，如图 5-19 所示。

图 5-19　"高级共享"对话框

(3) 在对话框中勾选"共享此文件夹"，然后在"将同时共享的用户数量限制为"后方的数字增减按钮调整成"4"。单击"权限"按钮，打开权限设置对话框，如图 5-20 所示。

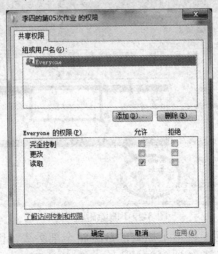

图 5-20　文件夹共享权限设置

(4) 在"允许"栏中选中"读取"项，单击"确定"按钮，返回"共享"对话框，并将此对话框截图，以"共享文件夹.jpg"为文件名保存在自己文件夹中，最后单击"确定"按钮完成设置。

5.2 Windows 7 对磁盘的管理

1. 查看硬盘的分区

(1) 右击"计算机"，从快捷菜单中选取"管理"命令，在"计算机管理"窗口中单击"磁盘管理"，打开如图 5-21 所示的窗口，将此窗口截图，以"查看分区.jpg"为文件名保存在自己文件夹中。

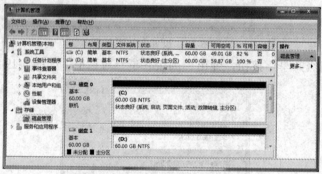

图 5-21 计算机中磁盘的分配

(2) 从图 5-21 可知，在计算机中总共安装了两块物理硬盘，大小都为 60 GB。

2. 删除磁盘分区

在"(D:)"上单击右键，在快捷菜单中选择"删除卷"命令。当该硬盘上的所有逻辑盘都删除后，操作系统会自动将这些被删除的驱动器可用空间合并到一起，并且整个硬盘将变成"未分配"状态，如图 5-22 所示，将此窗口截图，以"删除分区.jpg"为文件名保存在自己文件夹中。

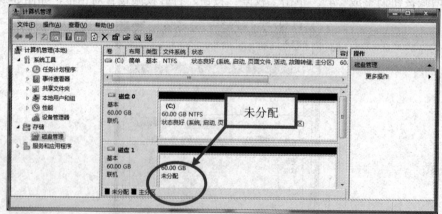

图 5-22 删除磁盘分区

注意：删除硬盘分区后，硬盘上原有的数据将全部丢失，因此在进行此操作之前，应将涉及到的所有分区中的数据备份到安全的地方(如其他硬盘、刻录到光盘等)。

3. 新建磁盘分区

(1) 选择未分区的磁盘,右击"未分配"区域,在快捷菜单中选择"新建简单卷"命令,打开"新建简单卷向导"对话框,如图5-23所示。

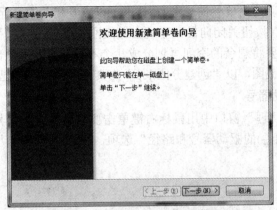

图5-23 "新建简单卷向导"对话框

(2) 单击"下一步"按钮进入"指定卷大小"对话框,根据需要输入简单卷的大小。在本例中,可输入 20000 MB,单击"下一步"按钮,进入"分配驱动器号和路径"对话框,如图5-24所示。

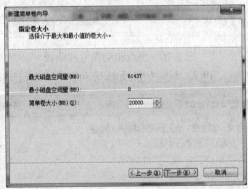

图5-24 设置磁盘分区大小

(3) 选中"分配以下驱动器号"前的单选框后,再从其下拉列表中为该分区分配一个驱动器号,然后单击"下一步"按钮,打开如图5-25所示的"格式化分区"对话框。

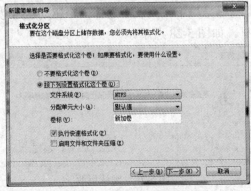

图5-25 格式化磁盘设置

(4) 在"按下列设置格式化这个卷"栏中指定"文件系统"为 NTFS,"分配单元大小"可采用默认值;"卷标"为自己的名字,再选中"执行快速格式化"选项前的复选框。

(5) 单击"下一步"按钮,系统会显示"正在完成新建简单卷向导"对话框,告诉用户"您已经成功完成新建简单卷向导",在这里可以查看相关的设置信息。

(6) 单击"完成"按钮关闭向导,系统会对刚刚创建的分区进行格式化。使用同样的方法,用户可根据需要将剩余的空间再划分成几个不同的分区。全部分区创建完成后,再将"磁盘管理"窗口截图,以"创建分区.jpg"为文件名保存在自己文件夹中。

4. 调整磁盘驱动器号

(1) 在"计算机管理"窗口中用鼠标右键单击要修改的驱动器号的简单卷,在快捷菜单中选择"更改(新加卷)的驱动器号和路径"选项,进入"更改驱动器号和路径"对话框,如图 5-26 所示。

图 5-26　更改驱动器号和路径

(2) 单击"更改"按钮,进入"更改驱动器号和路径"对话框,如图 5-27 所示。

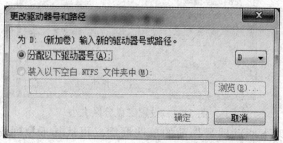

图 5-27　分配驱动器号

(3) 在"分配以下驱动器号"下拉列表中选择一个驱动器号(如:N),单击"确定"按钮,进入"确认"对话框,如图 5-28 所示。

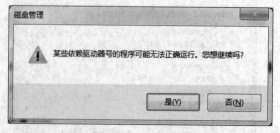

图 5-28　确认更改

(4) 确认关闭了该分区中所有运行的程序后单击"是"按钮,操作完成后,将"磁盘管理"窗口截图，以"分配驱动器号.jpg"为文件名保存在自己文件夹中。

5. 格式化磁盘

(1) 关闭所有在 E 盘上打开的文档和运行的程序。

(2) 打开"计算机"窗口，在 E 盘盘符上右击，从快捷菜单中选取"格式化"命令，打开"格式化 新加卷"对话框，如图 5-29 所示。

(3) 在"文件系统"下拉列表中选择"NTFS"，在"分配单元大小"中选择"默认分配大小"，在"卷标"中输入自己的名字，并选取"快速格式化"选项。

(4) 将设置完成后的对话框截图，并以"格式化分区.jpg"为文件名保存在自己文件夹中。

(5) 单击"开始"按钮，进行格式化，完成后单击"关闭"按钮。

图 5-29　格式化磁盘

注意：

■　在对硬盘进行卷调整和格式化操作时，将会删除卷上原有的全部数据。

■　在对硬盘进行卷调整和格式化操作前，应先把在该卷上打开的文件及运行的程序关闭，并且中途也不能打开文件及运行程序。

■　在对硬盘进行卷调整和格式化操作的过程中，不能重启计算机，更不能强行关闭计算机电源，否则将可能导致硬盘的损坏。

6. 硬盘的扫描及查错

(1) 关闭所有在 D 盘上打开的文档和运行的程序，双击"计算机"图标。

(2) 在"计算机"窗口中右击 D 盘图标，从快捷菜单中选取"属性"命令，并在"属性"对话框中选取"工具"标签，如图 5-30 所示。

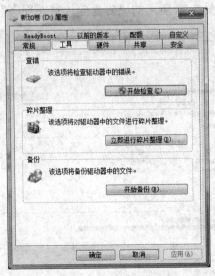

图 5-30　磁盘扫描工具

(3) 在"工具"标签的"查错"选项中单击"开始检查"命令按钮，打开如图 5-31 所示的"检查磁盘 新加卷"对话框。

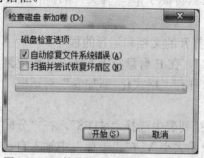

图 5-31 "检查磁盘 新加卷"对话框

(4) 在对话框中选中"自动修复文件系统错误"并取消"扫描并试图恢复坏扇区"选项。

(5) 设置完成后,单击"开始"按钮进行硬盘查错,并且在对话框的下部有一个进度条,指示查错完成的阶段及百分比,最后将显示一个完成对话框,如图 5-32 所示。

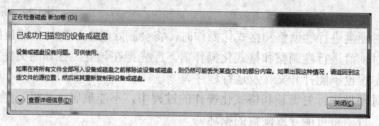

图 5-32 磁盘碎片扫描结果

(6) 将设置完成后的对话框截图,并以"磁盘扫描.jpg"为文件名保存在自己文件夹中。

7. 磁盘碎片整理

(1) 在如图 5-30 所示"磁盘工具"对话框的"碎片整理"选项中单击"立即进行碎片整理"命令按钮,打开如图 5-33 所示的"磁盘碎片整理程序"对话框。

图 5-33 磁盘碎片整理程序

(2) 在"磁盘碎片整理程序"对话框中单击"磁盘碎片整理"按钮,完成后将该对话框截图，并以"碎片整理.jpg"为文件名保存在自己文件夹中。

8. 清理磁盘

(1) 在"计算机"窗口右击 D 盘图标，从快捷菜单中选取"属性"命令，打开"新加卷 属性"对话框，如图 5-34 所示。

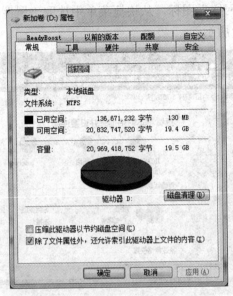

图 5-34　Windows 磁盘的常规属性

(2) 在对话框中单击"磁盘清理"按钮，打开如图 5-35 所示的对话框。在该对话框中的"要删除的文件"列表框中选中所有对象，并将该对话框截图，以"磁盘清理.jpg"为文件名保存在自己文件夹中，最后单击"确定"按钮，进行磁盘清理。

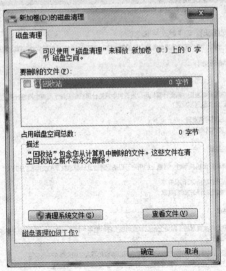

图 5-35　Windows 磁盘清理选项

9. 查看磁盘的属性

(1) 在"计算机"窗口中右击 D 盘图标，从快捷菜单中选取"属性"命令，打开"新

加卷 属性"对话框，如图 5-34 所示。

(2) 分别记录每个属性名称及参数，并了解其含义。

(3) 将该对话框截图，以"磁盘属性.jpg"为文件名保存在自己文件夹中。

10. 映射网络驱动器

(1) 在桌面上右击"网络"图标，从快捷菜单中选取"属性"命令，打开"网络和共享中心"窗口，如图 5-36 所示。

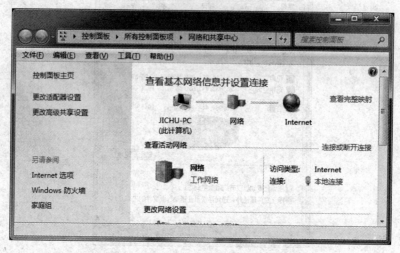

图 5-36 网络和共享中心窗口

(2) 单击左侧的"更改高级共享设置"，打开高级共享设置窗口，如图 5-37 所示。

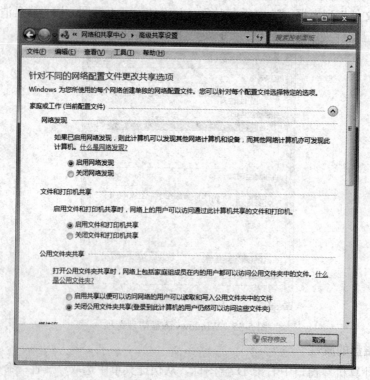

图 5-37 高级共享设置

(3) 在"网络发现"栏中选择"启用网络发现"，单击"保存修改"按钮。

(4) 双击桌面上的"网络"图标，打开网络窗口，在窗口中找到要作为网络映射盘的对方计算机名，如图 5-38 所示。

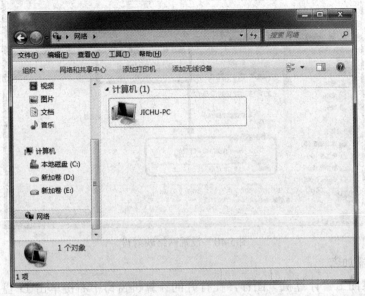

图 5-38　网络中共享的计算机

(5) 双击相应的计算机名称，可以看到对方计算机上共享的文件夹或磁盘，在共享的文件夹或磁盘上右击，从快捷菜单中选取"映射网络驱动器"命令，打开如图 5-39 所示的对话框。

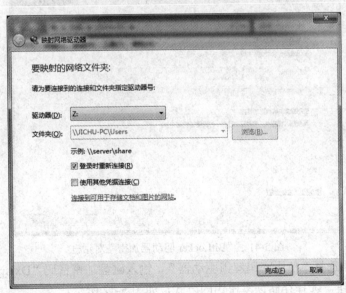

图 5-39　"映射网络驱动器"对话框

(6) 在对话框中为映射的网络驱动器指定一个盘符，并单击"完成"按钮。

(7) 再次打开"计算机"，如图 5-40 所示，将该窗口截图，以"映射网络驱动器.jpg"为文件名保存在自己文件夹中。

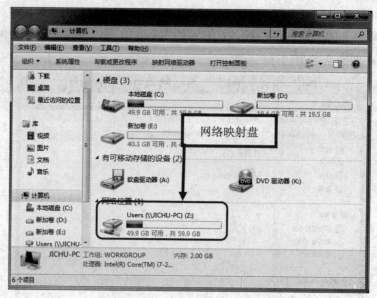

图 5-40　设置网络映射盘

11. 驱动器加密

(1) 双击桌面上"计算机"图标，在打开的计算机窗口中右键单击 D 盘盘符，在弹出的快捷菜单中选择"启用 BitLocker"命令，打开"BitLocker 驱动器加密"对话框，如图 5-41 所示。

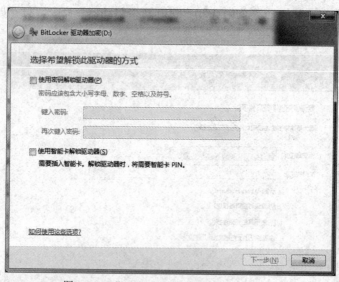

图 5-41　"BitLocker 驱动器加密"对话框

(2) 在窗口中选择"使用密码解锁驱动器"，输入磁盘加密密码"Dxjsjyyjc+123"，单击"下一步"按钮，选择存储恢复密钥的方式，如图 5-42 所示。

(3) 选择"将恢复密钥保存到文件"，弹出"密钥另存为"对话框，将恢复密钥文件保存到桌面上自己的文件夹中，回到存储恢复密钥对话框，依次单击"下一步"按钮及"启动加密"按钮，加密程序进入加密状态，如图 5-43 所示。

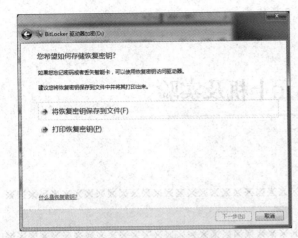
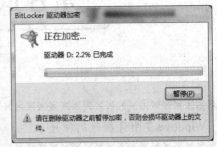

图 5-42　存储恢复密钥　　　　　　　图 5-43　开始加密驱动器

(4) 加密成功后相应的驱动器图标将会改变，打开计算机窗口并截图，以"加密驱动器.jpg"为文件名保存在自己文件夹中。

作业提交

将自己文件夹压缩并上传到 FTP 服务器的"第 05 周作业上传"文件夹中。

第 6 单元上机及实验

※※※

Windows 7 附件程序的使用

※※※

在桌面上以"自己名字＋的第 06 次作业"(如：李四的第 06 次作业)为名新建一个文件夹，以下简称"自己文件夹"，用于保存本次上机操作的结果，上机结束后将此文件夹压缩并上传到 FTP 服务器的"第 06 周作业上传"文件夹中。

Windows 7 附件程序的使用

1. 写字板程序的使用

用"写字板"完成图 6-1 所示文档的编辑，以自己名字为文件名保存到自己文件夹中。

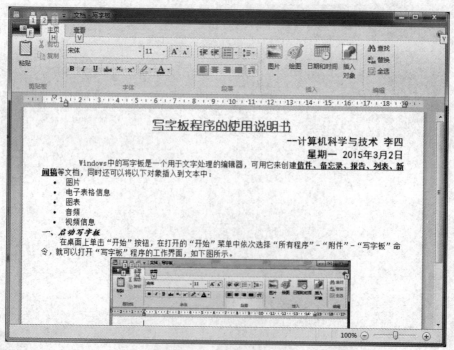

图 6-1　写字板文档示例

(1) 在桌面上单击"开始"按钮，在打开的"开始"菜单中依次选择"所有程序"—"附件"—"写字板"命令，启动"写字板"程序，并将其窗口调整为如图 6-2 所示大小。

(2) 在写字板中输入文档中的所有文字，结果如图 6-2 所示。

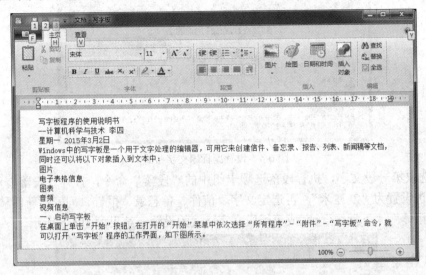

图 6-2　在写字板中输入文字

(3) 先拖动鼠标选定标题文字，再在"字体"选项卡组中单击"字体"下拉列表选择"幼圆"，在"字号"下拉列表中选择"18"，并单击"粗体"、"下划线"、"颜色"及"居中"选项，完成标题的设置，结果如图 6-3 所示。

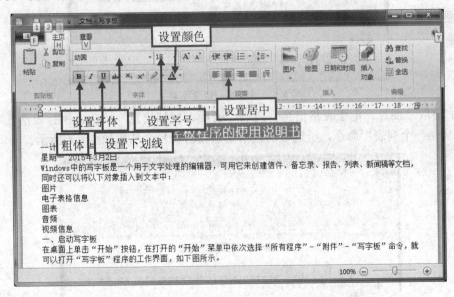

图 6-3　设置标题文字格式

(4) 拖动鼠标选取两个副标题的文字，按照以上方法在"字体"下拉列表中选择"黑体"，在"字号"下拉列表中选择"14"，并在段落选项卡组中单击"右对齐"按钮，完成副标题的设置，结果如图 6-4 所示。

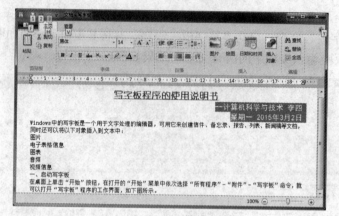

图 6-4　设置副标题文字格式

（5）选取第一段文字，执行段落选项卡组中的"段落"命令，打开"段落"对话框，将首行缩进设置为"2 厘米"，再选定文字"信件、备忘录、报告、列表、新闻稿"，将其设置为"粗体"、"下划线"，完成第一段文字格式的设置，结果如图 6-5 所示。

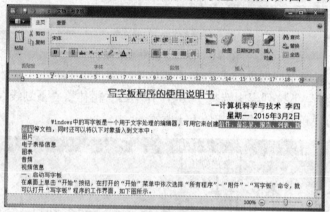

图 6-5　设置第一段文字格式

（6）选取"图片、电子表格信息、图表、音频、视频信息"段落，执行段落选项卡组中的"启动一个列表"命令，给选取的段落增加项目符号，结果如图 6-6 所示。

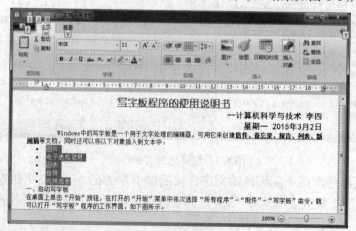

图 6-6　给段落增加项目符号

(7) 选取"一、启动写字板"文字,按第(3)步方法将其设置为"楷体"、"粗体"、"12号"、"斜体"。

(8) 选取最后一段文字,按第(5)步方法将其首行缩进设置为"1 厘米",结果如图 6-7 所示。

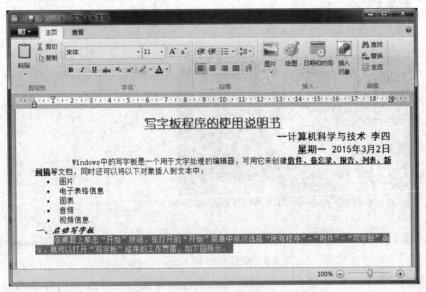

图 6-7　设置最后一段文字的格式

(9) 不关闭此文档,重新启动一个写字板程序,并将其窗口调整为图 6-1 所示大小,再按下键盘上的 Alt + PrintScreen 键,将写字板程序界面放入剪贴板,在"写字板程序的使用说明书"文档的最后按回车键,另起一个段落,并按 Ctrl + V 键,将写字板程序界面粘贴到文档中,并拖动其边角上的控制点,调整到图 6-1 所示的大小,最后单击"居中"按钮,让图片居中,完成文档编辑。

(10) 执行"文件"菜单下的"保存"命令,将文档以自己名字为文件名保存到自己文件夹中(不要关闭此窗口,下题还要使用)。

2. 记事本程序的使用

(1) 在上述编辑好的写字板文档窗口中,依次按下键盘上的 Ctrl + A、Ctrl + C 组合键。

(2) 在桌面上单击"开始"按钮,在"开始"菜单中依次选择"所有程序"—"附件"—"记事本"命令,启动"记事本"程序。

(3) 按下键盘上的 Ctrl + V 组合键,将写字板文档复制到记事程序中。比较二者的区别,并记录在记事本文档的最后面。

(4) 执行"文件"菜单下的"保存"命令,注意观察屏幕提示,将文档以自己名字为文件名保存到自己文件夹中。

3. 画图程序的使用

用"画图"程序打开本书配套资源包"作业素材"—"第 06 周"文件夹下的"Windows 7.jpg",并完成以下编辑,最后将编辑好的图形以自己名字为文件名另存到自己文件夹中。

(1) 单击"开始"菜单,依次选择"所有程序"—"附件"—画图"命令,启动"画图"程序。

(2) 在"画图"窗口中依次单击"文件"—"打开",在"打开"对话框中找到并双击配套资源"作业素材\第 06 周\Windows 7.jpg"图标,结果如图 6-8 所示。

图 6-8　刚打开的 Windows 7.jpg

(3) 在图形的右上角添加一个不带边框的黄色圆角矩形,并在其内部插入自己的名字(设置为"紫色"、"楷体"、"20 号"、"粗体")。

① 在"形状"选项组中单击"圆角矩形"按钮,在"形状"选项组"轮廓"下拉菜单中选取"无轮廓线","填充"下拉菜单中选取"纯色",将"颜色"选项组中的"颜色 2"设置为"黄色",并在图形的右上角拖动鼠标,绘制出圆角矩形,结果如图 6-9 所示。

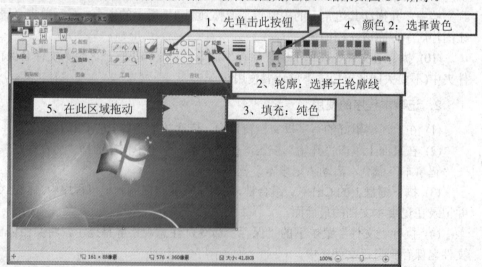

图 6-9　在图形中添加圆角矩形

② 在"工具"选项组中单击"文本"按钮,然后在颜色选项组中选择"颜色 1",将"颜色 1"设置为"紫色",并在圆角矩形上拖动鼠标,在文本选项组中设置字体、字号、粗体,再用 Ctrl + Shift 切换到中文输入法,输入文字,结果如图 6-10 所示。

图 6-10　在圆角矩形中添加名字

(4) 在"图像"选项组中单击"水平翻转"按钮,将图形水平翻转。在"图像"选项组中单击"重新调整大小"按钮,弹出"调整大小和扭曲"对话框,取消"保持纵横比"复选框,将"重新调整大小"菜单中的"水平"值设置成 150%,结果如图 6-11 所示。

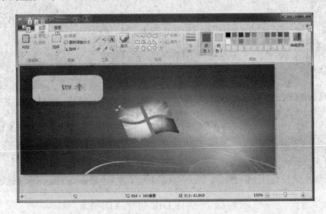

图 6-11　设置水平翻转、拉伸后的图形

(5) 在"剪贴板"选项组中单击"粘贴"按钮,从下拉菜单中选择"粘贴来源"命令,将配套资源包中的"作业素材\第 06 周\ monkey.bmp"文件与当前图形合并,并拖动放置到图形的左下角,最后结果如图 6-12 所示。

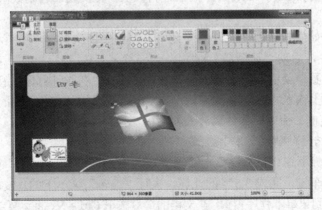

图 6-12　与其他文件合并后的图形

(6) 将图形以自己名字为主文件名、以 JPG 格式保存到自己文件夹中。

4. 命令提示符的使用

使用 DOS 命令在自己文件夹中建立一个名为"作业"的文件夹。

(1) 依次打开"开始"菜单—"所有程序"—"附件"—"命令提示符"命令，或直接在"开始"菜单的"运行"对话框中运行"CMD"命令，打开命令提示符窗口。

(2) 在提示符后输入"CD Desktop"，再按回车键，进入桌面文件夹。

(3) 在提示符后输入"CD 李四的第 06 次作业"，再按回车键，进入自己文件夹。

(4) 在提示符后输入"MD 作业"，按回车键，在自己文件夹中新建"作业"文件夹。

(5) 在提示符后输入"DIR"，再按回车键，即可在自己文件夹中列出所有的文件夹、文件及新建的文件，如图 6-13 所示。

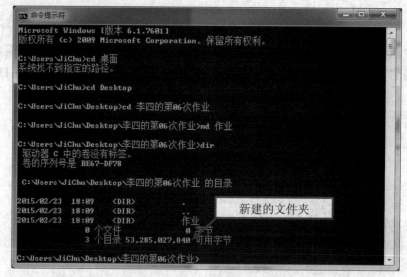

图 6-13 执行 DIR 命令后的结果

(6) 在提示符后输入"ipconfig"，再按回车键，查看本机网络设置，将操作结果截图，并以"ipconfig.jpg"为文件名保存在自己文件夹中。

5. 计算器程序的使用

分别计算 $\sin(35)$、$3.5^{4.5}$ 的值，并把十进制数 138 转换成二进制数，将结果保存在"文件 1-2.txt"中。

(1) 单击"开始"按钮，在打开的"开始"菜单中依次执行"所有程序"—"附件"—"计算器"命令，启动"计算器"程序。

(2) 执行"查看"菜单下的"科学型"命令，打开"科学计算器"窗口。

(3) 先从键盘上输入"35"，在其左侧单击"sin"按钮，完成 $\sin(35)$ 的计算，再执行"编辑"菜单下的"复制"命令，将结果放入剪贴板，打开"文件 1-2.txt"，在文档的最后按下 Ctrl + V，将运算结果粘贴到文本中。

(4) 切换到计算器窗口，从键盘上输入"3.5"，在其左侧单击"x^y"按钮，再在键盘上输入"4.5"，按回车键，完成 $3.5^{4.5}$ 的计算，执行"编辑"菜单下的"复制"命令，将结果放入剪贴板，切换到记事本程序窗口，在文档的最后按下 Ctrl + V，将运算结果粘贴到文本中。

(5) 切换到计算器窗口，从键盘上输入"138"，在其左侧单击"二进制"按钮，完成数制转换，再执行"编辑"菜单下的"复制"命令，将结果放入剪贴板，切换到记事本程序窗口，在文档的最后按下 Ctrl + V 组合键，将运算结果粘贴到文本中。

(6) 保存并关闭"文件 1-2.txt"。

作业提交

将自己文件夹压缩并上传到 FTP 服务器的"第 06 周作业上传"文件夹中。

第7单元 上机及实验

※※※※※※※※※※※※※※※※※※※※※※※※※※※※※※※※※※※※※※

Windows 7 控制面板的使用

※※※※※※※※※※※※※※※※※※※※※※※※※※※※※※※※※※※※※※

在桌面上以"自己名字＋的第 07 次作业"(如：李四的第 07 次作业)为名新建一个文件夹，以下简称"自己文件夹"，用于保存本次上机操作的结果，上机结束后将此文件夹压缩并上传到 FTP 服务器的"第 07 周作业上传"文件夹中。

Windows 7 控制面板的使用

1) 在自己文件夹中新建并打开"7-1.txt"，然后单击"开始"菜单右侧的"控制面板"命令，打开"控制面板"窗口，并切换到"小图标"视图方式，如图 7-1 所示。

图 7-1　控制面板的窗口

2) 通过"系统"图标分别查看计算机的 CPU、网卡、显卡型号及内存容量，并将其信息记录在"7-1.txt"中。

(1) 在"控制面板"中双击"系统"图标，打开"系统"窗口，如图 7-2 所示。

(2) 在"系统"窗口中单击"设备管理器"，打开"设备管理器"对话框，如图 7-3 所示。

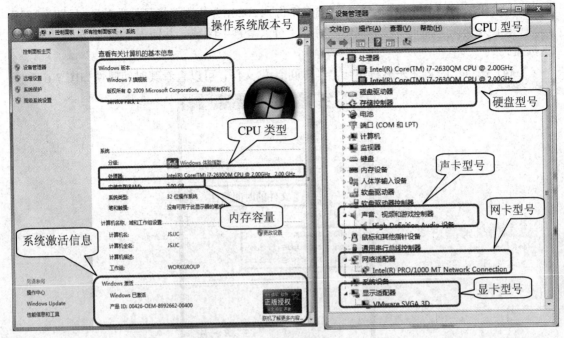

图 7-2 系统属性窗口   图 7-3 "设备管理器"窗口

(3) 将 CPU、网卡、显卡型号及内存容量信息记录在 "7-1.txt" 中，结果如图 7-4 所示。

图 7-4 保存查看结果后的文本

3) 将系统设置为 2020 年 2 月 2 日 22 时 22 分 22 秒，再在自己文件夹中新建一个名为 "时间.txt" 的空文本文档。

(1) 在"控制面板"中双击"日期和时间"图标，单击"更改日期和时间"按钮，打开"日期和时间设置"对话框，如图 7-5 所示。

图 7-5 设置日期和时间属性

(2) 在"日期"栏中单击年份数字调整年份到 2020，并依次选择月份为 2 月、日期为"22"。

(3) 分别在"时间"栏中双击"时"、"分"、"秒"区域，并输入"22"，单击"确定"按钮。

(4) 在自己的文件夹中新建一个"时间.txt"文件，可以查看其时间属性如图 7-6 所示。

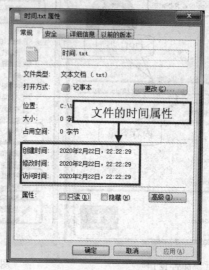

图 7-6　更改时间后的文件属性

4）显示属性设置。在"控制面板"中双击"显示"图标，打开显示属性窗口，将"分辨率"调整为"1024*768"，将屏幕上的文本大小及其他项放大 125%，再将操作结果截图，并以"显示.jpg"为文件名保存在自己文件夹中。

(1) 在窗口中单击"分辨率"右端的下拉按钮，在分辨率列表中选择"1024 × 768"项，如图 7-7 所示。

图 7-7　分辨率设置

(2) 在窗口下方单击"放大或缩小文本及其他项目"按钮并选择"中等(M)-125%"项，

单击"应用"按钮,并在弹出的对话框中选择"稍后注销",再在窗口导航面板中单击"调整分辨率"链接,返回"屏幕分辨率"窗口。

(3) 在窗口中单击"确定"按钮,将应用当前设置并显示确认对话框,如图 7-8 所示。将屏幕截图并以"7-4.jpg"为文件名保存到自己的文件夹中。

图 7-8 确认更改操作

5) 个性化设置。在"控制面板"中双击"外观和个性化"图标,或在桌面空白处右击并选择"个性化"命令,打开"个性化"窗口,完成如下操作,如图 7-9 所示。

图 7-9 个性化设置

(1) 在"个性化"窗口中单击"Aero 主题"组中的"建筑"图标。

(2) 单击"桌面背景"按钮,进入"桌面背景"窗口。在"桌面背景"窗口单击"图片位置(L):"的下拉按钮并选择"图片库",在显示的图形列表中勾选要作为桌面背景的图形,再单击"图片位置(P):"按钮并选择"居中",将"更改图片时间间隔"选择"10 秒"并设定"无序播放",如图 7-10 所示。将当前窗口截图并以"定时更换背景.jpg"为文件名保存在自己文件夹中。

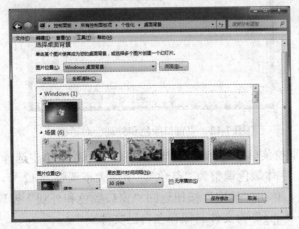

图 7-10 桌面背景设置

(3) 在"个性化"窗口中单击"窗口颜色"按钮，打开"窗口颜色和外观"窗口，如图 7-11 所示。

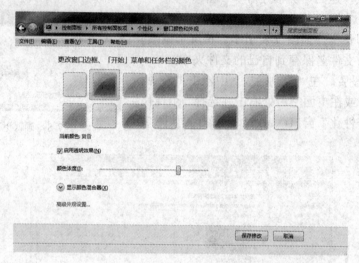

图 7-11　窗口颜色和外观

(4) 在"窗口颜色和外观"的颜色中选择"大海"并勾选"启用透明效果"项，单击"高级外观设置"，弹出"窗口颜色和外观"对话框，如图 7-12 所示。

图 7-12　"窗口颜色和外观"对话框

(5) 在"项目"下拉菜单中选择"菜单"，"字体"下拉菜单中选择"华文行楷"，菜单颜色调整为"绿色"，字体颜色调整为"红色"，字体大小调整为 12 号，并为文字设置"加粗"和"倾斜"效果，单击"确定"按钮返回"窗口颜色和外观"窗口，再将当前窗口截图并以"更改窗口外观.jpg"为文件名保存在自己文件夹中。

(6) 在"个性化"窗口中单击"声音"按钮，打开"声音"对话框，如图 7-13 所示。

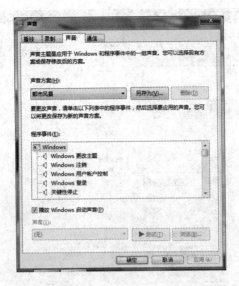

图 7-13　"声音"对话框

(7) 在"声音"选项卡"程序事件"列表中单击"弹出菜单"项，然后单击窗口最下面的"浏览"按钮，为"弹出菜单"操作设置"Windows 鸣钟"声音，再将当前窗口截图并以"更改 Windows 声音.jpg"为文件名保存在自己文件夹中。

(8) 在"个性化"窗口中单击"屏幕保护程序"按钮，弹出"屏幕保护程序设置"对话框，如图 7-14 所示。

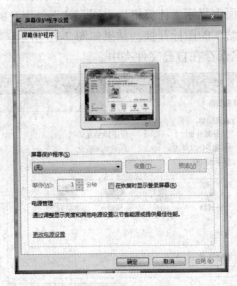

图 7-14　屏幕保护程序

(9) 在"屏幕保护程序"对话框的"屏幕保护程序"列表中选择"三维文字"，单击"设置"按钮，弹出"三维文字设置"对话框并在"文本"栏"自定义文字"文本框中输入自己的名字，"动态"栏"旋转类型"设置为"跷跷板式"，"表面样式"栏设置为"纹理"，结果如图 7-15 所示，并单击"确定"按钮返回到"屏幕保护程序设置"对话框。

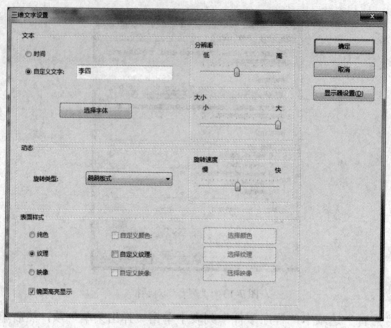

图 7-15 三维字体设置

(10) 将"等待"时间设置为 10 分钟，勾选"在恢复时显示登录屏幕"项，再将当前对话框截图，并以"更改屏幕保护.jpg"为文件名保存在自己文件夹中。

(11) 在"个性化"窗口左侧导航面板中单击"更改桌面图标"按钮，打开"桌面图标设置"对话框，设定在桌面上显示"计算机"、"回收站"、"用户的文件"和"网络"图标，再将"计算机"和"回收站"的图标互换，结果如图 7-16 所示。将当前窗口截图并以"更改桌面图标.jpg"为文件名保存在自己文件夹中。

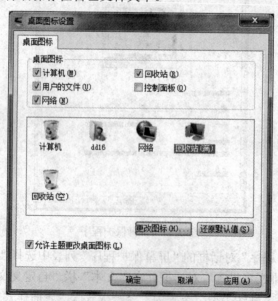

图 7-16 "桌面图标设置"对话框

(12) 在"个性化"窗口左侧导航面板中单击"更改鼠标指针"按钮，弹出"鼠标属性"

对话框，如图 7-17 所示。

图 7-17　"鼠标属性"对话框

(13) 在"鼠标属性"对话框中单击"鼠标键"选项卡，将鼠标左右键功能互换，并将双击速度设置为最快；单击"指针"选项卡，将"正常选择"光标设置为"作业素材\第 07 周\horse.ani"图标。将当前对话框截图并以"更改鼠标属性.jpg"为文件名保存在自己文件夹中。

6) 在计算机中添加一台 HP LaserJet P3005 PCL6 打印机，将其设置为默认及共享打印机，最后将其快捷方式发送到自己文件夹中。

(1) 在"控制面板"窗口中双击"设备和打印机"图标，打开"设备和打印机"窗口。

(2) 在窗口工具栏上单击"添加打印机"，启动"添加打印机"向导，如图 7-18 所示。

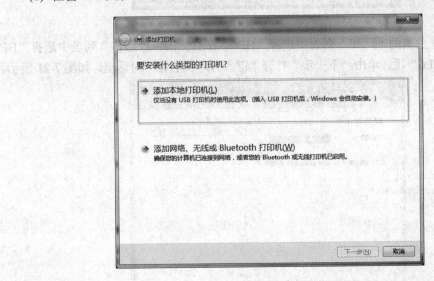

图 7-18　选择本地打印机

(3) 单击"添加本地打印机"，打开如图 7-19 所示的"选择打印机端口"对话框。

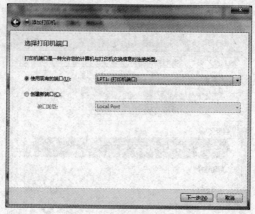

图 7-19　设置打印机端口

　　(4) 在对话框的"使用现有的端口"下拉列表框中选择"LPT1"，单击"下一步"按钮，打开"安装打印机驱动程序"对话框，如图 7-20 所示。

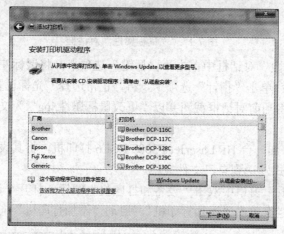

图 7-20　选择打印机型号

　　(5) 在对话框左侧的"厂商"列表中选择"HP"，在右侧的"打印机"列表中选择"HP LaserJet P3005 PCL6"项，单击"下一步"打开"键入打印机名称"对话框，如图 7-21 所示。

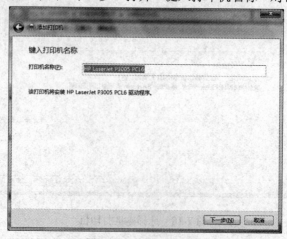

图 7-21　设置打印机名

(6) 单击"下一步"打开"打印机共享"对话框，如图 7-22 所示。

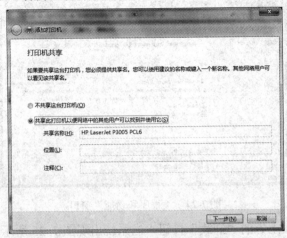

图 7-22　设置打印机共享

(7) 在该对话框中选择"共享此打印机以便网络中的其他用户可以找到并使用它"项，并输入"HP LaserJet"，单击"下一步"按钮，弹出成功添加打印机对话框，如图 7-23 所示。

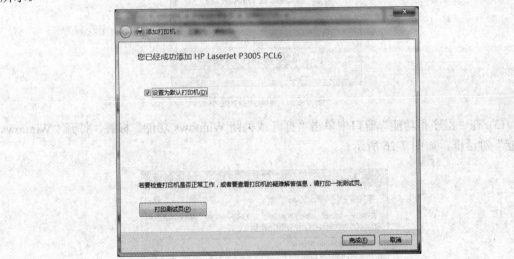

图 7-23　完成打印机添加

(8) 单击"打印测试页"按钮可以打开"打印测试页"对话框，勾选"设置为默认打印机"将此打印机设置为默认打印机，单击"完成"按钮。

(9) 在"设备和打印机"窗口右击刚才添加的打印机的图标，从快捷菜单中选择"创建快捷方式"命令，这时系统会将快捷图标添加到桌面，将其复制到自己文件夹中。

7) 将以前安装的 WinRAR 程序及 Windows 7 附件程序的游戏从计算机卸载，并分别将操作结果截图，以"卸载 WinRAR.jpg"及"删除游戏.jpg"为文件名保存在自己文件夹中。

(1) 在控制面板中单击"程序和功能"图标，打开"程序和功能"窗口，并在程序列表中单击"WinRAR"项，如图 7-24 所示。

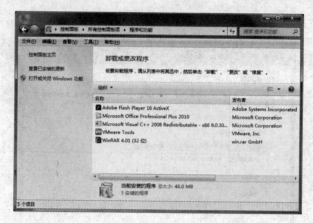

图 7-24　"程序和功能"窗口

(2) 单击程序列表上方的"卸载"按钮，当系统出现图 7-25 所示的提示时，将该提示截图，并以"卸载 WinRAR.jpg"为文件名保存在自己文件夹中。

图 7-25　卸载程序提示

(3) 在"程序和功能"窗口中单击"打开或关闭 Windows 功能"标签，打开"Windows 功能"对话框，如图 7-26 所示。

图 7-26　"Windows 功能"对话框

(4) 在"Windows 功能"列表中,取消"游戏"项前的复选标记,如图 7-27 所示。将该对话框截图,并以"删除游戏.jpg"为文件名保存在自己文件夹中。

图 7-27 取消"游戏"功能

(5) 单击"确定"按钮,这时系统开始更新组件,更新完成后回到"程序和功能"窗口。

8) 将本书配套资源包"作业素材"—"第 07 周"文件夹下的"文鼎竹子体"字体安装到计算机中,并在自己文件夹中新建一个"字体.docx"文档,输入本段内容,将文字设置为该字体然后保存。

(1) 在"控制面板"窗口中双击"字体"图标,打开"字体"窗口。

(2) 将需要安装的字体文件拖到"字体"窗口,打开如图 7-28 所示的"安装字体"对话框完成新字体安装。

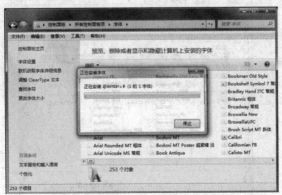

图 7-28 Windows 安装字体

(3) 打开自己的文件夹,右击空白位置,从快捷菜单中选择"新建"—"WORD 文档"命令。

(4) 在文档名中输入"字体.docx",并双击其图标打开,然后输入相应文字,并将文字设置为"文鼎竹子体",存盘并退出。

9) 将计算机中除"英文"和"微软拼音-简捷 2010"以外的输入法删除,将"微软拼音-简捷 2010 输入法"的切换键设置为"Ctrl + Shift + 1",将操作结果截图,分别以"删除输入法.jpg"及"输入法切换.jpg"为文件名保存在自己文件夹中。

(1) 在"控制面板"窗口中双击"区域和语言"图标,打开"区域和语言"对话框,单击"键盘和语言"选项卡下的"更改键盘"按钮,打开"文本服务和输入语言"对话框,如图 7-29 所示。

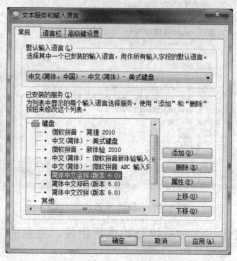

图 7-29 "文本服务和输入语言"对话框

(2) 分别选定除"美式键盘"和"微软拼音-简捷 2010"以外的输入法图标,并单击"删除"按钮,将此对话框截图,以"删除输入法.jpg"为文件名保存在自己文件夹中。

(3) 单击"高级键设置"选项卡,如图 7-30 所示。

图 7-30 高级键设置

(4) 在"输入语言的热键"栏中单击"微软拼音-简捷 2010"项,然后单击"更改按键顺序"按钮,或直接双击相应输入法,打开"更改按键顺序"对话框,将输入法的热键设置为"Ctrl + Shift + 1",如图 7-31 所示,并将此对话框截图,以"输入法切换.jpg"为文件名保存在自己文件夹中。

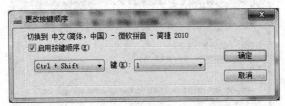

图 7-31　更改按键顺序

10) 在计算机中新建一个标准用户，将操作结果截图，并以"新建用户.jpg"为文件名保存在自己文件夹中。

(1) 在"控制面板"中双击"用户帐户"图标，打开"用户帐户"窗口，如图 7-32 所示。

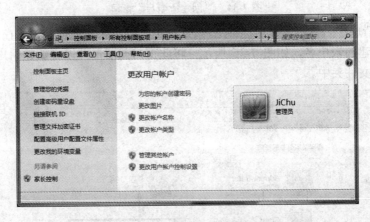

图 7-32　Windows 的用户帐户管理

(2) 在窗口中单击"管理其他账户"项，弹出"管理帐户"窗口，如图 7-33 所示。

图 7-33　管理帐户

(3) 单击"创建一个新帐户"项，打开"创建新帐户"窗口，如图 7-34 所示。

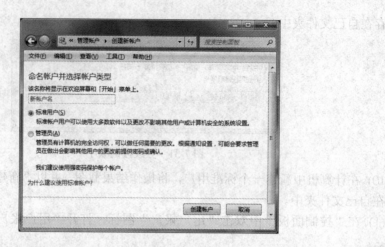

图 7-34 "创建新账户"窗口

(4) 输入新用户名称,选择"标准用户",单击"创建帐户"按钮,将在"管理帐户"窗口中显示新建的帐户名,如图 7-35 所示,将此窗口截图,并以"新建用户.jpg"为文件名保存在自己文件夹中。

图 7-35 显示新建的用户名

作业提交

将自己文件夹压缩并上传到 FTP 服务器的"第 07 周作业上传"文件夹中。

第 8 单元上机及实验

✕✕
一、局域网的组成、设置及测试
二、设置局域网共享
三、远程桌面应用
四、浏览器的设置与应用
五、Internet 资源的检索与下载
✕✕

在桌面上以"自己名字＋的第 08 次作业"(如：李四的第 08 次作业)为名新建一个文件夹，以下简称"自己文件夹"，用于保存本次上机操作的结果，上机结束后将此文件夹压缩并上传到 FTP 服务器的"第 08 周作业上传"文件夹中。

8.1 局域网的组成、设置及测试

1. 绘制机房的网络拓扑结构图

以图 8-1 为参考，在画图程序中绘制自己所在机房的网络拓扑结构图，并以"网络结构.jpg"为文件名保存在自己文件中。(注：交换机、PC 机、服务器、打印机图标均可在本书配套资源包的"作业素材"—"第 08 周"文件夹中找到)。

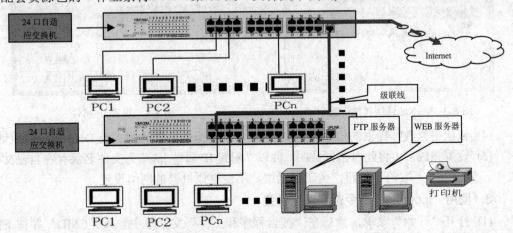

图 8-1 局域网常见的拓扑结构

2. 配置网卡的 TCP/IP 属性

(1) 依次打开"开始"—"控制面板"—"网络和共享中心连接",并在窗口中单击"更改适配器设置"链接,打开如图 8-2 所示的网络连接窗口。

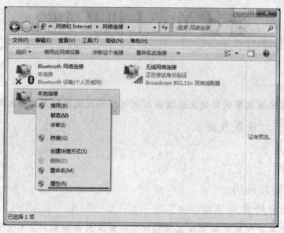

图 8-2　网络连接窗口

(2) 在窗口中右击"本地连接",在快捷菜单中选择"属性"命令,打开"本地连接属性"窗口,如图 8-3 所示。

(3) 在"本地连接属性"窗口中双击"Internet 协议版本 4(TCP/IPv4)"选项,打开"Internet 协议 4(TCP/IP)属性"对话框,如图 8-4 所示。

图 8-3　"本地连接属性"窗口　　　　　　图 8-4　设置 IP 属性

(4) 依次根据教师提供的信息填写 IP 地址、子网掩码、默认网关及 DNS 服务器地址。

(5) 设置完成后,将此对话框截图,并以"配置 IP 属性.jpg"为文件名保存在自己文件夹中,然后单击"取消"按钮,关闭对话框,不变更原机器的网络设置。

3. 使用"ipconfig"命令查看网络设置

(1) 打开"开始"菜单,然后在"搜索程序和文件"文本框中输入"CMD"并按下回车键,打开"命令提示符"窗口。

(2) 在光标位置处输入"ipconfig /all"并按回车键，显示如图 8-5 所示结果，将此窗口截图，并以"ipconfig.jpg"为文件名保存在自己文件夹中。

图 8-5 ipconfig 使用结果

4. 使用"ping"命令测试网络连接

(1) 在"命令提示符"窗口中输入"ping www.sina.com.cn"，显示运行结果如图 8-6 所示，表明本机能连接到新浪网的主机。

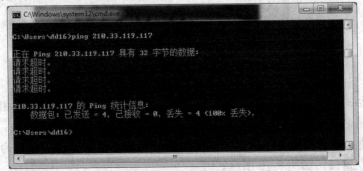

图 8-6 ping 使用结果 1

(2) 在"命令提示符"窗口中输入"ping 210.33.119.117"(注：210.33.119.117 为本网络中另一台计算机的 IP 地址，实际上机中可根据教师要求更改)，显示运行结果，如图 8-7 所示。将此窗口截图，在图中说明各项含义，并以"ping.jpg"为文件名保存在自己文件夹中。

图 8-7 ping 使用结果 2

8.2 设置局域网共享

1. 在局域网中共享文件及文件夹

(1) 分别在准备共享的两台或多台计算机桌面上右击"计算机"图标,在弹出的快捷菜单中选择"属性",如图 8-8 所示。

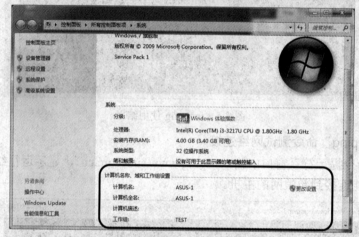

图 8-8 查看计算机名和工作组

(2) 在"计算机名称、域和工作组设置"栏中单击"更改设置"项,打开"系统属性"对话框,再在对话框中单击"更改"按钮,打开如图 8-9 所示的"计算机名/域更改"对话框。

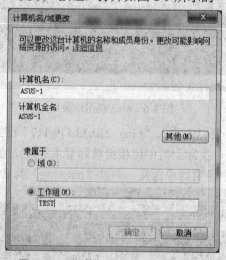

图 8-9 "计算机名/域更改"对话框

(3) 在对话框中输入合适的计算机名和工作组名(确保每台计算机拥有相同的工作组名和不同的计算机名),然后单击"确定"按钮,重新启动计算机使更改生效。

(4) 在桌面上右击"网络"图标,在弹出的快捷菜单中选择"属性"命令,打开"网络和共享中心"窗口,如图 8-10 所示。

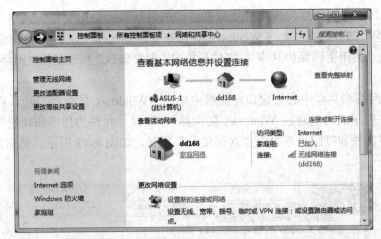

图 8-10　Windows 7 网络和共享中心

(5) 在窗口左侧面板中单击"家庭组"按钮，打开"更改家庭组设置"窗口，设置准备共享的资源和文件夹，如图 8-11 所示。设置完成后单击"保存修改"按钮返回"网络和共享中心"窗口。

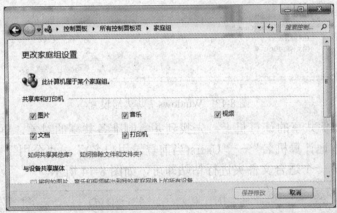

图 8-11　更改 Windows 7 家庭组设置

(6) 在"网络和共享中心"窗口左面板中单击"更改高级共享设置"按钮打开"高级共享设置"窗口，如图 8-12 所示。

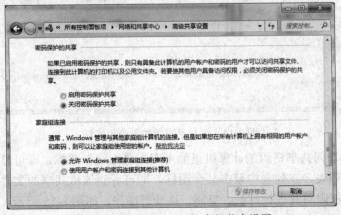

图 8-12　更改 Windows 7 高级共享设置

(7) 在窗口中将"网络发现"、"文件和打印机共享"、"公用文件夹共享"等项设置为启用，"家庭组"部分选择"允许 Windows 管理家庭组连接(推荐)"，将"密码保护的共享"部分则设置为"关闭密码保护共享"，完成后单击"保存修改"按钮返回"网络和共享中心"窗口。

(8) 在"网络和共享中心"窗口左面板中单击"Windows 防火墙"项，在打开的窗口中单击"允许程序或功能通过 Windows 防火墙"，确保"允许的程序和功能"列表中选定"家庭组"、"文件和打印机共享"、"远程桌面"项目，如图 8-13 所示，然后单击"确定"按钮。

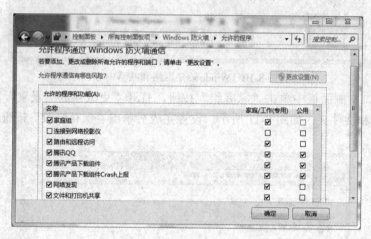

图 8-13　Windows 7 防火墙设置

(9) 在提供文件共享的计算机上，先找到并复制准备共享的对象，再在桌面上依次双击"网络"—"本地计算机名"—"Users(当前登录用户名)"—"公用"，最后根据准备共享的资源类型选择一个适合文件夹进行粘贴即可，如图 8-14 所示。

图 8-14　将共享对象放入公用区域

(10) 在需要访问共享资源的计算机桌面上双击"网络"图标，即可显示网络中提供共享的计算机图标列表，在列表中双击某个图标，即可看到该机共享的文件夹和文件，用户可以根据设定的权限对其进行打开、复制、移动等操作，如图 8-15 所示。将窗口截图，并以"访问共享文件夹.jpg"为文件名保存在自己文件夹中。

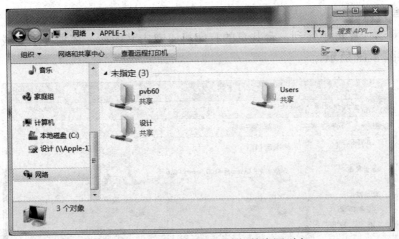

图 8-15　共享计算机中可访问的资源列表

2．映射网络驱动器

(1) 在上题打开的共享文件夹或磁盘图标上右击，从快捷菜单中选择"映射网络驱动器"命令，再在如图 8-16 所示的窗口中将驱动器名设置为"**Y:**"。

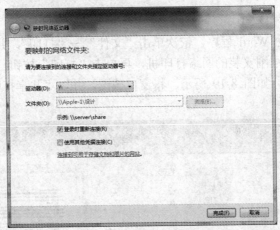

图 8-16　设置映射网络驱动器

(2) 在本机桌面上双击"计算机"图标，即可看到映射的网络磁盘，如图 8-17 所示。将窗口截图，并以"映射网络驱动器.jpg"为文件名保存在自己文件夹中。

图 8-17　访问映射网络驱动器

3.共享打印机

(1) 在网络计算机中找到一台共享的打印机，双击其图标，依据提示完成网络打印机的安装，如图 8-18 所示。

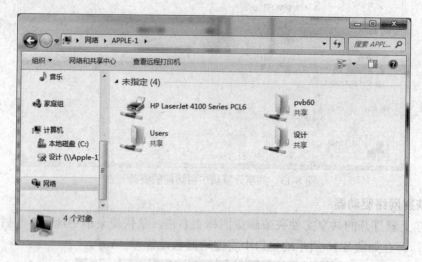

图 8-18　查看共享打印机

(2) 在本机上启动 Word 程序，依次单击"文件"—"打印"，并在"打印机"列表中将默认打印机设置为刚刚安装的网络打印机，再单击"打印"按钮，即可将当前文档通过网络打印机打印出来，如图 8-19 所示。将窗口截图，并以"共享打印机.jpg"为文件名保存在自己文件夹中。

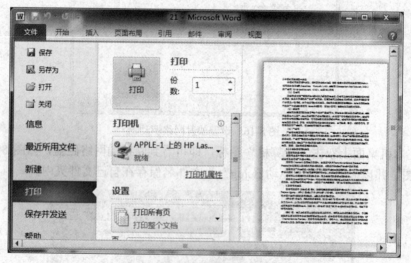

图 8-19　使用共享打印机

8.3　远程桌面应用

(1) 通过 ipconfig 命令获取并记录本机 IP 地址。

(2) 在"控制面板"的"用户帐户"管理中新增一个专门用于远程桌面的用户，并根据需要设置其权限和密码。

(3) 在本机桌面上右击"计算机"图标，选择"属性"命令，再在"系统"属性窗口左侧单击"高级系统设置"，在"系统属性"对话框中选择"远程"选项卡，启用"允许运行任意版本远程桌面的计算机连接(较不安全)"，如图8-20所示。

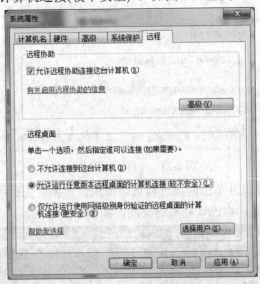

图8-20 启用远程桌面功能

(4) 换位到另外一台计算机，并在计算机中依次打开"开始"—"所有程序"—"附件"—"远程桌面连接"命令，在打开的对话框中输入自己原来的计算机IP地址或计算机名和密码，单击"连接"按钮，如图8-21～图8-23所示。

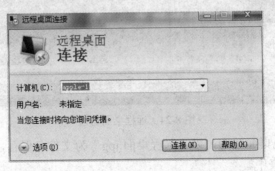

图8-21 远程连接计算机

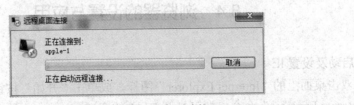

图8-22 启用远程桌面功能

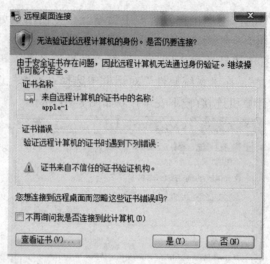

图 8-23　连接到远程桌面

(5) 返回自己的计算机并单击同意远程桌面请求，再换位到远程计算机，连接成功后，将在远程计算机桌面上显示自己计算机的桌面，如图 8-24 所示。

图 8-24　远程桌面窗口

(6) 将远程计算机桌面截图，以"远程桌面.jpg"为文件名保存，并通过文件共享的方式复制到自己的文件夹中。

8.4　浏览器的设置与应用

1. 启动及设置 IE

(1) 双击桌面上的"Internet Explorer"图标，或单击"开始"按钮，在"开始"菜单中选择"Internet Explorer"命令，即可打开 IE 11 的窗口。

(2) 在桌面上右击"Internet Explorer"图标，从快捷菜单中选择"属性"命令，或在刚才启动 IE 窗口中执行"工具"菜单下的"Internet 选项"命令，即可打开"Internet 属性"对话框，如图 8-25 所示。

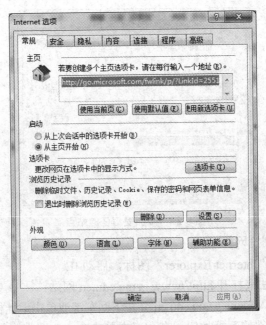

图 8-25 IE 常规属性设置

(3) 在对话框中将"http://www.gzmu.edu.cn/"设置为 IE 的主页。

(4) 设置 IE 打开时从上次关闭时打开的页面开始。

(5) 将 Internet 临时文件夹的位置改为 D 盘，大小为 1 GB。

(6) 清除 IE"历史记录"，并将天数设置为"1"。将对话框截图，并以"IE 常规属性.jpg"为文件名保存在自己文件夹中。

(7) 单击"安全"选项卡，打开"安全"选项卡，如图 8-26 所示。

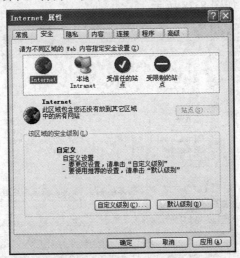

图 8-26 IE 安全属性设置

(8) 将受信任站点的安全级别设置为"低"，并将 http://www.gzmu.edu.cn 添加到其列表中，如图 8-27 所示。最后将对话框截图，并以"添加信任站点.jpg"为文件名保存在自己文件夹中。

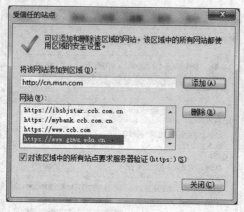

图 8-27　添加受信任的站点

2. 使用 IE 11 来浏览网页

(1) 双击桌面上的"Internet Explorer"图标，启动 IE。

(2) 分别按以下方法来打开 http://www.gzmu.edu.cn 网站：

■　在地址栏中输入 www.gzmu.edu.cn 并按下回车键或单击地址栏右端的"转到"按钮。

■　单击地址栏右端的下拉按钮，在列表中单击 http://www.gzmu.edu.cn/。

■　在"收藏夹"下拉菜单中选择要转到的 Web 页地址。

(3) 在 http://www.gzmu.edu.cn 中依次单击"学校概况"—"学校简介"，打开相应链接，将窗口截图，并以"浏览网页.jpg"为文件名保存在自己文件夹中。

3. 保存 Web 页信息

1) 保存当前页。

(1) 在上题打开的"学校简介"窗口中单击"文件"菜单，选择"另存为"命令，打开"保存网页"对话框，如图 8-28 所示。

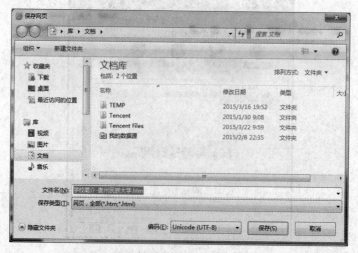

图 8-28　保存网页

(2) 将保存路径设置在自己文件夹中。

(3) 在"文件名"下拉列表框中输入"李四(上机时改为自己名字)保存的网页"。

(4) 在"保存类型"选择"全部",并单击"保存"按钮。

2) 保存网页中的图片。

(1) 在"学校简介"页面中右击一个图形,在快捷菜单中选择"图片另存为"命令,打开"保存图片"对话框。

(2) 在对话框中分别将保存位置设置为自己文件夹、保存类型为"JPG"、文件名为自己的名字,并单击"保存"按钮。

3) 保存网页中的文字。

(1) 在"学校简介"页面中拖动选定第一段文字,在选定的文字上单击右键,在快捷菜单中选择"复制"命令。

(2) 打开 Windows 中的记事本程序(当然也可以选择其他文字处理程序,如 Word 等,但由于网页中的文字通常包含多种特殊的控制信息,如果在保存文字的时候不去除这些控制符,将给文字的后期进一步编辑带来很大的麻烦,而记事本程序就可以只保存文字而不保存控制符),在记事本程序窗口的编辑区中右击,在快捷菜单中选择"粘贴"命令。

(3) 将该文档以"保存网页中的文字.txt"为文件名保存在自己文件夹中。

4．收藏夹的使用

(1) 打开 www.gzmu.edu.cn。

(2) 单击 IE 窗口中的"收藏夹"菜单,选取"添加到收藏夹"命令,打开"添加收藏"对话框,如图 8-29 所示。

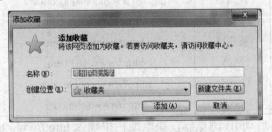

图 8-29　添加网页到收藏夹

(3) 在对话框中单击"新建文件夹"按钮,在收藏夹中创建一个自己名字命名的文件夹。

(4) 在"名称"框中输入"我的大学"。

(5) 单击"添加"按钮,则在收藏夹中就添加了一个网页地址。

(6) 再次单击"收藏夹"菜单,选取"添加到收藏夹栏"命令,将网页地址直接添加到窗口的收藏夹栏(如果收藏夹栏设置为显示)。

(7) 将当前窗口截图,以"收藏网页.jpg"为文件名保存在自己文件夹中。

(8) 再次执行"收藏夹"菜单下的"整理收藏夹"命令,打开"整理收藏夹"对话框,如图 8-30 所示。

(9) 在收藏夹中将除了"李四"以外的全部对象删除,并将"我的大学"从"李四"文件夹移动到收藏夹根目录。将收藏夹窗口截图,以"管理收藏夹.jpg"为文件名保存在自己文件夹中。

图 8-30 "整理收藏夹"对话框

8.5 Internet 资源的检索与下载

1．Internet 资源的检索

利用以下任意一个搜索引擎，在 Internet 中搜索"什么是 IPv6"，并将你认为解释得最好的文字保存在自己文件夹中的"什么是 IPv6.txt"文件中。

搜索引擎	URL 地址
中文 Yahoo	http://cn.yahoo.com/
找到啦	http://www.zhaodaola.com.cn/
百度	http://www.baidu.com
新浪网	http://www.sina.com
网易	http://www.163.com
Google	http://www.google.com
搜狐	http://www.sohu.com

（1）在桌面上双击启动 IE 浏览器，在地址栏中输入 http://www.baidu.com，并按下回车键，打开"百度"搜索引擎，如图 8-31 所示。

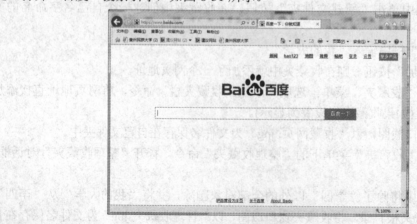

图 8-31 在搜索引擎中输入关键字

(2) 在打开页面的文本框中输入"什么是 IPv6",单击"百度一下"按钮,打开搜索结果 Web 页,如图 8-32 所示。

图 8-32　选择一个搜索结果

(3) 在搜索结果的 Web 页中选择一个自己认为解释得比较合理的网页链接,打开其详细页面,在其页面中拖动选择相关的文字,并按下 Ctrl + C 组合键或者在选中的文字上单击鼠标右键,选择"复制"命令,如图 8-33 所示。

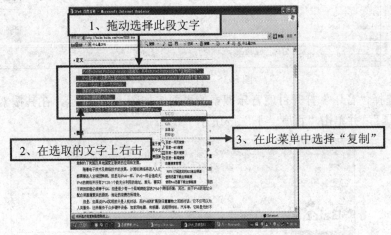

图 8-33　在搜索中选择文字

(4) 依次单击"开始"—"所有程序"—"附件"—"记事本"命令启动"记事本"程序,在"记事本"窗口中单击"编辑"菜单中的"粘贴"命令(或按下键盘上的 Ctrl + V 键),将复制的文字复制到记事本文件中,如图 8-34 所示。

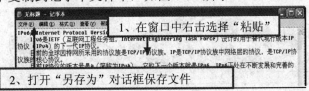

图 8-34　将选择的文字复制到记事本

(5) 在"记事本"窗口中执行"文件"菜单下的"保存"命令，在打开的"另存为"对话框中选择保存位置为自己文件夹，在文件名中输入"什么是 IPv6"，单击"确定"按钮。

2. Internet 资源的下载

1) 通过搜索引擎查找"我的祖国.mp3"，用"目标另存为"命令下载并保存在自己文件中。

(1) 启动 IE 浏览器程序，并打开 http://www.baidu.com 页面，在主页中单击"更多产品"按钮，如图 8-35 所示。

图 8-35　打开搜索引擎网页

(2) 选择"音乐"打开百度音乐搜索的页面，如图 8-36 所示，在其搜索名称框中输入"我的祖国"，并单击"百度一下"按钮。

图 8-36　在搜索引擎中输入关键字

(3) 在打开的网页中将显示含有所要查找的音乐的超级链接，并显示音乐的名称、歌手、专辑、应用工具等信息，如图 8-37 所示。

图 8-37　搜索结果列表

(4) 在某个链接上单击，可打开该音乐的播放或下载页面，如图 8-38 所示。

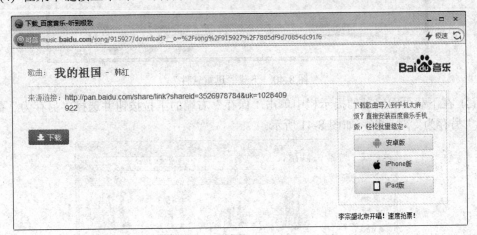

图 8-38　打开资源下载页面

(5) 单击"下载"按钮，将音乐下载并保存到自己文件夹中。

2) 在 Internet 中搜索、下载并安装"迅雷"软件，并使用"迅雷"软件下载"我的祖国.mp3"保存到自己文件夹中。

(1) 打开"百度"搜索引擎页面，在文本框中输入"迅雷下载"，单击"百度一下"按钮，如图 8-39 所示。

图 8-39　搜索软件

(2) 在如图 8-40 所示的搜索结果点中击"立即下载"按钮，打开软件下载页面。

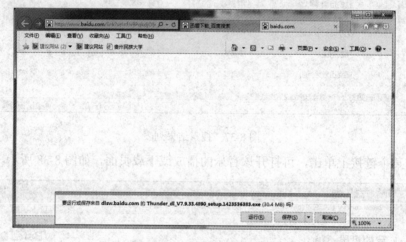

图 8-40　下载"迅雷软件"

(3) 在下载页面底部的提示栏中单击"保存"右端的下拉按钮并选择"另存为"命令，打开"另存为"对话框，如图 8-41 所示。

图 8-41　设置软件保存的位置及文件名

(4) 在"另存为"对话框中设置保存位置和文件名,再单击"保存"按钮,将软件下载到本地计算机,也可直接在提示栏中单击"运行"按钮,将文件下载到临时文件夹并自动启动安装向导,如图 8-42 所示。

(5) 在安装向导对话框中选择"已阅读并同意迅雷软件许可协议",并单击"快速安装"按钮,自动完成软件的安装,如图 8-43 所示。

图 8-42　启动迅雷软件安装向导　　　　　　图 8-43　快速安装迅雷软件

(6) 用搜索引擎找到"我的祖国.mp3"的下载链接并右击,从快捷菜单中选择"使用迅雷下载"命令,在打开的迅雷下载对话框中单击"浏览"设定"存储目录"为自己文件夹,文件名为"我的祖国-1.mp3",单击"确定"按钮,如图 8-44 所示。

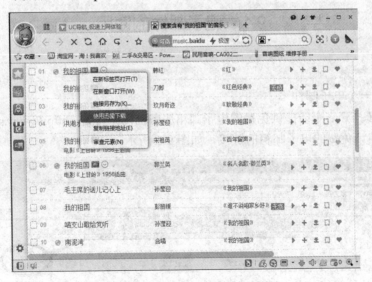

图 8-44　使用迅雷下载资源

提交作业

将自己文件夹压缩并上传到 FTP 服务器的"第 08 周作业上传"文件夹中。

第9单元 上机及实验

※※※※※※※※※※※※※※※※※※※※※※※※※※※※※※※※※※※
- 一、电子邮件的使用
- 二、防病毒软件的使用

※※※※※※※※※※※※※※※※※※※※※※※※※※※※※※※※※※※

在桌面上以"自己名字+的第09次作业"(如：李四的第09次作业)为名新建一个文件夹，以下简称"自己文件夹"，用于保存本次上机操作的结果，上机结束后将此文件夹压缩并上传到FTP服务器的"第09周作业上传"文件夹中。

9.1 电子邮件的使用

1. 申请一个电子邮件

(1) 用IE打开一个能提供免费的电子邮箱服务的网站，如：http://www.sina.com，在其主页中找到申请免费的电子邮箱的链接，如图9-1所示。

图9-1 登录到新浪网站

(2) 单击"免费邮箱"按钮，打开相应链接，如图9-2所示。

图 9-2　注册电子邮箱

(3) 在网页中单击"注册"按钮，打开新用户注册信息页，如图 9-3 所示。

图 9-3　输入邮箱用户信息

(4) 在"欢迎注册新浪邮箱"网页中输入并记录邮箱地址、密码及验证码等信息，然后单击"立即注册"按钮。

(5) 当邮箱申请成功后，将显示如图 9-4 所示的页面。

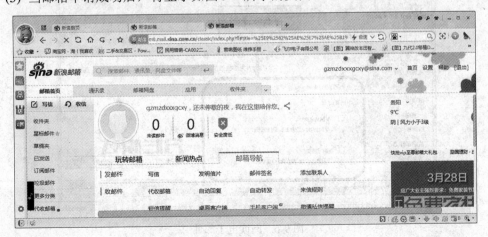

图 9-4　邮箱申请成功

2. 接收电子邮件

当用户成功申请到一个电子邮箱后，一般 ISP 都会向用户发送一封欢迎邮件，用户就可以登录自己邮箱来查看邮件了。

(1) 用 IE 打开 http://www.sina.com，在主页中单击"免费邮箱"按钮，在新打开的网页中输入邮箱用户名和密码并单击"登录"按钮，可登录到邮箱并打开自己邮箱主界面，如图 9-5 所示。

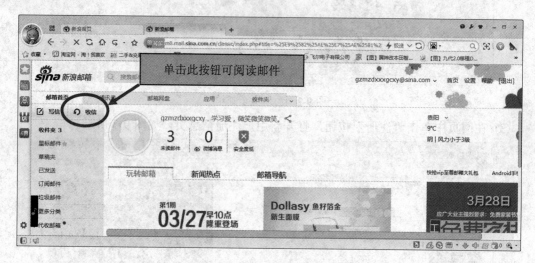

图 9-5　登录到邮箱

(2) 在主界面中单击"收信"按钮，即可看到已收邮件列表，如图 9-6 所示。单击某个邮件主题，可查看详细内容，如果某邮件有附件，则在邮件列表的右端还有特殊标记，单击标记可下载该附件。

图 9-6　阅读电子邮件

(3) 邮件阅读完成后，用户可根据需要单击"回复"、"转发"、"删除"、"举报"及"打印"按钮来管理该封邮件。

3．发送电子邮件

利用自己申请到的电子邮箱，发送一份紧急电子邮件到教师指定的地址，要求如下：

- 收件人地址：教师指定。
- 抄送人地址：自己的同桌。
- 密送人地址：自己。
- 主题：专业班级+自己真实姓名。
- 内容：个人简介(50～100 字)。
- 附件：下载的任意图形(100～300 KB)。

(1) 在主界面上单击"写信"按钮，打开"写邮件"界面，如图 9-7 所示。

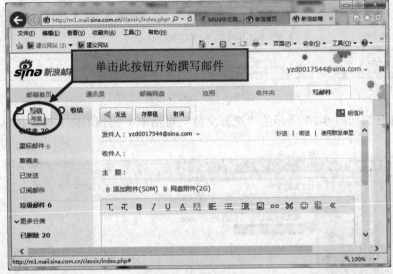

图 9-7　撰写电子邮件

(2) 依次在主界面上填写收信人地址、邮件主题和正文，如图 9-8 所示。

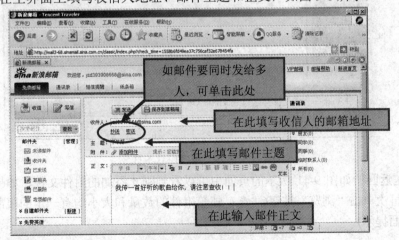

图 9-8　撰写电子邮件

(3) 如果有要随邮件一起传送的其他文件，可在此网页中单击"添加附件"，再单击"浏览"按钮，如图 9-9 所示。

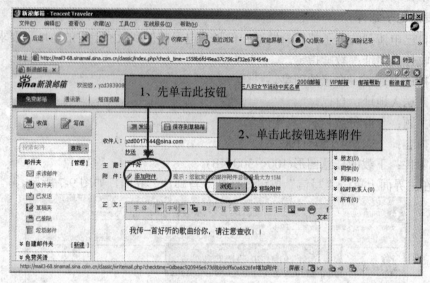

图 9-9　添加邮件附件

(4) 在打开的如图 9-10 所示的"选择文件"对话框中找到附件文件，并单击"打开"按钮。

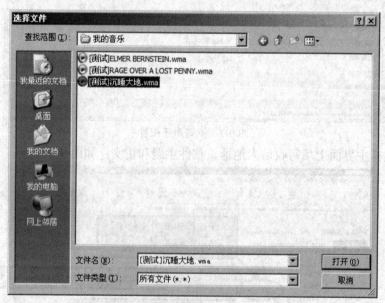

图 9-10　选择附件文件

(5) 在返回的如图 9-11 所示的页面中可以看到刚才添加的附件文件，如果还有其他的附件，可再次单击"浏览"按钮(注意：邮箱附件的数量和大小均有一定的限制，具体规定可参考页面提示)。

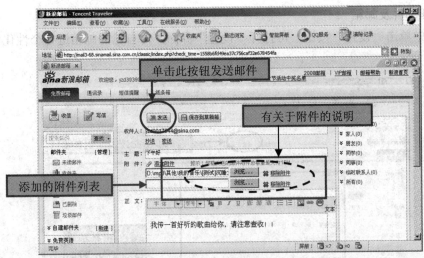

图 9-11　查看附件文件

(6) 当所有附件添加完成后，单击"发送"按钮，开始发送邮件，如图 9-13 所示。

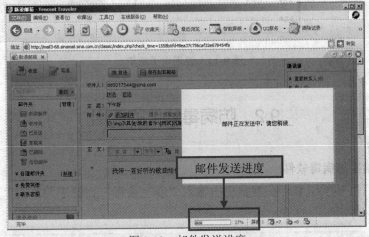

图 9-12　邮件发送进度

(7) 当邮件发送完成后，将显示如图 9-13 所示的页面，可单击"继续写信"或"返回收件箱"按钮继续邮件操作。

图 9-13　邮件发送完成

4．管理邮件及邮箱

在邮箱中单击"设置"按钮，可打开"设置"界面，对自己的邮箱进行个性化修改，如图 9-14 所示。

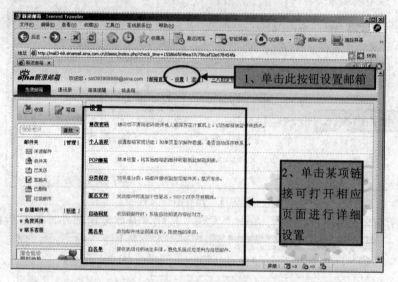

图 9-14　管理电子邮箱

9.2　防病毒软件的使用

1．下载瑞星防病毒软件

(1) 打开百度搜索引擎，在搜索栏中输入"瑞星杀毒"关键字并单击"百度一下"按钮，如图 9-15 所示。

图 9-15　搜索瑞星杀毒程序

(2) 在搜索结果"瑞星杀毒软件 v16 最新官方版下载_百度软件中心"的链接上单击"普通下载"按钮，下载瑞星杀毒软件到计算机，如图 9-17 所示。

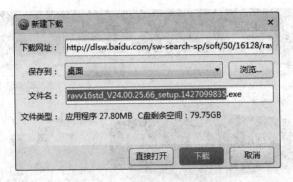

图 9-16　下载瑞星杀毒程序

2. 安装及启动瑞星防病毒软件

(1) 关闭所有其他正在运行的应用程序,在下载目录中双击瑞星杀毒软件的安装包。启动安装界面,如图 9-17 所示。

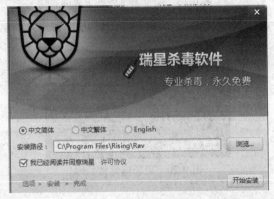

图 9-17　启动瑞星安装向导

(2) 在安装界面中选择一种语言,如"中文简体",设置默认安装路径,单击"开始安装",如图 9-18 所示。

图 9-18　安装瑞星杀毒软件

(3) 完成安装后,在桌面上双击瑞星杀毒软件快捷图标,启动瑞星杀毒软件,如图 9-19 所示。

图 9-19　瑞星杀毒软件主界面

(4) 在主界面中单击"立即更新"按钮，软件自动下载并更新病毒特征库，如图 9-20 所示。

图 9-20　更新病毒特征库

3．系统设置

在主界面中单击"查杀设置"按钮，即可打开"瑞星设置中心"，用户可根据需要对软件进行相应设置，如图 9-21 所示。

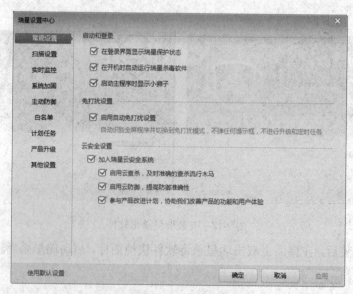

图 9-21　瑞星设置中心

4. 查杀病毒

瑞星杀毒软件提供了非常灵活的扫描和清除病毒的方式，用户可在其主界面中单击"全盘杀毒"、"快速查杀"、"自定义查杀"等操作来进行。如图9-22所示。

图9-22 选择查杀病毒的方式

利用瑞星杀毒软件对本机的D：盘进行杀毒，将杀毒报告截图，以"病毒检查.jpg"为文件名保存到自己文件夹中。

提交作业

将自己文件夹上传到FTP服务器的"第09周作业"目录。

第 10 单元上机及实验

✼✼

一、安装 Office 2010
二、卸载 Office 2010
三、Word 2010 的基本操作
四、Word 2010 的文件操作
五、Word 2010 的基本编辑技术

✼✼

在桌面上以"自己名字＋的第 10 次作业"(如：李四的第 10 次作业)为名新建一个文件夹，以下简称"自己文件夹"，用于保存本次上机操作的结果，上机结束后将此文件夹压缩并上传到 FTP 服务器的"第 10 周作业上传"文件夹中。

10.1　安装 Office 2010

(1) 启动 Windows 7 操作系统。

(2) 将 Office 2010 安装光盘放入光驱，操作系统将自动启动安装向导，如果光驱不支持自启动或准备从硬盘安装，可打开 Windows 7 资源管理器，找到 Office 2010 安装的源文件夹，如图 10-1 所示。

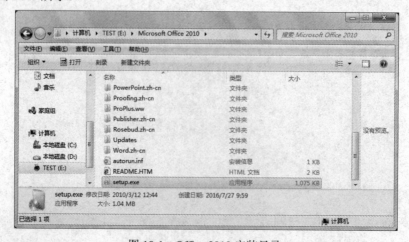

图 10-1　Office 2010 安装目录

(3) 在文件夹中双击 SETUP.EXE 文件，启动安装向导，如图 10-2 所示。

图 10-2　启动 Office 2010 安装向导

(4) 在安装向导中选择"自定义"按钮，打开如图 10-3 所示的对话框。

图 10-3　选择 Office 2010 安装组件

(5) 在该对话框中分别单击"Microsoft Word"、"Microsoft Excel"、"Microsoft PowerPoint"、"Office 工具"右端的下拉按钮，并选择从"从本机运行全部程序"，其他项目选择"不可用"。

(6) 单击"文件位置"选项卡，将 Office 2010 安装到 D：盘，如图 10-4 所示。

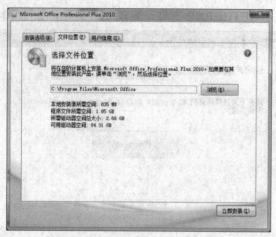

图 10-4　设置 Office 2010 安装位置

(7) 单击"用户信息"选项卡，将 Office 2010 注册用户名设置为自己，如图 10-5 所示。

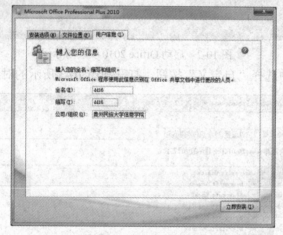

图 10-5　输入用户信息

(8) 设置完相应信息后，单击"立即安装"按钮，安装向导将自动完成相应安装工作，并打开如图 10-6 所示的安装对话框。

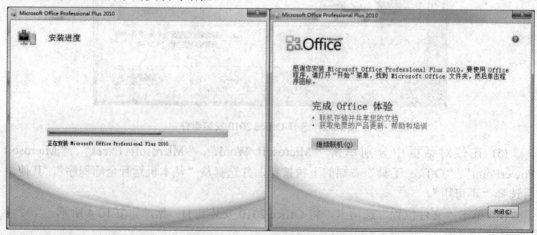

图 10-6　开始安装 Office 2010

(9) 安装完成后，启动 Microsoft Word 2010，并在其窗口中依次单击"文件"—"帮助"—"需要激活产品"—"更改产品密钥"，输入产品密钥，以激活 Office 2010，如图 10-7 所示。

图 10-7　激活 Office 2010

10.2　卸载 Office 2010

1. 卸载 Office 2010 组件

(1) 依次打开"开始"—"控制面板"—"程序和功能"，在程序列表中选择"Microsoft Office Professional Plus 2010"，如图 10-8 所示。

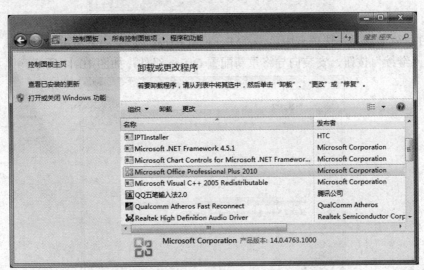

图 10-8　打开 Windows 的程序和功能窗口 1

(2) 在程序列表的上方单击"更改"按钮，打开更改安装窗口，如图 10-9 所示。

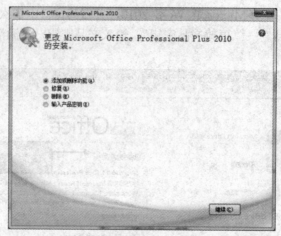

图 10-9　选择卸载类型

(3) 选择"添加或删除功能"并单击"继续"按钮，打开安装选项对话框，如图 10-10 所示。

图 10-10　选择卸载或更新的组件

(4) 在"安装选项"选项卡中单击"Microsoft Excel"右端的下拉按钮，选择"不可用"项并单击"继续"按钮，安装向导将重新配置 Office 组件，如图 10-11 所示。

图 10-11　更新 Office 组件

(5) 卸载完成后将显示如图 10-12 所示的信息，将此对话框截图，并以"卸载 Excel 组件.jpg"为文件名保存到自己的文件夹中，然后单击"关闭"按钮。

图 10-12　完成更新

2. 卸载 Office 程序

(1) 依次打开"开始"—"控制面板"—"程序和功能"，在程序列表中选择"Microsoft Office Professional Plus 2010"，如图 10-13 所示。

图 10-13　打开 Windows 的程序和功能窗口 2

(2) 在程序列表的上方单击"卸载"按钮，并在如图 10-14 所示的对话框，单击"是"按钮可将 Office 2010 所有组件及功能从计算机中删除。

图 10-14　卸载全部 Office 程序

(3) 将此对话框截图，并以"卸载 Office.jpg"为文件名保存到自己的文件夹中。

10.3　Word 2010 的基本操作

1. 启动 Word 2010

(1) 单击"开始"按钮，依次从"开始"菜单中选择"所有程序"—"Microsoft Office"—"Microsoft Word 2010"命令，如图 10-15 所示。

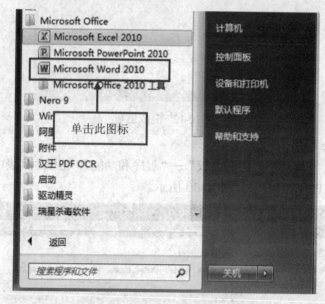

图 10-15　从开始菜单启动 Word 2010

(2) 在桌面上双击"Microsoft Word 2010"图标。(如果桌面上没有此图标，可在上一步打开的"Microsoft Office"菜单中右击"Microsoft Word 2010"，从快捷菜单中选取"发送到"—"桌面快捷方式"命令，如图 10-16 所示，就会为 Word 2010 在桌面上创建快捷图标，以后可使用此图标来快速启动 Word 2010)。

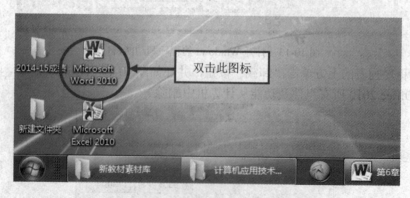

图 10-16　从桌面图标启动 Word 2010

(3) 依次打开"C:\Program Files\Microsoft Office\OFFICE14"文件夹，然后在窗口中双击"WINWORD.EXE"图标，如图 10-17 所示。

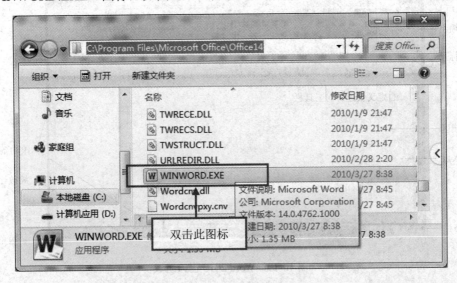

图 10-17　从安装目录启动 Word 2010

(4) 在计算机中搜索并双击某个扩展名为 .docx 或 .doc 文件图标，如图 10-18 所示。

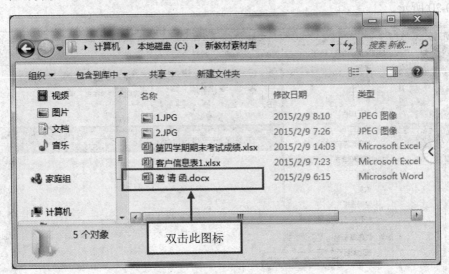

图 10-18　从文件启动 Word 2010

2．认识并操作 Word 2010 窗口界面

1）认识 Word 2010 窗口组成。

成功启动 Word 2010，参考图 10-19，并在其窗口中找到各组成元素，然后在自己文件夹中新建"Word 2010 窗口组成.txt"文档，分别将"文件"、"开始"、"插入"、"页面布局"、"引用"、"邮件"、"审阅"、"视图"功能选项卡的主要功能记录在该文档中。

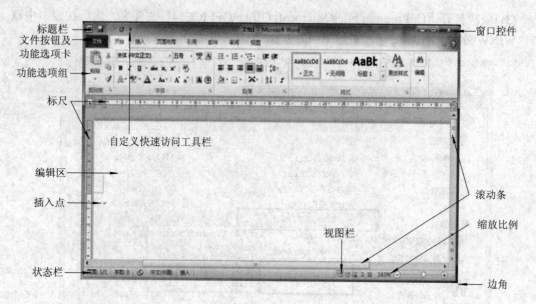

图 10-19　Word 2010 窗口组成

2) 将"打印预览和打印"功能按钮添加到"快速访问工具栏"。

(1) 在 Word 2010 窗口的标题栏中依次单击"自定义快速访问工具栏"—"其他命令"，如图 10-20 所示。

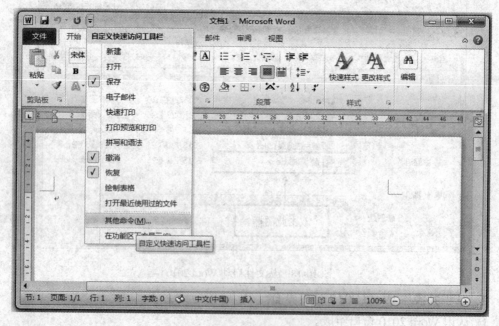

图 10-20　自定义快速访问工具栏

(2) 在"Word 选项"对话框的"常用命令"列表中选择"打印预览和打印"命令，并单击"添加"按钮，如图 10-21 所示。

(3) 单击"确定"按钮，关闭"Word 选项"对话框，然后将 Word 窗口截图，并以"自定义快速访问工具栏.jpg"为文件名保存在自己文件夹中。

图 10-21　将图标添加到快速访问工具栏

3) 将"打印预览和打印"功能按钮添加到"自定义功能区"。

(1) 在 Word 2010 窗口的标题栏中依次单击"文件"—"选项"—"自定义功能区",或右击任意一个功能选项卡并在快捷菜单中选择"自定义功能区"命令,打开"Word 选项"对话框,如图 10-22 所示。

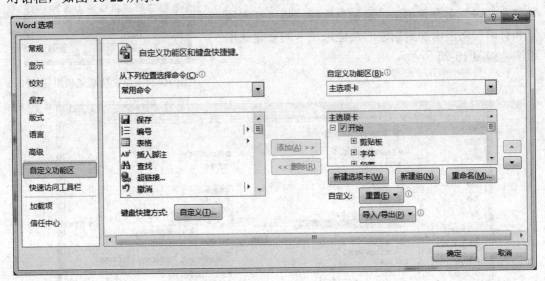

图 10-22　自定义功能区

(2) 在"Word 选项"对话框的"自定义功能区"中单击"新建选项卡"按钮,创建一个新功能选项卡,如图 10-23 所示。

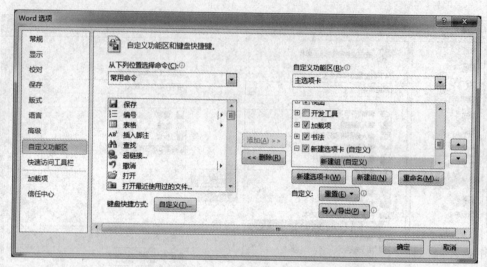

图 10-23　在自定义功能区新建选项卡

(3) 选定"新建选项卡(自定义)"并单击"重命名"按钮，在打开的提示框中输入"打印和预览"，再在"打印和预览"下方单击"新建组"，单击"重命名"按钮，在打开的提示框中输入"打印"并为打印组选择一个图标，如图 10-24 所示。

(4) 在对话框的"常用命令"列表中选择"打印预览和打印"命令并单击"添加"按钮，将"打印预览和打印"功能添加到新建的功能选项卡的新建选项组中，如图 10-25 所示。

图 10-24　设置功能选项组图标

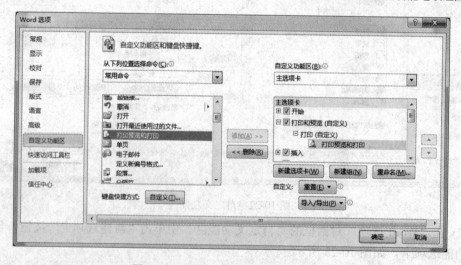

图 10-25　将命令添加到自定义功能区

(5) 在 Word 窗口中单击"打印和预览"，显示自定义操作的结果，然后将 Word 窗口截图，并以"自定义功能选项卡.jpg"为文件名保存在自己文件夹中。

4) 将"缩放滑块"从状态栏移出。

(1) 右击 Word 2010 窗口的状态栏，并在快捷菜单中单击"缩放滑块"命令，取消其前方的复选标记，如图 10-26 所示。

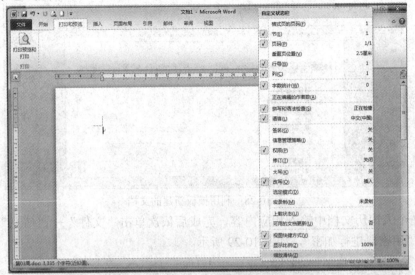

图 10-26　自定义状态栏

(2) 将 Word 窗口截图，并以"自定义状态栏.jpg"为文件名保存在自己文件夹中。

10.4　Word 2010 的文件操作

使用模板快速创建一个"简历(平衡主题)"，补充完相应内容后将其加密(打开密码为：123，修改密码为：456)保存在自己文件夹中。

(1) 启动 Word 2010，单击"文件"选项卡，选择"新建"命令，并在"Office.com 模板"列表中单击"个人"类别图标，如图 10-27 所示。

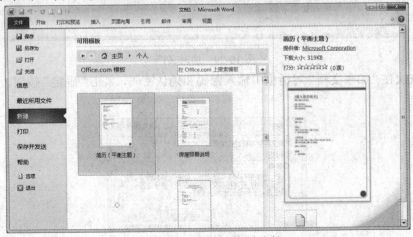

图 10-27　利用模板新建文档

(2) 在模板列表中浏览并双击"简历(平衡主题)"图标，即可依据本模板创建一个个人简历，如图 10-28 所示。

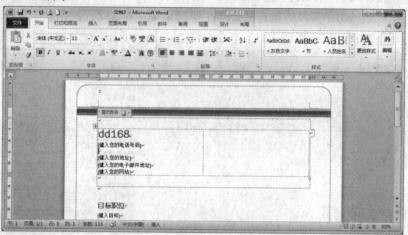

图 10-28　利用模板新建的文档

(3) 在个人简历文档中输入相应内容，完成后依次单击"文件"—"信息"—"保护文档"—"用密码进行加密"，如图 10-29 所示。

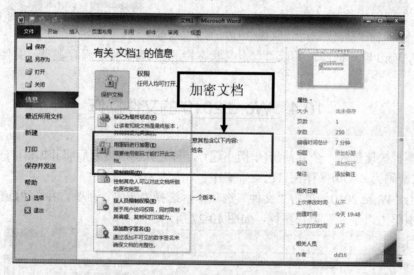

图 10-29　加密文档

(4) 依次在"加密文档"对话框中输入密码和确认密码，单击"确定"按钮，如图 10-30 所示。

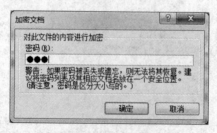

图 10-30　输入确认密码

(5) 单击"文件"选项卡,选择"保存"命令,打开"另存为"对话框,如图 10-31 所示。

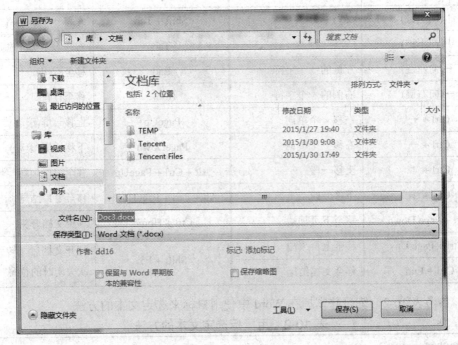

图 10-31　保存文档

(6) 在"另存为"对话框的"文件名"文本框中输入自己的名字,在保存类型下拉列表框中选择"Word 97-2003 文档(*.doc)",在左侧导航面板中依次选择"桌面"—"自己的文件夹",并单击"确定"按钮。

10.5　Word 2010 的基本编辑技术

1. 视图模式及切换

(1) 打开配套资源包"作业素材"—"第 10 周"下的"视图演示.docx"文档。

(2) 分别将该文档以页面视图、阅读版式视图、Web 版式视图、大纲视图及草稿视图显示并截图,在截图中插入文字简单说明该视图的特点,再分别以视图名称为主文件名、JPG 为文件类型保存在自己文件夹中。

2. Word 2010 的基本编辑技术

将配套资源包—"作业素材"—"第 10 周"下的"编辑示例.docx"复制到自己文件夹中,打开并完成以下操作。

1) 使用鼠标将插入点移动到最后一行的第五个字后面。

2) 参考表 10-1,练习并掌握在 Word 中使用键盘来移动插入点的方法。

表 10-1 用键盘移动插入点的方法

按　键	功　能	按　键	功　能
↑(向上键)	上移一行	Shift + Tab	左移一个单元格
↓(向下键)	下移一行	Tab	右移一个单元格
←(向左键)	左侧的一个字符	End	移至行尾
→(向右键)	右侧的一个字符	Home	移至行首
Ctrl + ←	左移一个单词	PageUp	上移一屏(滚动)
Ctrl + →	右移一个单词	PageDown	下移一屏(滚动)
Ctrl + ↑	上移一段	Alt + Ctrl + PageUp	移至窗口顶端
Ctrl + ↓	下移一段	Alt + Ctrl + PageDown	移至窗口结尾
Ctrl + Page Down	移至下页顶端	Ctrl + Home	移至文档开头
Ctrl + Page Up	移至上页顶端	Shift + F5	打开文档后，转到上一次关闭时的位置
Ctrl + End	移至文档结尾		

3) 参考表 10-2，练习并掌握在 Word 中使用鼠标来选定文本的方法。

表 10-2 用鼠标选定文本的方法

对象范围	操 作 方 法
任意文本	拖过这些文本
一个单词	双击该单词
不相邻的区域	选择所需的第一个区域，按住 Ctrl，继续选择其他所需的区域
一行文本	将鼠标指针移动到该行的左侧，直到指针变为指向右边的箭头，然后单击鼠标
一个句子	按住 Ctrl，然后单击该句中的任何位置
一个段落	将鼠标指针移动到该段落的左侧，直到指针变为指向右边的箭头，然后双击鼠标。或者在该段落中的任意位置三击鼠标
多个段落	将鼠标指针移动到段落的左侧，直到指针变为指向右边的箭头，再单击并向上或向下拖动鼠标
一大块文本	当要选择的文本区域较长，用前面的方法不方便操作时，可先单击要选定内容的起始处，然后再按住 Shift 键单击要选定内容的，结束位置
整篇文档	将鼠标指针移动到文档中任意正文的左侧，直到指针变为指向右边的箭头，然后三击鼠标
一块垂直文本	按住 Alt，然后将鼠标拖过要选定的文本
取消选择	用鼠标在编辑区任意位置单击

4) 参考表 10-3，练习并掌握在 Word 中使用键盘来选定文本的方法。

表 10-3　用键盘选定文本的方法

组合键	选取范围	组合键	选取范围
Shift + →	右侧的一个字符	Ctrl + Shift + →	单词结尾
Shift + ←	左侧的一个字符	Ctrl + Shift + ←	单词开始
Shift + PageDown	下一屏	Ctrl + Shift + ↓	段尾
Shift + PageUp	上一屏	Ctrl + Shift + ↑	段首
Shift + End	至行尾	Ctrl + Shift + Home	至文档开头
Shift + Home	至行首	Ctrl + Shift + End	至文档结尾
Shift + ↓	下一行	Alt + Ctrl + Shift + PageDown	窗口结尾
Shift + ↑	上一行	Ctrl + A	包含整篇文档

5) 分别在文档第一段第四字后插入"℉、⑩、ǔ、≌、⑮、【 】"。

(1) 移动插入点到正文第一段的第四个字后面。

(2) 单击"插入"功能选项卡中"符号"下部的下拉按钮并选择"其他符号"项，打开"符号"对话框，如图 10-32 所示。

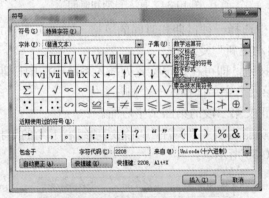

图 10-32　插入特殊符号

(3) 在"字体"下拉列表项中选择"普通文本"，再根据需要在"子集"下拉列表中选择相应符号类别(如数学运算符)，则可显示所有数学运算符，双击需要的符号即可将该符号插入到文档当中，如图 10-33 所示。

图 10-33　插入特殊符号

6) 在文档第二段第四个字后面插入可以自动更新的当前日期和时间。

(1) 移动插入点到要文档第二段第四个字后面。

(2) 单击"插入"功能选项卡中的"日期和时间"按钮，打开"日期和时间"对话框，如图 10-34 所示。

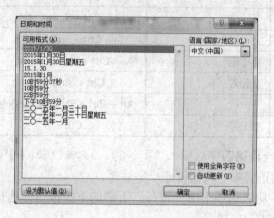

图 10-34　插入日期和时间

(3) 在"语言"栏中选择一种日期和时间的风格，在"可用格式"列表框中选定所需的格式并单击选取"自动更新"复选框。

(4) 单击"确定"按钮，即可在指定位置处插入系统当前的日期和时间。

7) 在文档第三段第四个字后面插入一个脚注。

(1) 移动插入点到正文第三段的第四个字后面。

(2) 单击"引用"功能选项卡"脚注"功能选项组右下角的下拉按钮，打开"脚注和尾注"对话框，如图 10-35 所示。

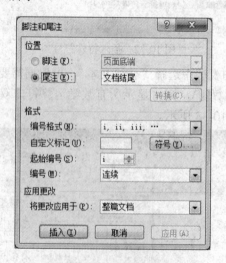

图 10-35　插入脚注或尾注

(3) 在对话框中单击"脚注"项，位置设置为"页面底端"。

(4) 在"编号格式"下拉列表框中将脚注格式设置为"①，②，③…"。

(5) 将起始编号设置为"7"。

(6) 单击"插入"按钮。

(7) 在注释文本内输入你的学院名、班级名和姓名。

8) 将"需合并的文档.docx"插入到本文档的第五段第四个字的后面。

(1) 移动插入点到正文第五段的第四个字后面。

(2) 在"插入"功能选项卡的"文本"选项组中单击"对象"按钮右端的下拉按钮，选择"文件中的文字"命令。

(3) 在"插入文件"对话框中，选定本书配套资源包—"作业素材"—"第10周"下的"需合并的文档.doc"文档。

(4) 单击"确定"按钮，插入文档。

9) 为文档第五段的前四个字添加"以下是二〇一七年七月二十四日星期一新合并的文档"批注。

(1) 选定正文第五段的前四个文字。

(2) 在"审阅"功能选项卡中单击"新建批注"按钮。

(3) 在批注框中键入"以下是二〇一七年七月二十四日星期一新合并的文档"。

(4) 保存文档。

10) 插入副标题：在文档中插入一个副标题，内容为自己的名字，然后将文档存盘。

11) 将标题内倒数第二个字及文档最后两段删除。

(1) 移动插入点到标题内倒数第二个字后面，并按下退格键。

(2) 选定文档的最后两段，并按下 Del 键。

12) 复制与移动文本：

(1) 复制第一段到文档的最后，选定第一段并按下 Ctrl + C 组合键，再按 Ctrl + End 将插入点移到文档最后，再按 Ctrl + V 键。

(2) 移动第二段到文档的最后。选定第二段并按下 Ctrl + X 组合键，再按 Ctrl + End 将插入点移到文档最后，再按 Ctrl + V 键。

13) 将文档中的"的"字替换为"方正姚体、加粗、一号、红色"格式的"的"字。

(1) 在"开始"功能选项卡"编辑"功能组中单击"替换"命令，或直接按下 Ctrl + H，即可打开"查找和替换"对话框，如图 10-36 所示。

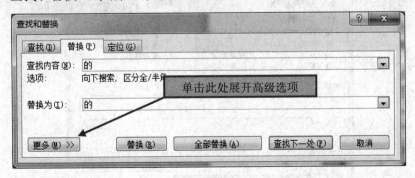

图 10-36　"查找和替换"对话框

(2) 在"查找和替换"对话框中单击"更多"按钮，展开高级设置选项，如图 10-37 所示。

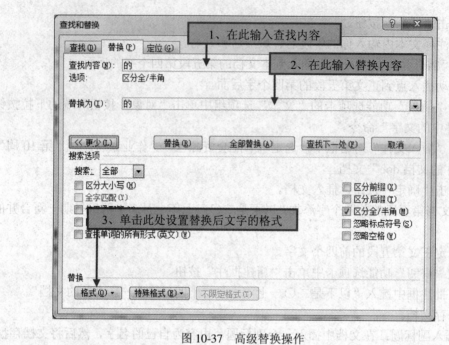

图 10-37　高级替换操作

(3) 在"查找内容"列表框中输入"的"。

(4) 在"替换为"列表框中输入"的"。

(5) 拖动选定刚才输入的"的"字，单击"格式"按钮打开"替换字体"对话框，如图 10-38 所示。

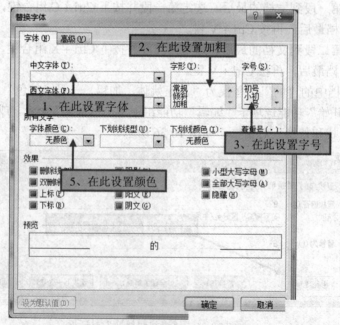

图 10-38　设置替换格式

(6) 在"替换字体"对话框中依次选择"方正姚体"、"加粗"、"一号"、"红色"并单击"确定"按钮，返回到"查找和替换"对话框，此时可以看到刚才设置的文字格式，如

图 10-39 所示。

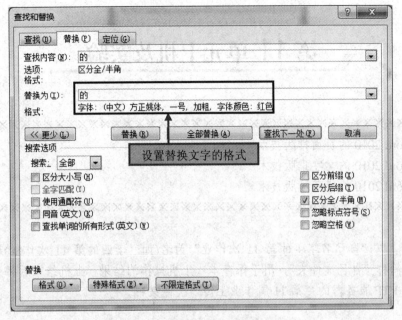

图 10-39　设置格式后的替换操作

(7) 根据需要单击"替换"按钮，逐项替换；或单击"全部替换"按钮，一次性替换所要替换的内容。

(8) 将文档存盘(注意：此步一定要存盘)。

14) 将文档撤销到第 11)步删除最后两段前的状态，并将当前文档另存为"撤销后的文档.doc"，保存在自己文件夹中。

(1) 在标题栏中单击"快速访问工具栏"中"撤销"按钮右侧的下拉按钮，从列表中选取"撤销删除"项，将文档撤销到删除最后两段前的状态。

(2) 将文档另存为"撤销后的文档.docx"，保存在自己文件夹中。

15) 将 Word 2010 的编辑窗口拆分成上、下两个窗格，在上一窗格显示文档的第 1 段，下一窗格显示文档的最后 1 段，再将当前窗口截图，以"窗口拆分.jpg"保存在自己文件夹中。

(1) 单击"视图"功能选项卡中"窗口"组中的"拆分"命令，将拆分线移动到窗口中部并单击。

(2) 在上窗格中拖动右侧滚动条显示文档的第一段。

(3) 在下窗格中拖动右侧滚动条显示文档的最后一段。

(4) 将当前窗口截图，以"窗口拆分.jpg"保存在自己文件夹中。

提交作业

退出 Word 2010 并关闭所有文档，将自己文件夹压缩并上传到 FTP 服务器的"第 10 周作业上传"文件夹中。

第11单元上机及实验

※※※※※※※※※※※※※※※※※※※※※※※※※※※※※※※※※※※※※
一、Word 2010 的页面排版技术
二、Word 2010 的文字排版技术
三、Word 2010 的段落排版技术
※※※※※※※※※※※※※※※※※※※※※※※※※※※※※※※※※※※※※

在桌面上以"自己名字＋的第 11 次作业"为名(如：李四的第 11 次作业)新建一个文件夹，以下简称"自己文件夹"，用于保存本次上机操作的结果，上机结束后将此文件夹压缩并上传到 FTP 服务器的"第 11 周作业上传"文件夹中。

11.1 Word 2010 的页面排版技术

打开本书配套资源包—"作业素材"—"第 11 周"文件夹中的"示例文档.doc"，并完成以下编辑。

1) 将文档的页面设置为：B4 纸张、横向、四个页边距均为 60 磅，装订线位于上部 70 磅，并指定每页 30 行，每行 55 字，最后将文档以"页面排版.docx"为文件名另存在自己的文件夹中。

(1) 单击"文件"菜单下的"选项"命令，在打开的"Word 选项"对话框中单击"高级"按钮，并在"显示"列表中将"度量单位"设置为"磅"，然后单击"确定"按钮，如图 11-1 所示。

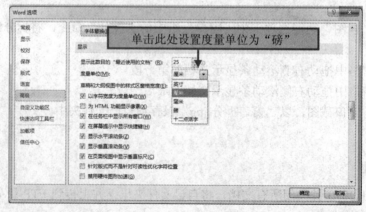

图 11-1　更改度量单位

(2) 单击"页面布局"功能选项卡，在"页面设置"选项组中单击右下角的"⬚"按钮，或用鼠标双击水平标尺栏两侧的区域，或依次单击"文件"—"打印"—"页面设置"按钮，即可打开"页面设置"对话框，如图 11-2 所示。

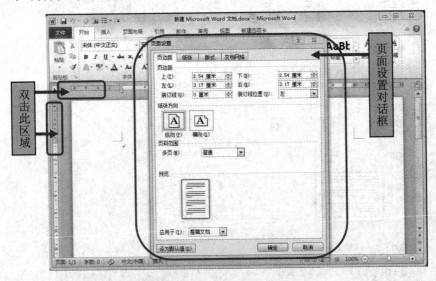

图 11-2　"页面设置"对话框

(3) 在对话框中单击"纸张"选项卡，并将"纸张大小"设置为"B4"，如图 11-3 所示。

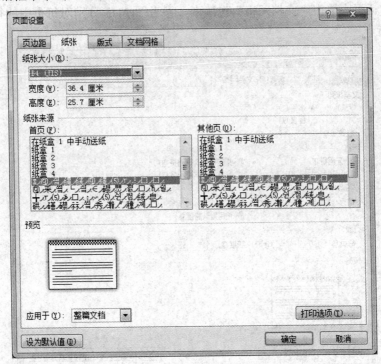

图 11-3　设置纸张大小

(4) 在对话框中单击"页边距"选项卡，参考图 11-4 分别对"页边距"、"纸张方向"、"装订线位置"、"页码范围"进行设置。

图 11-4　设置纸张方向及边距

(5) 在对话框中单击"文档网格"选项卡，参考图 11-5 分别对每页中的行数、每行的字数进行设置。

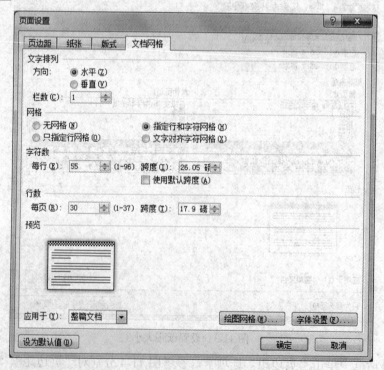

图 11-5　设置文档网格

(6) 单击"确定"按钮，返回到页面视图，结果如图11-6所示。

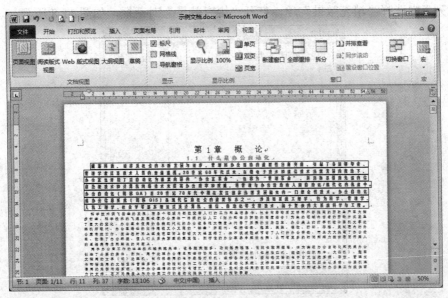

图 11-6　页面设置完成后的文档

(7) 将文档以"页面排版.docx"为文件名另存到自己文件夹中。

2) 为文档页面设置紫色实线阴影边框，并将本书配套资源包—"作业素材"—"第 11 周"文件夹中的"水印.jpg"设置为文档页面底纹。

(1) 在"页面布局"选项卡中单击"页面背景"组中的"页面边框"按钮，打开"边框和底纹"对话框并选择"页面边框"选项卡，如图 11-7 所示。

图 11-7　设置页面边框属性

(2) 在"设置"栏中选择"阴影"类型。

(3) 在"样式"、"颜色"、"宽度"列表分别选择"实线"、"紫色"、"3 磅"。

(4) 在"应用于"下拉列表选定应用于"整篇文档"，并单击"确定"按钮完成页面边框设置。

（5）在"页面布局"功能选项卡的"页面背景"选项组中单击"页面颜色"按钮，再在下拉列表中选择"填充效果"项，打开"填充效果"对话框，如图 11-8 所示。

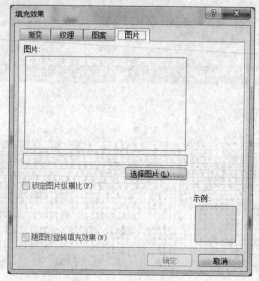

图 11-8　设置文档页面背景

（6）在"填充效果"对话框中单击"图片"选项卡并单击"选择图片"按钮，将配套资源包—"作业素材"—"第 11 周"文件夹中的"水印.jpg"设置为文档页面底纹，然后单击"确定"按钮，结果如图 11-9 所示。

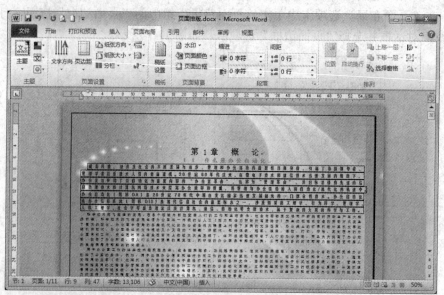

图 11-9　边框和背景设置效果

3）在文档正文第五段后面插入一个分页符。

（1）移动插入点到第五段最后。

（2）按下组合键 Ctrl + Enter，也可以在"插入"功能选项卡的"页"选项组中单击"分页"按钮。

4) 在文档底部中间插入"第几页"(黑色、一号)格式的页码。

(1) 在"插入"功能选项卡的"页眉和页脚"组中单击"页码"按钮，再在打开的列表中选择"页面底端"—"普通数字 1"项，先在页面中插入数字常规格式的页码，如图11-10 所示。

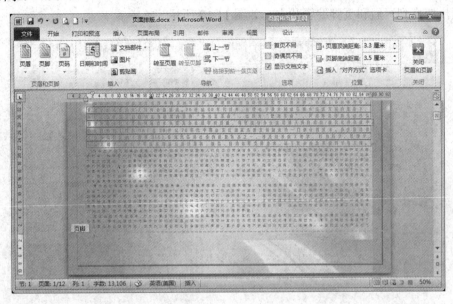

图 11-10　插入页码

(2) 在页码数字"1"前方单击并输入"第"字，在后方单击并输入"页"字，然后选定"第几页"文字并切换到"开始"功能选项卡，在"字体"选项组中将其设置为"一号"、"黑色"，在"段落"组中单击"居中"按钮，结果如图11-11 所示。

图 11-11　设置特殊格式页码

(3) 切换到"设计"功能选项卡，并单击"关闭页眉和页脚"按钮。

5) 将文字"办公自动化系统与应用"(深蓝、二号、楷体、居中)及配套资源包"作业素材"—"第 11 周"文件夹中的"页眉.jpg"(右对齐)设置为文档的奇数页页眉,将文字"第一章 办公自动化的定义"(二号)设置为偶数页页眉。

(1) 在"插入"功能选项卡中单击"页眉"或"页脚"按钮,并在列表中选择"瓷砖型"项,切换到页眉和页脚编辑状态,如图 11-12 所示。

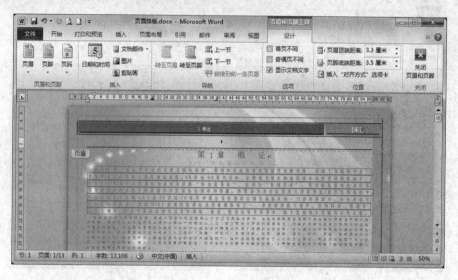

图 11-12　插入页眉

(2) 在"键入文档标题"处输入文本"办公自动化系统与应用"并切换到"开始"功能选项卡将文字设置为深蓝、二号、楷体、居中。

(3) 删除页眉右端的"年",切换到"插入"功能选项卡,将"页眉.jpg"插入到页眉右端,如图 11-13 所示。

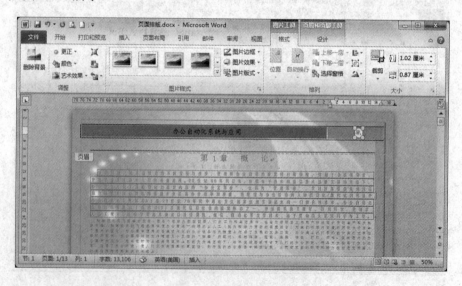

图 11-13　设置页眉内容和格式

(4) 在页眉区空白处单击,切换到"页眉和页脚工具"—"设计"功能选项卡,并在

"选项"组中单击"奇偶页不同"按钮；在文档区域中将插入点移动到偶数页页眉编辑区，输入"第一章 办公自动化的定义"并设置其字号为"二号"，结果如图11-14所示。

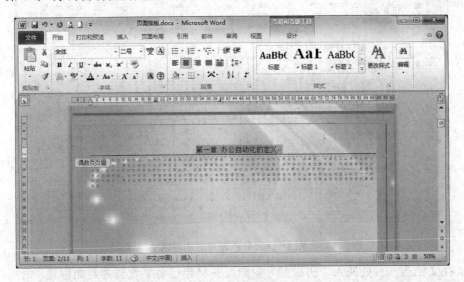

图11-14　设置偶数页页眉

(5) 在"页眉和页脚工具"—"设计"功能选项卡中单击"关闭页眉和页脚视图"按钮，退出页眉和页脚编辑状态，并返回到页面视图。

6) 将文档正文的第二段分为三栏，栏间距分别为2、4个字符，并显示分栏线。

(1) 选定文档正文的第二段。

(2) 在"页面布局"功能选项卡的"页面设置"组中单击"分栏"命令，再从列表中选择"更多分栏"，打开"分栏"对话框，如图11-15所示。

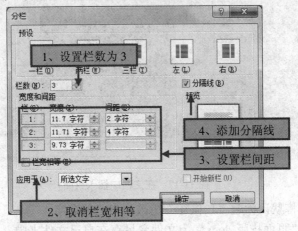

图11-15　分栏设置对话框

(3) 在"分栏"对话框的"栏数"文本框中输入"3"，单击取消"栏宽相等"，在"间距"文本框中分别输入"2"、"4"，单击设置"分隔线"，在"应用于"栏中选择"所选文字"。

(4) 单击"确定"按钮，返回主文档，显示如图11-16所示的结果。

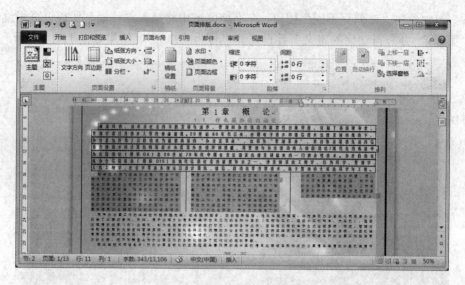

图 11-16　分栏设置后的段落

7) 在文档第一页处插入"拼板型"封面,并将自己名字设置为封面标题。

(1) 在"插入"功能选项卡的"页"选项组中单击"封面"按钮,从系统提供的封面列表中选择"拼板型"类型,如图 11-17 所示。

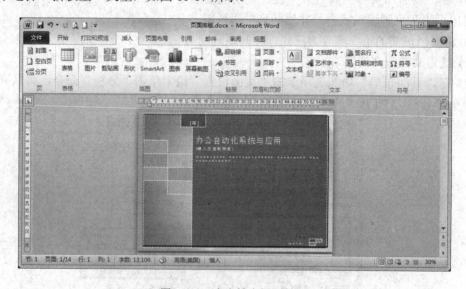

图 11-17　在文档中插入封面

(2) 在封面中将默认标题"1　概述"更改为自己的名字。

8) 将文档以"页面排版.docx"为文件名另存在自己文件夹中,并关闭文档。

11.2　Word 2010 的文字排版技术

重新打开本书配套资源包—"作业素材"—"第 11 周"文件夹中的"示例文档.docx",

并完成以下编辑。

1) 将标题"1.1　什么是办公自动化"设置为：华文行楷、加粗、一号、橙色，"红日西斜"填充、"紫色 8pt"发光、"右上对角透视"阴影，并将文档以"文字排版.docx"为文件名另存到自己文件夹中。

(1) 选定文档标题"1.1　什么是办公自动化"，在选定的文字上右击，从快捷菜单中选择"字体"命令，打开"字体"对话框，并参考图 11-18 所示，设置文字为：华文行楷、加粗、一号、橙色。

图 11-18　设置标题的字体属性

(2) 在"字体"对话框中单击"文字效果"按钮，打开"设置文本效果格式"对话框。

(3) 在"设置文本效果格式"对话框中单击"文本填充"项，在右侧的"文本填充"—"渐变填充"项中单击"预设颜色"按钮并在列表中选择"红日西斜"项，如图 11-19 所示。

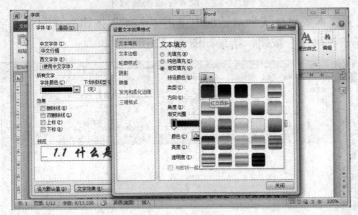

图 11-19　设置标题填充效果

(4) 在"设置文本效果格式"对话框中单击"发光的柔化边缘"按钮，在右侧的"发光"组中单击"预设颜色"按钮并在列表中选择"紫色 8pt 发光"项，如图 11-20 所示。

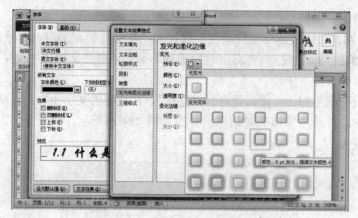

图 11-20　设置标题发光效果

(5) 在"设置文本效果格式"对话框中单击"阴影"项，在右侧的"阴影"项中单击"预设"按钮并在列表中选择"右上对角透视"，如图 11-21 所示。

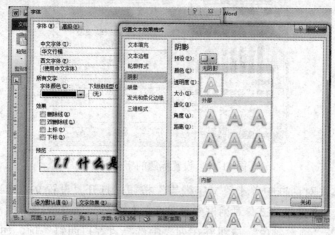

图 11-21　设置标题阴影效果

(6) 在"设置文本效果格式"对话框中单击"关闭"按钮，返回到"字体"对话框，并在对话框中单击"确定"按钮，结果如图 11-22 所示。

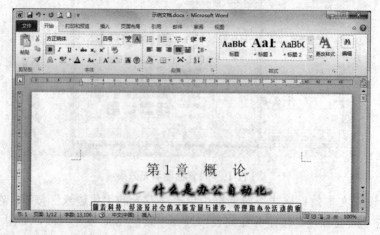

图 11-22　字体设置效果

(7) 将文档以"文字排版.docx"为文件名另存在自己文件夹中。

2) 将文档标题"第1章 概论"设置为：字符缩放150%、间距加宽5磅，并添加红色3磅阴影边框和紫色底纹。

(1) 选定标题文字"第1章 概论"。

(2) 右击选定的文字，在快捷菜单中选择"字体"命令，打开"字体"对话框，再单击"高级"选项卡，将字符"缩放"设置为"150%"，"间距"设置为"加宽"，"磅值"为"5磅"，然后单击"确定"按钮，如图11-23所示。

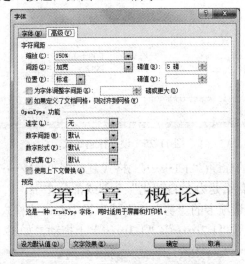

图 11-23　设置文字缩放及间距

(3) 在"开始"功能选项卡的"段落"选项组中单击"边框和底纹"按钮，打开"边框和底纹"对话框，参考图11-24所示分别设置边框类型、颜色和宽度。

图 11-24　设置标题边框

(4) 在"边框和底纹"对话框中单击"底纹"选项卡，设置文字填充底纹为"紫色"，如图11-25所示，然后单击"确定"按钮返回主文档。

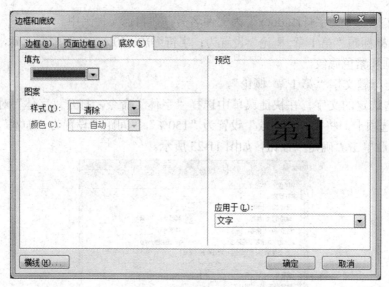

图 11-25　设置标题底纹

3) 将第 1 题设置好的标题("1.1……")格式复制到"1.2……"、"1.3……"上。

(1) 选中标题"1.1 什么是办公自动化"全部或部分文字。

(2) 在"开始"功能选项卡的"剪贴板"选项组中双击"格式刷"按钮。

(3) 用鼠标依次在标题"1.2……"、"1.3……"上拖动,如图 11-26 所示。

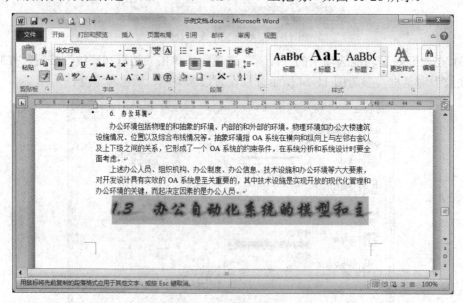

图 11-26　复制标题格式

4) 将文档正文第一段"随着科技、经济及社会的不断发展与进步……属于复杂的大系统科学与工程。"文字的格式清除。

(1) 选定第一段文字。

(2) 按下组合键 Ctrl + Shift + Z,结果如图 11-27 所示。

(3) 将文档以"文字排版.docx"命名,另存在自己文件夹中,并关闭文档。

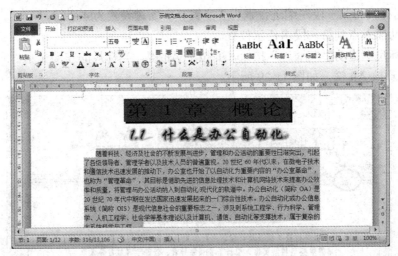

图 11-27　清除文字格式

11.3　Word 2010 的段落排版技术

重新打开本书配套资源包—"作业素材"—"第 11 周"文件夹中的"示例文档.docx"，完成以下编辑，并以"段落排版.docx"为文件名保存在自己文件夹中。

1) 将文档正文的第一段从"办公自动化(简称 OA)是 20 世纪 70 年代……"起分成两个段落，并将新分出来的段落与原来的第二段合并。

(1) 移动插入点到第一段"办公自动化(简称 OA)是 20 世纪 70 年代……"的前面，并按下回车键。

(2) 移动插入点到新分出来的第二段的最后(最后一个句号的后面)，并按下 Delete(DEL) 键，结果如图 11-28 所示。

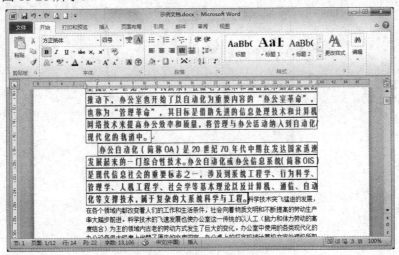

图 11-28　拆分与合并段落

(3) 将文档以"段落排版.docx"为文件名另存到自己文件夹中。

2）使用标尺将第一段左缩进设置为 3 字符、右缩进设置为 4 字符。

（1）移动插入点到第一段内任意位置。

（2）在标尺上拖动"左缩进"按钮，并按下 Alt 键，当标尺的左端显示"3 字符"时，松开鼠标再释放 Alt 键，如图 11-29 所示。

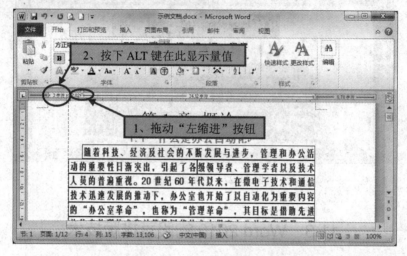

图 11-29　用标尺设置左缩进

（3）在标尺上拖动"右缩进"按钮，并按下 Alt 键，当标尺的右端显示"4 字符"时，松开鼠标再释放 Alt 键。

（4）单击工具栏上的"保存"按钮将文档存盘。

3）使用段落命令将第二段的首行缩进设置为 4 字符，将第三段的悬挂缩进设置为 5 字符。

（1）移动插入点到第二段内任意位置。

（2）单击"开始"功能选项卡的"段落"选项组右下角的扩展按钮，打开"段落"对话框，如图 11-30 所示。

图 11-30　设置段落缩进

(3) 在"缩进"—"特殊格式"下拉列表框中选择"首行缩进",再在"磅值"文本框中输入"4 字符",单击"确定"按钮。将插入点移动到第三段任意位置,再次打开"段落"对话框,在"缩进"—"特殊格式"下拉列表框中选择"悬挂缩进",在"磅值"文本框中输入"5 字符",结果如图 11-31 所示。

图 11-31　设置段落缩进后的效果

4) 将文档标题"1.1　什么是办公自动化"复制三份,放置到原位置的下方,再分别将其设置为两端对齐、居中、右对齐和分散对齐。

(1) 选定标题"1.1　什么是办公自动化",然后按下 Ctrl + C 组合键。

(2) 在此标题的后方按一下回车键,再连续三次按下 Ctrl + V,将标题复制三份。

(3) 分别移动插入点到四个标题字所在的行,对应不同的四行标题分别在"开始"功能选项卡的"段落"选项组中单击"两端对齐"、"居中"、"右对齐"和"分散对齐"按钮,设置不同效果的对齐方式,结果如图 11-32 所示。

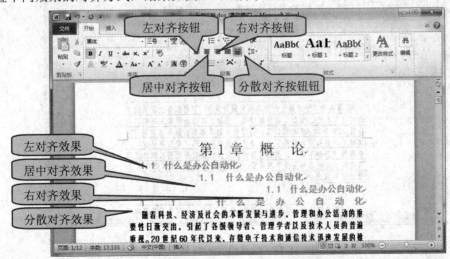

图 11-32　设置段落的对齐方式

5) 将文档正文第一段的前、后段间距分别设置为 2 行和 3 行，段内行间距设置为 19 磅。

(1) 选定文档正文的第一段。

(2) 右击选定的对象，在弹出的快捷菜单中选择"段落"命令，打开"段落"设置对话框，如图 11-33 所示。

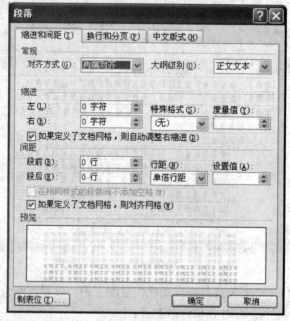

图 11-33 "段落"对话框

(3) 在"间距"栏的"段前"、"段后"文本框中分别输入"2"和"3"，在"行距"下拉列表框中选择"固定值"，再在"设置值"中输入"19"，结果如图 11-34 所示。

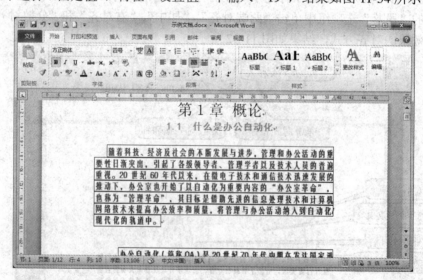

图 11-34 段落设置的效果

6) 给文档正文第一段添加红色、3 磅、阴影边框和紫色底纹。

(1) 选定文档正文的第一段。

(2) 在"开始"功能选项卡的"段落"选项组中单击"边框和底纹"按钮，打开"边框和底纹"对话框，如图 11-35 所示。

图 11-35 "边框和底纹"对话框

(3) 参考图 11-35，在"边框"选项卡中进行相应设置，并在"应用于"列表框中选定"段落"，切换到"底纹"选项卡，进行相应设置并单击"确定"按钮，结果如图 11-36 所示。

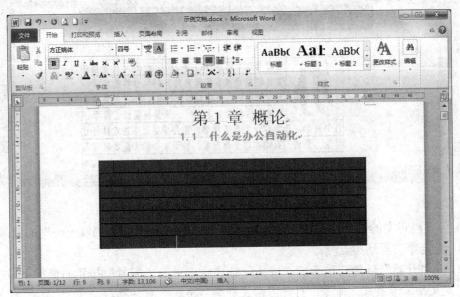

图 11-36 给段落设置边框和底纹

7) 给文档正文第二段添加首字下沉效果。

(1) 移动插入点到第二段内。

(2) 在"插入"功能选项卡的"文本"选项组中单击"首字下沉"按钮，并选择"首字下沉选项"命令，打开"首字下沉"对话框，如图 11-37 所示。

图 11-37　设置首字下沉

(3) 在对话框的"位置"列表中单击"下沉"项,并将"下沉行数"设置为"4",单击"确定"按钮,结果如图 11-38 所示。

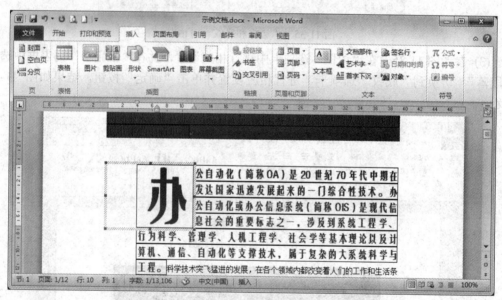

图 11-38　首字下沉效果

8) 为文档正文的第三段到第五段添加格式为"第(三)段、第(四)段……"的段落编号。

(1) 选定第三段到第五段。

(2) 在"开始"功能选项卡的"段落"选项组中单击"编号"按钮右侧的下拉按钮,选择"定义新编号格式"命令,打开"定义新编号格式"对话框。

(3) 在"定义新编号格式"对话框的"编号样式"下拉列表中选择"一、二、三(简)…"样式,在"编号格式"文本框中"一"的前方插入"第("后方插入")段",并在"对齐方式"下拉列表中选择"右对齐",如图 11-39 所示。

(4) 在对话框中单击"确定"按钮,返回主文档,再次在"开始"功能选项卡的"段落"选项组中单击"编号"按钮右侧的下拉按钮,选择"设置编号值"命令,打开"起始编号"对话框,并在"值设置为"文本框中输入"三",如图 11-40 所示。

图 11-39　设置编号格式　　　　　　　　图 11-40　设置起始编号

(5) 在"起始编号"对话框中单击"确定"，结果如图 11-41 所示。

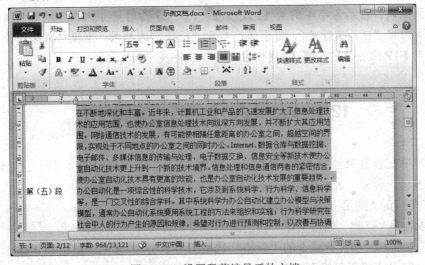

图 11-41　设置段落编号后的文档

9) 以"段落排版.docx"为文件名另存文档到自己文件夹中，并关闭文档。

提交作业

将桌面上自己文件夹压缩并上传到 FTP 服务器的"第 11 周作业上传"文件夹中。

第 12 单元上机及实验

✖✖
一、Word 2010 的表格编辑技术
二、Word 2010 的图形编辑技术
✖✖

在桌面上以"自己名字＋的第 12 次作业"(如：李四的第 12 次作业)为名新建一个文件夹，以下简称"自己文件夹"，用于保存本次上机操作的结果，上机结束后将此文件夹压缩并上传到 FTP 服务器的"第 12 周作业上传"文件夹中。

12.1 Word 2010 的表格编辑技术

打开本书配套资源包—"作业素材"—"第 12 周"文件夹中的"示例文档.docx"，并完成以下编辑，再以"表格编辑.docx"为文件名另存在自己文件夹中。

1) 在文档正文的第一段后插入一个 5 行 8 列的空表格。

(1) 移动插入点到文档正文第一段的最后位置，并按下回车键。

(2) 在"插入"功能选项卡的"表格"选项组中单击 "表格"按钮，并选择"插入表格"命令，打开"插入表格"对话框，如图 12-1 所示。

图 12-1　插入表格设置

(3) 在"表格尺寸"栏中的列数中输入"8"、行数中输入"5"。

(4) 在"'自动调整'操作"栏中选择"固定列宽"，并输入固定值"1.5 厘米"。

(5) 单击"确定"按钮，在文档中插入一个表格，并在任意单元格中输入你的名字。

(6) 再次移动插入点到正文第一段的最后并按下回车键，用鼠标在插入的空段落左前方单击选定空段落，然后按下 Ctrl + Shift + Z 组合键，再在空段落右后方单击，取消选定。

(7) 重复执行(2)～(5)步，在第一段后再插入一个空表格，并在第一个表格的第一个单元格中说明两个表格的区别。

2) 将文档最后红色的一组文字转换成表格。

(1) 在最后一组文字中选定并复制一个中文格式的逗号"，"。

(2) 选定文档最后显示为红色的一组文字。

(3) 在"插入"功能选项卡的"表格"选项组中单击 "表格"按钮，并选择"将文本转换成表格"命令，打开"将文本转换成表格"对话框，如图 12-2 所示。

图 12-2 文字转换表格设置

(4) 在对话框的"'自动调整'操作"列表选中"根据内容调整表格"。

(5) 在"文字分隔位置"中选取"其他字符"项，并将刚才复制的逗号粘贴到"其他字符"后面的文本框中。

(6) 单击"确定"按钮，完成文字到表格的转换并返回主文档。

3) 在文档正文第二段后手工绘制如图 12-3 所示的表格。

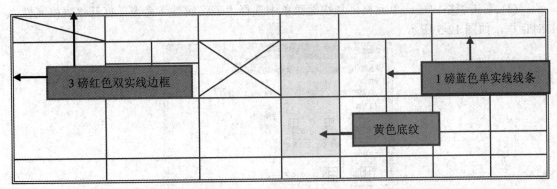

图 12-3 表格练习样表(一)

(1) 移动插入点到文档正文第二段后面。

(2) 在"插入"功能选项卡的"表格"选项组中单击 "表格"按钮，选择"绘制表格"命令，此时鼠标光标会变成铅笔形状，在编辑区拖动鼠标，先绘制出表格的外边框。

(3) 在"表格工具"选项卡的"设计"项的"绘图边框"选项组中设定边框线条粗细、

线型、颜色，再单击"表样式"选项组中"边框"右侧的下拉按钮，选择"外侧框线"命令。

(4) 在"表格工具"选项卡的"设计"项的"绘图边框"选项组中设定内部线条粗细、线型、颜色，单击"绘制表格"按钮，按图 12-3 绘制出表格的所有内部线条。在绘制线条的过程中，可用"擦除"按钮清除不要的线条。

(5) 选定需要设置黄色底纹的两个单元格，单击"表样式"选项组中"底纹"右侧的下拉按钮，从打开的颜色列表中选择"黄色"。

4) 使用常用工具栏上的"插入表格"按钮在文档第一段内部("管理革命"之后)插入一个三行四列的表格，并将其格式设置为"文字环绕"、表格宽度为 10 厘米、单元格内部文字的边距分别为 0.1 厘米。

(1) 移动插入点到文档第一段内"管理革命"文字之后。

(2) 在"插入"功能选项卡中单击"表格"按钮，并在表格模型中拖动鼠标，选定 3×4 表格，再单击鼠标左键插入表格，如图 12-4 所示。

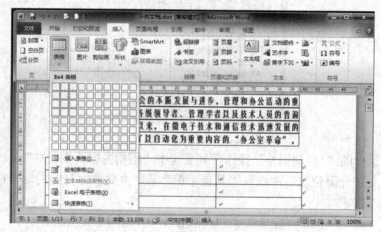

图 12-4　使用工具按钮插入表格

(3) 右击表格内任一单元格，从快捷菜单中选择"表格属性"命令，打开"表格属性"对话框，如图 12-5 所示。

图 12-5　设置表格属性

(4) 在对话框中依次单击相应按钮完成设置。

5) 在文档的最后插入一个分页符，并在新页编辑绘制如图 12-6 所示的表格。

×××大学毕业生登记表

姓名		性别	□男□女	出生年月		照 片
政治面貌		民族		籍贯		
学历		毕业时间		生源		
毕业院校				婚姻状况		
所学专业				在校任职		
家庭住址				联系电话		
个人鉴定						年　月　日
班级鉴定					班主任签字： 年　月　日	
学院意见				学校意见		
公　章 年　月　日				公　章 年　月　日		

图 12-6　表格练习样表(二)

(1) 在新页中输入表格标题，并将其设置为"二号"、"黑体"、"居中"。

(2) 在标题后面按下回车键，另起一个段落，移动光标到第二行行首，当光标呈空心箭头时单击选取第二行，并按下 Ctrl + Shift + Z 组合键取消其从上一段继承下来的格式。

(3) 依次单击"插入"—"表格"—"绘制表格"项，绘制出表格外边框，再在"表格工具"—"设计"—"绘图边框"功能选项组中单击"笔样式"按钮右端的下拉按钮，并选择"双实线"，在"笔画粗细"中选择"1.5 磅"。

(4) 在"表格工具"—"设计"—"表格样式"—"边框"选项中选择"外侧框线"项。

(5) 在"表格工具"—"设计"—"绘图边框"功能选项组中依次设置"笔样式"为单实线、"笔画粗细"为 0.5 磅，参照样表绘制出全部内部线条(注：在画线的过程中，可用"擦除"按钮清除不要的线条)。所有线条绘制完成后，用鼠标在表格内任意单元内双击，转为文字编辑状态。

(6) 依次移动插入点到每个单元格并输入相应文字(注意：不要使用插入空格的方法来扩充或对齐单元格，例如不要将"姓名"输入成"姓　　名"的形式，也不要使用按回车键的方法来竖排文字，例如："照片"、"个人鉴定"等)。

(7) 选取表格第一行到第六行(包括第六行)的所有单元格，分别将其文字设置为"五号"、"宋体"、"分散对齐"，并右击任一选取的单元格，从快捷菜单中选取"单元格对齐方式"—"水平居中"按钮，如图 12-7 所示。

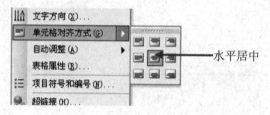

图 12-7　设置单元格对齐方式

(8) 选取第六行(不包括第六行)以下的所有单元格，将其文字设置为"小四号"、"加粗"。

(9) 在"照片"单元格左侧单击，再按下键盘上的 Ctrl 键不放，依次在"个人鉴定"、"班级鉴定"单元格左侧单击，选取这三个不连续的单元格，右击并在快捷菜单中选择"文字方向"命令，在打开的"文字方向-表格单元格"对话框中将文字设置为"正向竖排"，如图 12-8 所示。

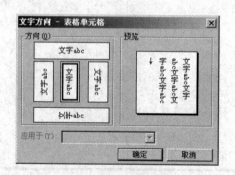

图 12-8　设置文字方向

（10）不要取消上一步选定的三个单元格，并在"开始"功能选项卡的段落组中单击"分散对齐"按钮，并右击任一选取的单元格，从快捷菜单中选取"单元格对齐方式"—"水平居中"按钮。

（11）移动插入点到"照片"单元格，依次单击"插入"—"插图"—"图片"按钮，将本书配套资源包—"作业素材"—"第 12 周"文件夹中的"照片.jpg"插入到当前单元格。

（12）将文档以"表格编辑.docx"为文件名存盘并退出 Word 2010。

6）打开本书配套资源包—"作业素材"—"第 12 周"文件夹中的"表格练习.docx"，并完成以下编辑，将文档另存在自己文件夹中。

（1）在表格的第 5 行后插入一个空行，删除"林冲"所在的行，并清除最后一行的数据。

①移动插入点到表格的第 5 行，右击鼠标，从快捷菜单中选择"插入"—"在下方插入行"项，如图 12-9 所示。

图 12-9　在表格中插入行

②移动插入点到"林冲"所在的行内任意一个单元格，依次单击"表格工具"—"布局"—"删除"—"删除行"命令，如图 12-10 所示。

图 12-10　删除表格的行

③ 选定表格的最后一行，再按下 Del 键。

(2) 将刚才插入的第 6 行(空行)合并成一个单元格，并从该行起将表格分成上下独立的两个表格。

① 选定第 6 行的所有单元格，在"表格工具"—"布局"功能选项卡的"合并"选项组中单击"合并单元格"命令，则原来选定的多个单元格就合并成一个单元格，如图 12-11所示。

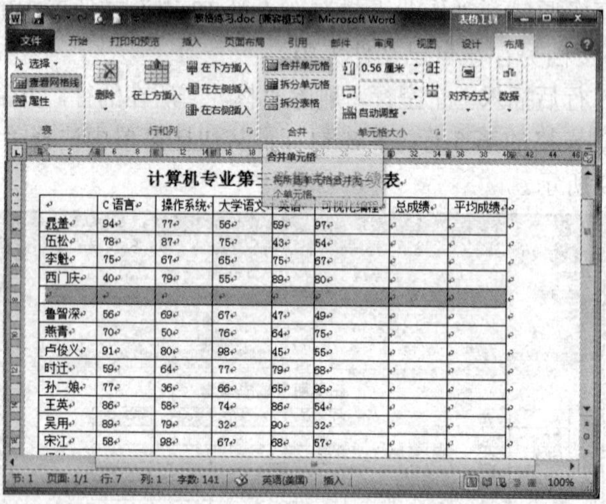

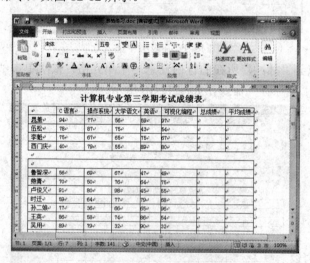

图 12-11　合并单元格

② 移动插入点到第 6 行，在"表格工具"—"布局"功能选项卡的"合并"选项组中单击"拆分表格"命令，如图 12-12 所示。

图 12-12　拆分表格

(3) 将表格的第一行设置为红色边框、淡紫色底纹。

① 用鼠标拖动选定表格的第一行。

② 在"表格工具"—"设计"功能选项卡的"表格样式"选项组中单击"边框"右侧的下拉按钮并选择"边框和底纹"命令，打开"边框和底纹"对话框，如图 12-13 所示。

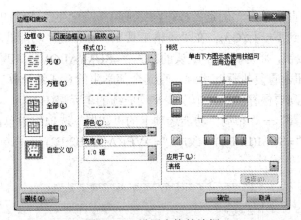

图 12-13　设置表格的边框

③ 在"边框"选项卡中先设置"颜色"为"红色"，再在"设置"栏中选择"方框"、"应用于"栏中选择"单元格"，单击"底纹"选项卡，打开"底纹"选项，如图 12-14 所示。

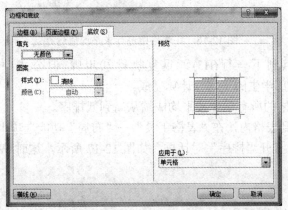

图 12-14　设置表格的底纹

④ 在"底纹"选项卡的"填充"颜色列表中选择"淡紫"，在"应用于"下拉列表框中选择"单元格"，并单击"确定"按钮返回主文档。

(4) 分别计算出第一个表格中所有学生的总成绩和平均成绩。

① 移动插入点到要保存第一个学生的总成绩的单元格(G2 单元格)。

② 在"表格工具"—"布局"功能选项卡的"数据"选项组中单击"公式"按钮，即可打开"公式"对话框，如图 12-15 所示。

图 12-15　在表格中进行求和运算

③ 在对话框中直接单击"确定"按钮，完成第一个学生总成绩的计算。

④ 移动插入点到下一行(G3)，在"表格工具"—"布局"功能选项卡的"数据"选项组中单击"公式"按钮，将对话框中默认的公式"=SUM(ABOVE)"改成"=SUM(LEFT)"，再单击"确定"按钮。重复执行此步骤，直到全部学生的总成绩计算完成。

⑤ 移动插入点到要保存的第一个学生平均成绩的单元格(H2)。

⑥ 在"表格工具"—"布局"功能选项卡的"数据"选项组中单击"公式"按钮，将对话框中默认公式"=SUM(LEFT)"改成"=AVERAGE(B2:F2)"，再单击"确定"按钮，如图 12-16 所示。

图 12-16　在表格中进行求平均值运算

⑦ 移动插入点到下一行(H3)，重复执行⑥步骤(但公式中的 B2:F2 应当换成 B3:F3……)，直到全部学生的平均分计算完成。

(5) 将第一个表格的所有学生按平均成绩从高到低排序。

① 移动插入点到表格内，在"表格工具"—"布局"功能选项卡的"数据"选项组中单击"排序"按钮，打开"排序"对话框，如图 12-17 所示，这时 Word 2010 会自动选定整个表格。

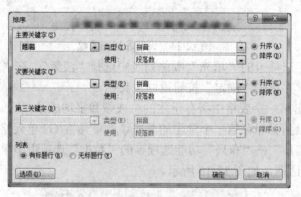

图 12-17　使用排序命令对表格进行排序

② 在"主要关键字"下拉列表中选择"平均成绩"，在"类型"下拉列表中选择"数字"，在排序方式中选择"降序"。

③ 在"列表"栏中选择"有标题行"项。

④ 设置完成后单击"确定"按钮。

(6) 先将文档另存到自己文件中，再关闭该文档。

12.2　Word 2010 的图形编辑技术

将本书配套资源包—"作业素材"—"第 12 周"文件夹中的"图文混排.docx"复制到自己文件夹中，并完成以下编辑。

1) 将本书配套资源包—"作业素材"—"第 12 周"文件夹中的"海.jpg"插入到文档正文第 1 段前，并裁剪图片，保留其上 1/2，将其亮度设置为 40%、对比度设置为 60%，并设置为文字底纹。

(1) 在自己文件夹中双击打开"图文混排.docx"，移动插入点到第一段段首，在"插入"功能选项卡的"插图"功能选项组中单击"图片"按钮，在如图 12-18 所示的"插入图片"对话框中找到并双击"海.jpg"图标。

图 12-18　在文档中插入图片

(2) 右击图片，并在打开的浮动工具栏中单击"裁剪"按钮，这时光标变成裁剪状态，拖动图片中下部的控制点到图片中部，裁剪图片，如图 12-19 所示。

图 12-19　裁剪图片

(3) 右击图片，从快捷菜单中选择"设置图片格式"命令，在打开的对话框中选择"图片"选项卡，在"亮度"栏中输入"40%"，在"对比度"栏中输入"60%"，如图 12-20 所示。

(4) 单击"版式"选项卡，在"环绕方式"栏中选取"衬于文字下方"项，如图 12-21 所示。

图 12-20　更改图片亮度和对比度

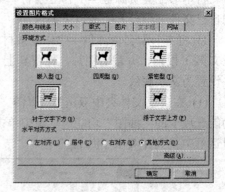

图 12-21　设置图片版式

(5) 单击"确定"按钮返回主文档并存盘。

2) 在文档正文第二段内插入"office 收藏集"—"动物"—"兔子"剪贴画，将其缩小一半，逆时针旋转 45°，添加红色 3 磅的边框，并设置为文字紧密环绕。

(1) 移动插入点到第二段内，在"插入"功能选项卡的"插图"选项组中单击"剪贴画"按钮，打开"剪贴画任务窗格"，再在"搜索范围"栏中输入"兔子"，单击"搜索"按钮，如图 12-22 所示。

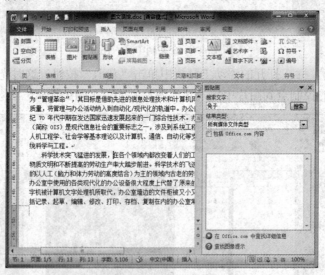

图 12-22　在文档中插入剪贴画

(2) 在搜索结果列表中双击"兔子"剪贴画图标，将其插入到文档。

(3) 右击剪贴画，从快捷菜单中选择"设置图片格式"命令，在打开的对话框中单击"版式"选项卡，在"环绕方式"栏中选取"紧密型"项，单击"确定"按钮，如图 12-23 所示。

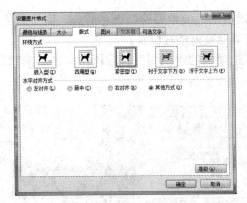

图 12-23　设置图片版式

(4) 再次右击剪贴画，从快捷菜单中选择"设置图片格式"命令，单击"大小"选项卡，在"旋转"项后的文本框中输入"-45°"或"315°"，在"缩放"项后的文本框中输入"50%"，如图 12-24 所示。单击"颜色与线条"选项卡，在"线条"—"颜色"项中选择"红色"，"线型"项中选择"实线"，"粗细"项中选择"3 磅"，如图 12-25 所示，单击"确定"按钮，结果如图 12-26 所示。

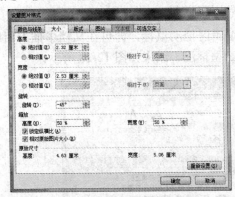

图 12-24　设置图片旋转角度和大小

图 12-25　设置图片边框

图 12-26　插入剪贴画后的文档

3) 分别在文档第三段内插入一个笑脸、虚尾箭头、横卷形及云型标注形状。

(1) 移动光标到文档第三段内任意位置。

(2) 在"插入"功能选项卡的"插图"选项组中单击"形状"按钮,打开"形状"列表,如图 12-27 所示。

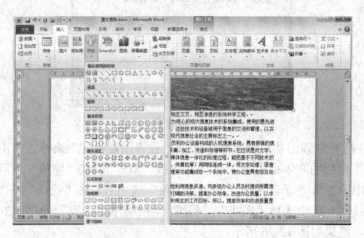

图 12-27　在文档中插入形状

(3) 在形状列表中单击"笑脸"图标,在编辑区拖动鼠标,即可在文档中插入相应的形状。按此方法依次绘制虚尾箭头、横卷形及云型标注,结果如图 12-28 所示。

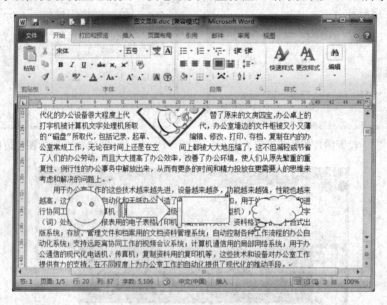

图 12-28　在文档中插入形状

4) 将"笑脸"图形的线条设置为红色、3 磅,并填充黄色底纹,为"箭头"添加"阴影式样 12"效果及"贵阳方向"文字(红色、小五号、姚体、距边框距离为 0)。

(1) 右击"笑脸"图形,从快捷菜单中选择"设置图片格式"命令,参考上面的内容设置其线条和底纹。

(2) 单击选取"箭头"图形,再在"绘图工具"功能选项卡上依次单击"阴影效果"

——"阴影效果"，从打开的列表中选择"阴影式样 12"，如图 12-29 所示。

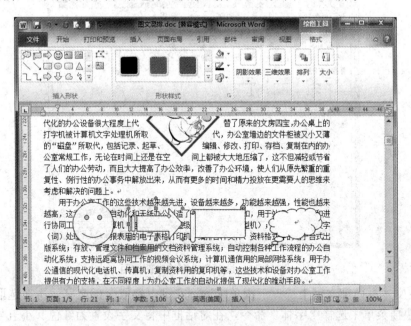

图 12-29　设置形状的阴影效果

(3) 右击"箭头"图形，从快捷菜单中选择"添加文字"命令，并在标尺上拖动"首行缩进"按钮，将箭头内部文本的首行缩进调整为"0"，如图 12-30 所示。

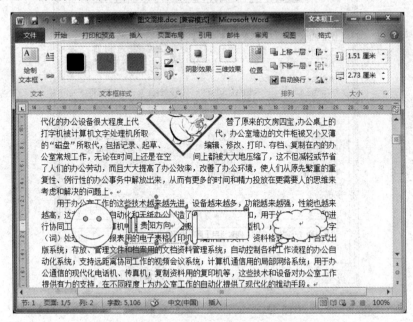

图 12-30　在形状内部添加文字

(4) 在文本框中输入"贵阳方向"，右击"箭头"图形的外边框，在打开的对话框中单击"文本框"选项卡，将文本框内部四个边距均设置为"0"，如图 12-31 所示，并单击"确定"按钮。

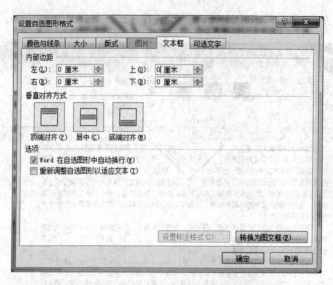

图 12-31　设置文本框的内部边距

(5) 在文本框内部文字上快速三次单击鼠标左键，选取全部文字，再在选取的文字上右击，从快捷菜单中选择"字体"命令，在对话框中将文字设置为红色、小五号、姚体，如图 12-32 所示，并单击"确定"按钮。

图 12-32　设置文本框的文本格式

5) 将前面插入的剪贴画和全部形状组合成一个图形。

(1) 先单击选取任意一个图形，再按住 Shift 键不放，分别单击其他图形。

(2) 在选定的对象上右击，从快捷菜单中选择"组合"—"组合"命令，如图 12-33 所示。

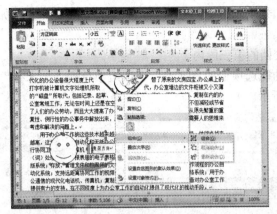

图 12-33　组合自选图形

6) 在文本第四段内插入"漏斗"SmartArt 图形。

(1) 移动光标到要插入图形的位置。

(2) 在"插入"功能选项卡的"插图"选项组中单击"SmartArt"按钮,即可打开"选择 SmartArt 图形"对话框,如图 12-34 所示。

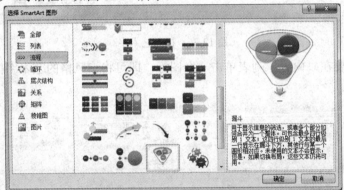

图 12-34　打开 SmartArt 图形列表

(3) 先在对话框左侧选择"关系"类别,再在中部的列表中单击"漏斗"图标,然后单击"确定"按钮,将 SmartArt 图形插入到文档当中。

(4) 在 SmartArt 图形中输入相应内容,如图 12-35 所示。

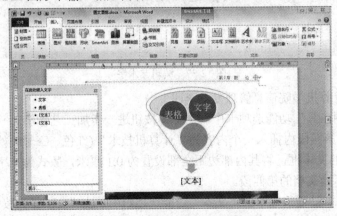

图 12-35　设置 SmartArt 图形格式

7) 在文档的第三段内插入一个内容为你自己学院+专业+姓名(如：计算机学院信息管理专业李四)的艺术字。

(1) 移动光标到文档的第三段内。

(2) 在"插入"功能选项卡的"文本"选项组中单击"艺术字"按钮，打开插入艺术字列表，如图 12-36 所示。

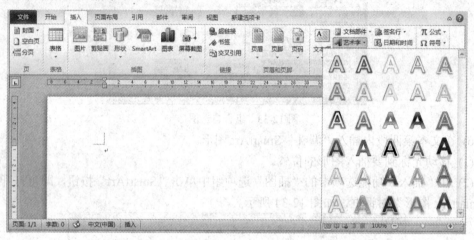

图 12-36　插入艺术字

(3) 根据需要在"内置"列表单击一个图标，即可将该风格的艺术字插入到文档中，如图 12-37 所示。

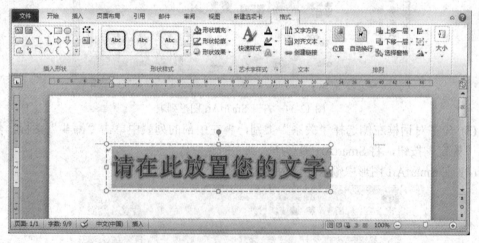

图 12-37　编辑艺术字

(4) 输入"计算机学院信息管理专业李四"。

(5) 在"绘图工具"功能选项卡中利用各种按钮进一步加工艺术字。

8) 在文档的第四段内插入一个内容为"计算机技术"(红色、三号、姚体)的竖排、无边框、黄色底纹的文本框，将其内部边距全部设置为 0.1 厘米，版式为文字四周环绕。

(1) 移动光标到文档的第四段。

(2) 在"插入"功能选项卡的"文本"功能选项组中单击"文本框"按钮，并选择"绘制竖排文本框"项，如图 12-38 所示。

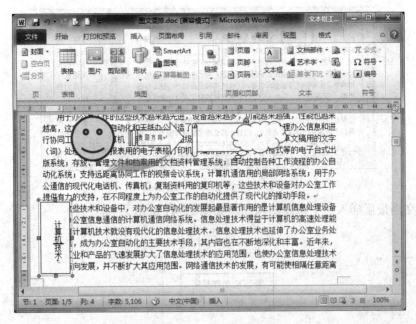

图 12-38　绘制竖排文本框

(3) 在文档编辑区拖动鼠标，建立一个传统格式的文本框。

(4) 在文本框中输入"计算机技术"。

(5) 在文本框边框上右击，从打开的快捷菜单中选择"设置形状格式"命令，打开"设置形状格式"对话框，详细设置文本框的颜色、边框、版式及内部文字距边框的距离，如图 12-39 所示。

图 12-39　设置文本框的边框与底纹

(6) 在"设置形状格式"对话框中单击"关闭"按钮，设置完成，如图 12-40 所示。

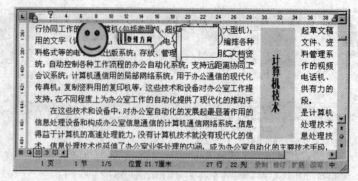

图 12-40　添加文本框后的文档

9) 在文档最后插入一个组织结构图，如图 12-41 所示。

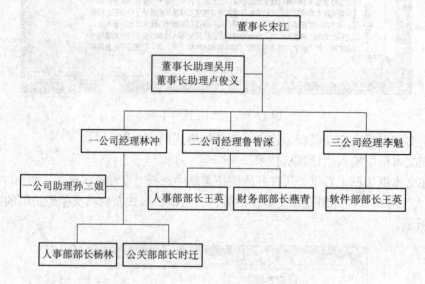

图 12-41　组织结构图

10) 制作本书封面及封底(要求：单页分三栏，纸张大小自己测量并设置，主编改为自己名字，其他内容和封面及封底一样)并以"封面.docx"为文件名保存在自己文件夹中。

提交作业

将自己文件夹压缩并上传到 FTP 服务器的"第 12 周作业上传"文件夹中。

第 13 单元上机及实验

❖❖❖❖❖❖❖❖❖❖❖❖❖❖❖❖❖❖❖❖❖❖❖❖❖❖❖❖❖❖❖❖❖❖❖❖❖❖❖

一、设置段落编号和项目符号
二、样式的创建与使用
三、创建目录
四、邮件合并
五、文档比较

❖❖❖❖❖❖❖❖❖❖❖❖❖❖❖❖❖❖❖❖❖❖❖❖❖❖❖❖❖❖❖❖❖❖❖❖❖❖❖

在桌面上以"自己名字＋的第 13 次作业"(如：李四的第 13 次作业)为名新建一个文件夹，以下简称"自己文件夹"，用于保存本次上机操作的结果，上机结束后将此文件夹压缩并上传到 FTP 服务器的"第 13 周作业上传"文件夹中。

13.1　设置段落编号和项目符号

打开本书配套资源包—"作业素材"—"第 13 周"文件夹中的"长文档编辑.docx"，并完成以下编辑，再以"长文档编辑.docx"为文件名另存在自己文件夹中。

1) 为正文"5.1.1 Office 2010 的组成"下的"Office 2010 由以下功能模块组成"设置段落编号。

(1) 选定从"Word 2010：Word 是 Office 套件中的最基本的部分，也是其中使用最为广泛的应用软件，它的主要功能是进行文字(或文档)的处理。"到"可以创建更加生动的电子邮件，支持在收件箱中直接接收语音邮件和传真等。"的文字区域。

(2) 在"开始"功能选项卡的"段落"选项组中单击"编号"右端的下拉按钮，再从列表中选择或"一、"、"二、"、"……"格式，如图 13-1 所示。

图 13-1　给段落添加段落编号

2) 给正文"5.1.2 Office 2010 的安装和卸载"下的"1、硬件环境:"设置黑方块项目符号。

(1) 选定从"处理器:1 GHz 或更快的 x86 或 x64 位处理器(采用 SSE2 指令集)"到"指针设备:Microsoft Mouse 或兼容鼠标"的文字区域。

(2) 在"开始"功能选项卡的"段落"选项组中单击"项目符号"右端的下拉按钮,再从项目符号库列表中选择黑方块图标,如图 13-2 所示。

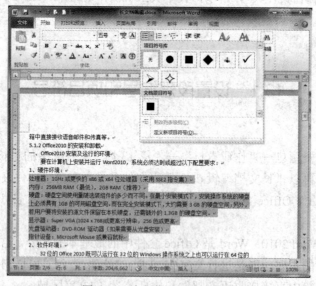

图 13-2　给段落添加项目符号

13.2　样式的创建与使用

1) 将文档中的章标题(如:第五章 Word 2010 文字处理系统)定义为"标题 1"样式。

(1) 在文档中选定章标题(如：第五章 Word 2010 文字处理系统)。

(2) 在"开始"功能选项卡的"样式"选项组中选择"标题 1"，如图 13-3 所示。

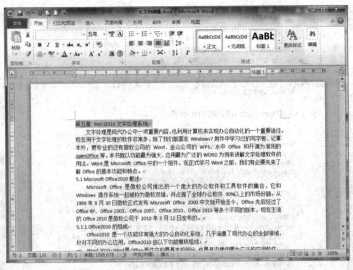

图 13-3　定义标题 1 样式

2) 将文档中的所有节标题(如：5.1 Microsoft Office 2010 概述)定义为"标题 2"样式。

(1) 在文档中选定节标题(如：5.1 Microsoft Office 2010 概述)。

(2) 按住 Ctrl 键，依次选择"5.2 Word 2010 基本操作"、"5.3 Word 2010 文件操作"等。

(3) 在"开始"功能选项卡的"样式"选项组中选择"标题 2"，如图 13-4 所示。

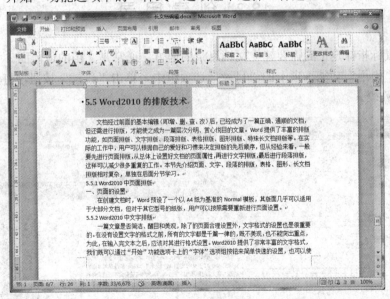

图 13-4　定义标题 2 样式

3) 将文档中的所有点标题(如：5.1.1 Office 2010 的组成)定义为"标题"样式。

(1) 在文档中选择点标题(如：5.1.1 Office 2010 的组成)。

(2) 在"开始"功能选项卡的"样式"选项组中选择"标题"样式。

(3) 在"开始"功能选项卡的"剪贴板"选项组中双击"格式刷"按钮。

(4) 分别在点标题"5.1.2 Office 2010 的安装和卸载"、"5.2.1 启动 Word 2010"～"5.5.3 Word 2010 中段落排版"左前方单击，将样式复制到相应的文字，如图 13-5 所示。

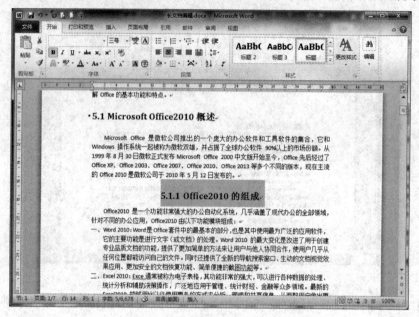

图 13-5　定义标题样式

13.3　创 建 目 录

(1) 将鼠标指针定位到需要建立文档目录的地方，通常是文档的最前面。

(2) 在"引用"功能选项卡的"目录"选项组中，单击"目录"按钮，打开如图 13-6 所示的下拉列表。

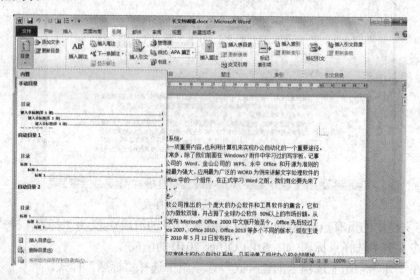

图 13-6　选择目录类型

(3) 在下拉列表中选择"自动目录"—"自动目录1"，Word 2010 就会自动根据所标记的标题在指定位置创建目录，如图13-7所示。

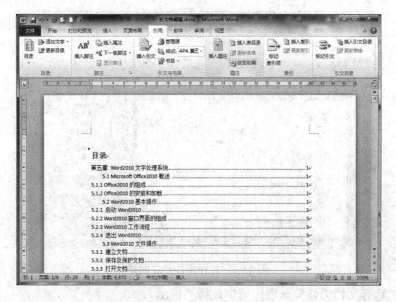

图13-7　在文档中创建目录

13.4　邮件合并

1) 以"13 周"素材中的"客户信息表1.xlsx"为数据源，创建邀请函。
(1) 依据图 13-8 所示创建邀请函主文档。

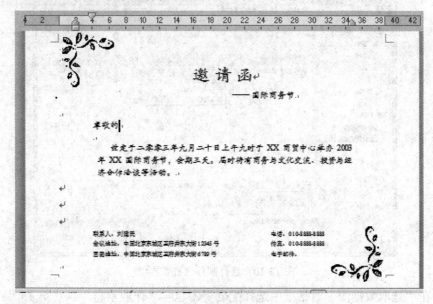

图13-8　创建邀请函主文档

(2) 在"邮件"功能选项卡的"开始邮件合并"选项组单击"开始邮件合并"下的"邮件合并分步向导"命令，打开"邮件合并"任务窗格，如图 13-9 所示。

图 13-9　打开邮件合并向导

(3) 在"选择文档类型"选项区域中选择"信函"。

(4) 单击"下一步：正在启动文档"超链接，进入"邮件合并分步向导"的第(2)步。在"选取开始文档"选项区域中选中"使用当前文档"项，以当前文档作为邮件合并的主文档。

(5) 单击"下一步：选取收件人"超链接，进入"邮件合并分步向导"的第(3)步。在"选择收件人"选项区域中选中"使用现有列表"项，然后单击"浏览"超链接，打开如图 13-10 所示的"选取数据源"对话框。

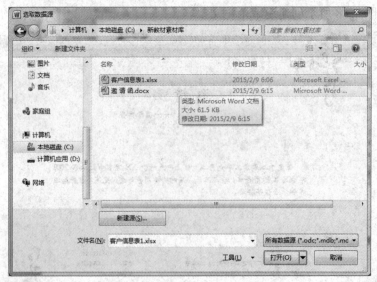

图 13-10　选择邮件合并数据源

(6) 在"选取数据源"对话框中选择配套资源包——"作业素材"——"第 13 周"文件夹中的"客户信息表 1.xlsx"，然后单击"打开"按钮打开"选择表格"对话框并选择"Sheet1$"，如图 13-11 所示，然后单击"确定"按钮打开"邮件合并收件人"对话框。

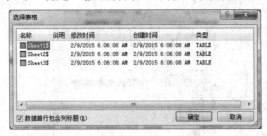

图 13-11　在数据源中选择工作表

(7) 在打开的"邮件合并收件人"对话框中单击"确定"按钮，完成现有工作表的链接工作，如图 13-12 所示。

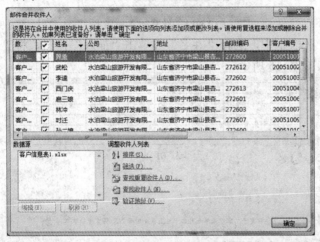

图 13-12　设置邮件合并收件人信息

(8) 选择了收件人的列表之后，单击"下一步：撰写信函"超链接，进入"邮件合并分步向导"的第(4)步，如图 13-13 所示。

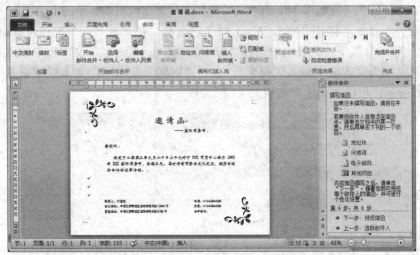

图 13-13　设置邮件合并插入域

(9) 将插入点移动到文字"尊敬的"后面，单击"其他项目"超链接，打开如图 13-14 所示的"插入合并域"对话框。

图 13-14　设置插入域内容

(10) 在"域"列表框中，选择"姓名"并单击"插入"按钮，将"姓名"域添加到主文档相应位置，如图 13-15 所示。

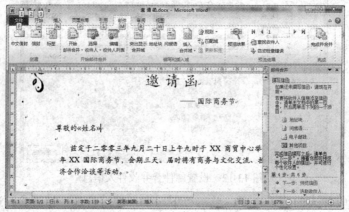

图 13-15　将"姓名"域插入到主文档

(11) 在"邮件"功能选项卡上的"编写和插入域"选项组中，单击"规则"—"如果…那么…否则…"命令，打开"插入 Word 域"对话框，在"域名"下拉列表框中选择"性别"，在"比较条件"下拉列表框中选择"等于"，在"比较对象"文本框中输入"男"，在"则插入此文字"文本框中输入"先生"，在"否则插入此文字"文本框中输入"女士"，如图 13-16 所示，单击"确定"按钮。

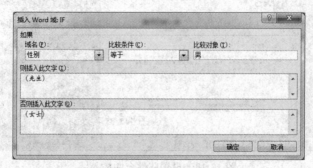

图 13-16　附加"性别"域规则

(12) 在"邮件合并"任务窗格中，单击"下一步：预览信函"超链接，进入"邮件合并分步向导"的第(5)步。在"预览信函"选项区域中(如图 13-17 所示)，单击"<<"或">>"按钮，查看具有不同邀请人姓名和称谓的信函。

图 13-17　预览并处理输出文档

(13) 预览并处理输出文档后，单击"下一步：完成合并"超链接，进入"邮件合并分步向导"的最后一步。在"合并"选项区域中，单击"编辑单个信函"超链接。

(14) 打开"合并到新文档"对话框，在"合并记录"选项区域中，选中"全部"项，如图 13-18 所示，然后单击"确定"按钮。

图 13-18　设置输出文档记录范围

(15) Word 会将 Excel 中存储的收件人信息自动添加到邀请函正文中，并合并生成一个如图 13-19 所示的新文档，将文档以"邀请函.docx"为文件名保存在自己文件夹中。

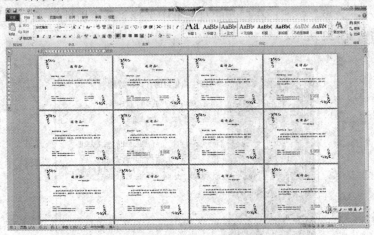

图 13-19　创建完成的邀请函

2) 以"13 周"素材中的"客户信息表 1.xlsx"为数据源制作信封。

(1) 在 Word 2010 的功能区中，打开"邮件"选项卡。在"邮件"选项卡上的"创建"选项组中，单击"中文信封"按钮，打开如图 13-20 所示的"信封制作向导"对话框。

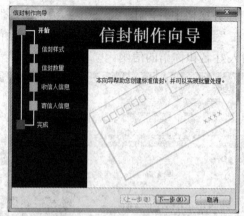

图 13-20　启动信封制作向导

(2) 单击"下一步"按钮，在"信封样式"下拉列表框中选择"国内信封-B6(176×125)"，并在下方选定全部复选框，如图 13-21 所示。

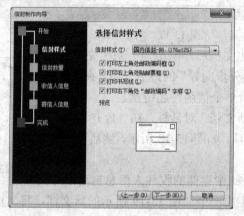

图 13-21　设置信封样式

(3) 单击"下一步"按钮，在打开的对话框中选择"基于地址簿文件，生成批量信封"单选按钮，如图 13-22 所示。

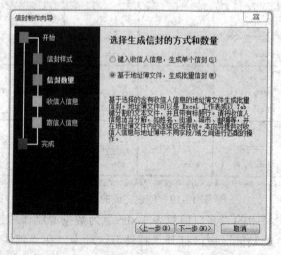

图 13-22　选择生成信封的方式和数量

(4) 单击"下一步"按钮，并在对话框中单击"选择地址簿"按钮，打开"打开"对话框，在该对话框中选择配套资源包—"作业素材"—"第 13 周"文件夹中的"客户信息表 1.xlsx"，然后单击"打开"按钮，返回到"信封制作向导"对话框。

(5) 在"地址簿中的对应项"区域中的下拉列表框中，分别选择与收信人信息匹配的字段，如图 13-23 所示。

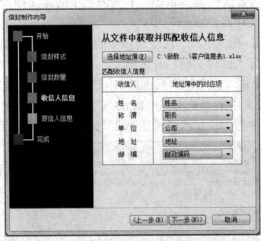

图 13-23　匹配收件人信息

(6) 单击"下一步"按钮，在"信封制作向导"中输入寄信人信息，然后单击"下一步"按钮，进入"信封制作向导"的最后一个步骤，单击"完成"按钮，关闭"信封制作向导"，完成多个标准的信封制作，如图 13-24 所示。

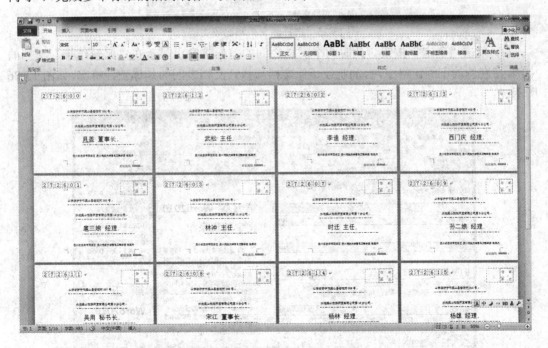

图 13-24　编辑完成后的信封

(7) 将文档以"信封.docx"为文件名保存在自己文件夹中。

13.5 文档比较

　　将自己文件夹中的"长文档编辑.docx"和资源包中的原文档"长文档编辑.docx"进行比较，并保存结果到"文档比较.docx"中。

　　(1) 启动 Word 2010，在"审阅"功能选项卡的"比较"选项组中单击"比较"按钮并选择"比较"命令，打开"比较文档"对话框。

　　(2) 在对话框中，单击"原文档"后面的打开文件按钮，选定配套资源包—"作业素材"—"第 13 周"文件夹中的"长文档编辑.docx"，单击"修订的文档"后面的打开文件按钮，选定自己文件夹中的"长文档编辑.docx"，如图 13-25 所示。

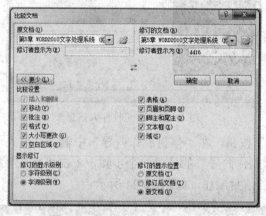

图 13-25　选择源文档和比较文档

　　(3) 单击"确定"按钮，此时两个文档之间的差异将突出显示在"比较结果"文档的中间，在左侧的审阅窗格中，自动统计了原文档与修订文档之间的具体差异情况，如图 13-26 所示。

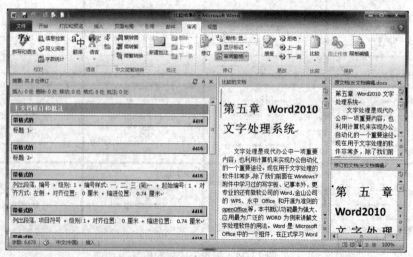

图 13-26　文档比较结果

(4) 将比较结果以"文档比较.docx"为文件名保存到自己文件夹中，关闭并退出比较窗口。

　　将自己文件夹压缩并上传到 FTP 服务器的"第 13 周作业上传"文件夹中。

第 14 单元上机及实验

※※※※※※※※※※※※※※※※※※※※※※※※※※※※※※※※※※※※※※
一、Excel 2010 窗口界面的组成及操作
二、Excel 2010 文件的操作
三、管理工作簿中的工作表
※※※※※※※※※※※※※※※※※※※※※※※※※※※※※※※※※※※※※※

在桌面上以"自己名字 + 的第 14 次作业"(如：李四的第 14 次作业)为名新建一个文件夹，以下简称"自己文件夹"，用于保存本次上机操作的结果，上机结束后将此文件夹压缩并上传到 FTP 服务器的"第 14 周作业上传"文件夹中。

14.1　Excel 2010 窗口界面的组成及操作

参照 Word，分别用 4 种方法启动 Excel 2010。参考图 14-1 所示，在自己计算机中找出 Excel 2010 主要组成元素，并将其主要功能记录在自己文件夹新建的"Excel 2010 窗口.txt"文件中。

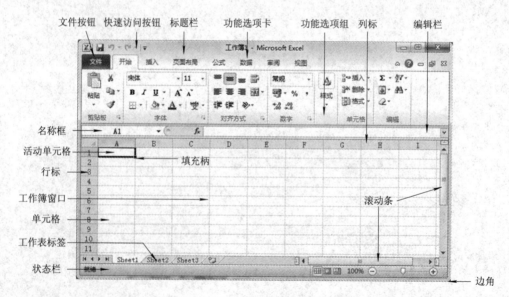

图 14-1　Excel 2010 工作界面

14.2　Excel 2010 文件的操作

使用电子表格模板创建一个"个人预算表.xlsx"，保存在自己文件夹中。

(1) 启动 Excel 2010，单击"文件"按钮，在"新建"列表框中选择"Office.com 模板"—"个人"—"大学生预算"，如图 14-2 所示。

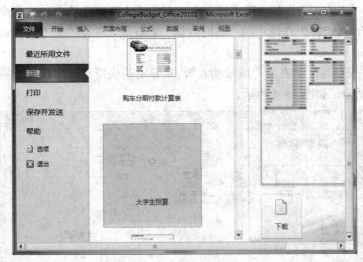

图 14-2　创建个人预算表

(2) 根据自己实际情况在表格中输入相应数值，观察表格和图表的变化，如图 14-3 所示。

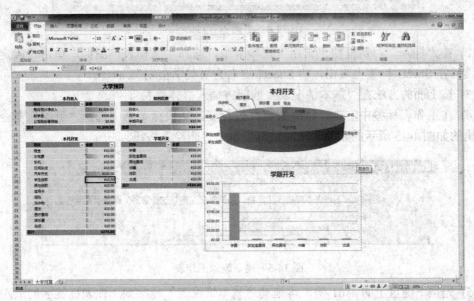

图 14-3　编辑个人预算表

(3) 将文档以"个人预算表.xlsx"为文件名保存在自己文件夹中。

14.3　管理工作簿中的工作表

打开本书配套资源包—"作业素材"—"第 14 周"文件夹中的"学生表.xlsx",并完成以下编辑。

1) 分别在"成绩初表"和"基本情况表"前面插入两张工作表,分别命名为"奖学金表"、"体检表",然后将工作簿中的"临时数据"表删除,并将"基本情况表"复制到第一个表的位置。

(1) 在工作表标签区中右击"成绩初表",从弹出的快捷菜单中选择"插入"命令,打开"插入"对话框,如图 14-4 所示。

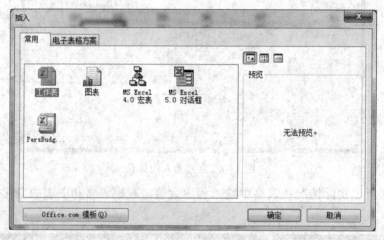

图 14-4　"插入"对话框

(2) 在"插入"对话框的"常用"选项卡中,选择"工作表"图标,单击"确定"按钮,然后在 Sheet1 标签上双击,将 Sheet1 更名为"奖学金表"。

(3) 按上面的方法在"基本情况表"的前方插入"体检表"。

(4) 在工作表标签中右击"临时数据"表标签,从快捷菜单中选择"删除"命令,并在弹出的如图 14-5 所示的删除确认对话框中单击"删除"按钮。

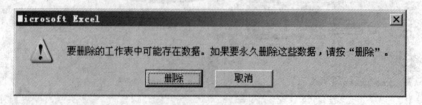

图 14-5　确认删除工作表

(5) 先按下键盘上的 Ctrl 键,再拖动"基本情况表"标签到工作表标签区的最左端,结果如图 14-6 所示。

图 14-6　复制工作表

2) 将基本情况表(2)从 E6 单元格处拆分为四个窗格，并截图以"拆分窗口.jpg"为文件名保存到自己文件夹中。

(1) 在基本情况表(2)中单击 E6 单元格。

(2) 在"视图"功能选项卡的"窗口"选项组中单击"拆分"按钮，如图 14-7 所示。

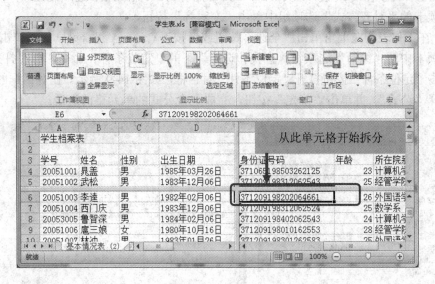

图 14-7　拆分工作表

3) 将"成绩初表"的 A4:A19 单元格文字设置为红色、14 号、姚体、居中，为 A3:J3 单元格添加绿色、双实线边框，将 B4:E10 和 F8:J19 设置为左对齐，将"成绩初表"中包含公式的单元格的底纹设置为灰色。

(1) 单击"成绩初表"标签，选取"成绩初表"。

(2) 从第 A4 单元格拖动到 A19 单元格或者在名称框中输入"A4:A19"并按下回车键选取该区域，再在"开始"功能选项卡的"字体"选项组中单击相应按钮将其文字设置为红色、14 号、姚体、居中。

(3) 从第 A3 单元格拖动到 J3 单元格或者在名称框中输入"A3:J3"并按下回车键，在"开始"功能选项卡的"字体"选项组中单击右下角的扩展按钮，再在打开的"设置单元格格式"对话框中单击"边框"选项卡，如图 14-8 所示。先在"线条"栏中选择"双实线"、"绿色"，再在"预置"栏中单击"外边框"，并单击"确定"按钮完成设置。

图 14-8　设置表格边框

(4) 在名称框中输入"B4:E10, F8:J19"并按下回车键，或者先从第 B4 单元格拖动到 E10 单元格，再按住 Ctrl 键，再从第 F8 单元格拖动到 J19 单元格，选取此区域，在"开始"功能选项卡的"对齐方式"选项组中单击"左对齐"按钮。

(5) 在工作表的左上角单击"全选"按钮或者按下 Ctrl + A 组合键，然后单击"开始"功能选项卡中的"编辑"选项组"查找和选择"下的"定位条件"命令，再在打开的对话框中单击"定位条件"按钮打开"定位条件"对话框，如图 14-9 所示。在对话框的"选择"栏中选择"公式"，并单击"确定"按钮，完成包含公式的单元格的选定。

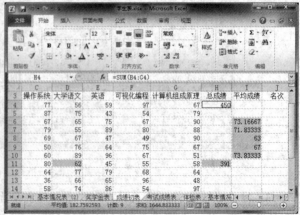

图 14-9　定位到指定单元格

(6) 再次在"开始"功能选项卡的"字体"选项组中单击右下角的扩展按钮，再在打开的"设置单元格格式"对话框中单击"填充"选项卡，如图 14-10 所示。在"背景色"列表框中选择"灰色"，并单击"确定"按钮完成设置。

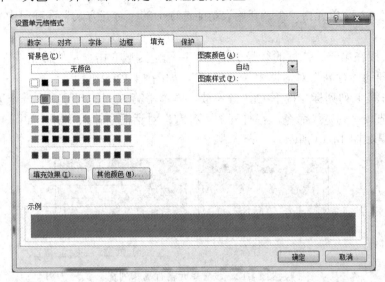

图 14-10　设置表格底纹

4) 在"成绩初表"C5 单元格的下方插入一个空单元格，原有数据下移，在第 6 行下方插入你的姓名及各课程考试成绩，在"英语"的前面插入课程"办公自动化"，各学生成绩均为"及格"，最后再删除第 14 行。

(1) 在 C5 单元格上右击，单击快捷菜单中的"插入"命令，在打开的"插入"对话框中选择"活动单元格下移"项，如图 14-11 所示，单击"确定"按钮。

图 14-11　插入单元格

(2) 移动插入点到第 6 行的任意一个单元格上并右击，单击快捷菜单中的"插入"命令，在图 14-11 所示的"插入"对话框中选择"整行"，或者在第 7 行的行号上右击，单击快捷菜单中的"插入"命令，先插入一个空行，再输入你的姓名及各课程考试成绩。

(3) 在"英语"所在的列(第 E 列)的列号上右击，单击快捷菜单中的"插入"命令，先插入一个空列，再在 E3 单元格中输入"办公自动化"，在 E4 单元格中输入"及格"，并将"及格"复制到"E5:E20"。

(4) 在第 14 行的行号上右击，单击快捷菜单中的"删除"命令，删除第 14 行。

5) 将"成绩初表"C1 单元格取消合并，再将 A2:J2 合并成一个单元格，再将第一、二行的行高设置为 30，第 1、6 列的列宽设置为 6。

(1) 在"成绩初表"中单击 C1 单元格，再在"开始"功能选项卡的"对齐方式"选项组中单击"合并后居中"按钮。

(2) 选定 A2:J2 单元格，在"开始"功能选项卡的"对齐方式"选项组中单击"合并后居中"按钮。

(3) 用鼠标在第一、二行的行号上拖动，在选定区域右击，从快捷菜单中选取"行高"命令，在打开的"行高"对话框中输入"30"，如图 14-12(a)所示。

(4) 单击第 1 列列标，按下 Ctrl 键不放，再单击第 6 列的列号，在选定区域右击，从快捷菜单中选取"列宽"命令，在打开的"列宽"对话框中输入"6"，如图 14-12(b)所示。本题操作结果如图 14-13 所示。

(a) 行高　　　　　　(b) 列宽

图 14-12　设置单元格行高和列宽

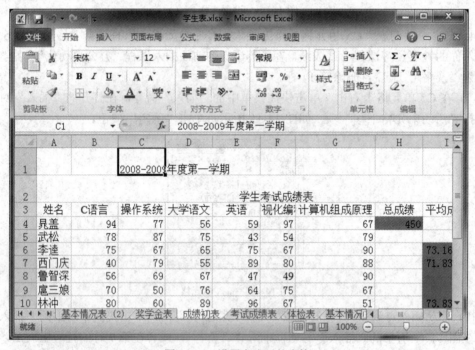

图 14-13　设置完成后的表格

6) 为"基本情况表"的 A3:G19 区域套用"表样式浅色 14"样式。

(1) 切换到"基本情况表"并选取 A3:G19 区域。

(2) 在"开始"功能选项卡"样式"选项组中单击"套用表格格式"按钮，并从列表中选择"表样式浅色 14"，如图 14-14 所示。

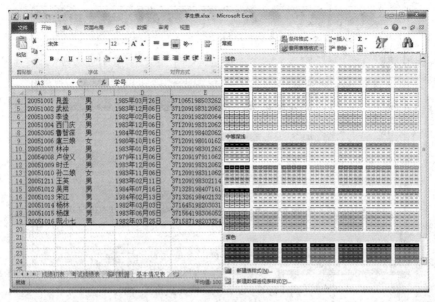

图 14-14　设置表格套用样式

7）将"成绩初表"中 D 列数字的格式设置为 1 位小数，将 I 列设置为"2001/3/14 1:30 PM"格式，将所有考试成绩为优秀(大于等于 90 分)的单元格显示为红色、加粗，成绩中等(大于 70 分但小于 80 分)的单元格添加灰色底纹，将成绩不及格的单元格显示为斜体。

(1) 在"成绩初表"的 D 列列号上右击，从快捷菜单中选取"设置单元格格式"命令，在打开的对话框中单击"数字"选项卡，再在"分类"列表中选择"数值"，在"小数位数"栏中输入"1"，如图 14-15 所示。

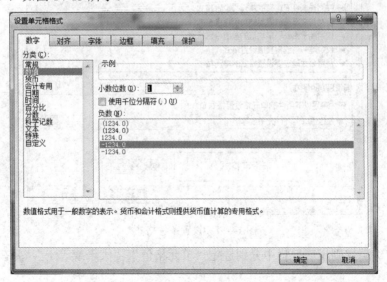

图 14-15　设置单元格数字格式

(2) 在"成绩初表"的 I 列列号上右击，从快捷菜单中选取"设置单元格格式"命令，在打开的对话框中单击"数字"选项卡，再在"分类"列表中选取"日期"，在"类型"栏中选择"2001/3/14 1:30 PM"，如图 14-16 所示，单击"确定"按钮返回。

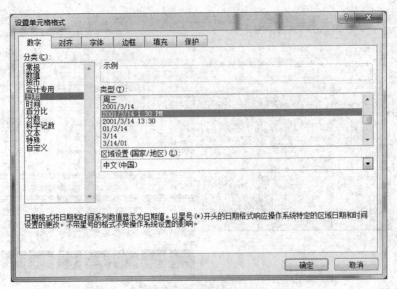

图 14-16　设置单元格日期格式

(3) 在"成绩初表"中选取 B4:G20 区域。

(4) 在"开始"功能选项卡的"样式"选项组中单击"条件格式"按钮，再在打开的列表中选择"突出显示单元格规则"下的"其他规则"命令，打开"新建格式规则"对话框，如图 14-17 所示。

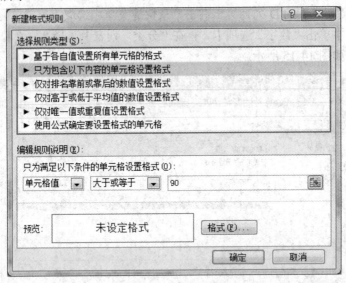

图 14-17　设置条件格式

(5) 在"编辑规则说明"栏中分别选定"单元格值"、"大于或等于"，并在文本框中输入"90"。

(6) 单击"格式"按钮，弹出"设置单元格格式"对话框，如图 14-18 所示。

(7) 在对话框的"字形"列表中选择"加粗"，在"颜色"列表中选择红色，单击"确定"按钮完成第一个条件的格式设置。

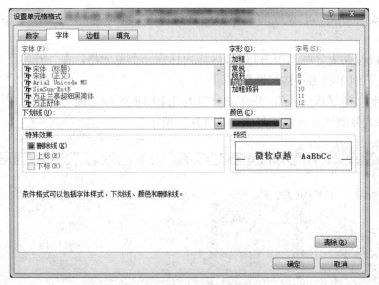

图 14-18　设置条件单元格格式

(8) 不取消当前选定的区域，再次单击"条件格式"按钮，再在打开的列表中选择"突出显示单元格规则"下的"介于"命令，打开"介于"对话框，如图 14-19 所示。

图 14-19　设置单元格条件

(9) 在对话框的两个文本框中分别输入"70"和"80"，在"设置为"下拉列表框中选择"自定义格式"并在打开的对话框中依次选择"填充"—"灰色"，单击"确定"按钮完成第二个条件的格式设置。

(10) 参照第(6)和第(7)步，完成第三个条件的格式设置。全部完成后，效果如图 14-20 所示。

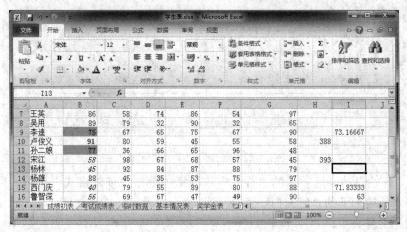

图 14-20　设置条件格式后的表格

8) 将"成绩初表"中设置的条件格式复制到"考试成绩表"中的 B4:B19、E4:E19 区域。

(1) 在"成绩初表"中单击 B4:G20 区域内任意一个单元格,在"开始"功能选项卡的"剪贴板"选项组中双击"格式刷"按钮。

(2) 切换到"考试成绩表",并在 B4:B19、E4:E19 区域上拖动,将"成绩初表"中设置好的条件格式复制到此区域,结果如图 14-21 所示。

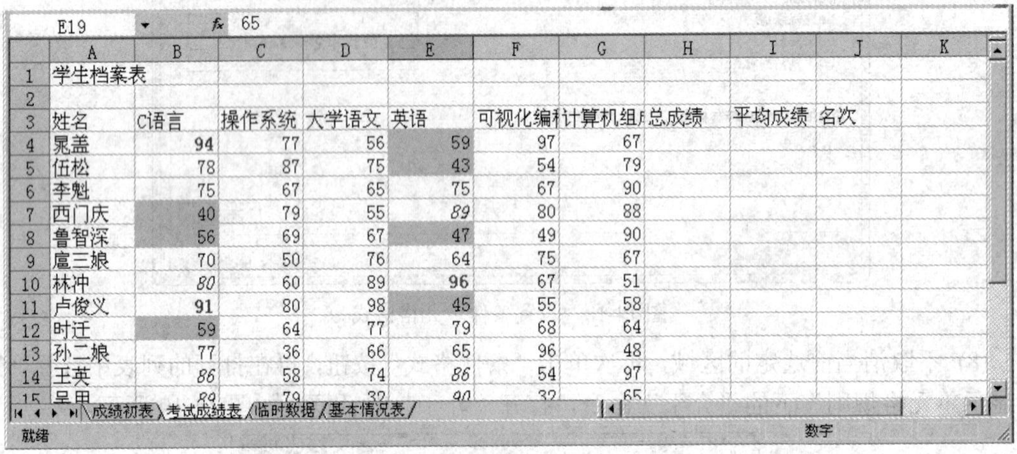

图 14-21　复制条件格式后的效果

9) 在温度表中用色阶显示数据变化趋势。

(1) 打开本书配套资源包—"作业素材"—"第 14 周"文件夹中的"2014 年贵阳地区气温记录表.xlsx",并选定温度表中保存数值的单元格区域,如图 14-22 所示。

图 14-22　选择数值单元格区域

(2) 在"开始"功能选项卡的"样式"选项组中单击"条件格式"按钮,再在打开的列表中选择"色阶"下的"红—白—蓝 色阶"命令,设置完成后如图 14-23 所示,并将文档保存到自己文件夹中。

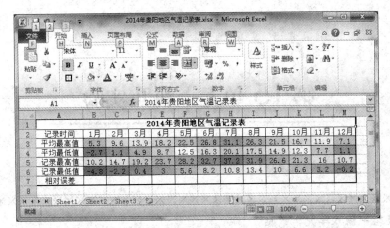

图 14-23　设置显示色阶条件格式后的显示效果

10) 将"学生表.xlsx"的打开密码设置为"123"，保护其框架及窗口的密码设置为"789"，并以"实施保护后的工作簿.xlsx"为文件名另存在自己文件夹中，最后将该文档关闭。

(1) 依次单击"文件"—"信息"—"保护工作簿"—"用密码进行加密"按钮，打开"加密文档"对话框，并在"密码"文本框中输入"123"，如图 14-24 所示。

(2) 在"审阅"功能选项卡的"更改"选项组中单击"保护工作簿"按钮，在"限制编辑"项下选择"保护结构和窗口"命令，打开"保护结构和窗口"对话框，如图 14-25 所示。

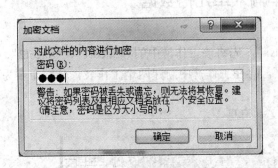

图 14-24　加密工作簿文档

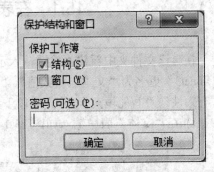

图 14-25　"保护结构和窗口"对话框

(3) 分别选中"结构"、"窗口"复选框，并键入密码"789"。

(4) 将文档以"实施保护后的工作簿.xlsx"为名另存在自己的文件夹中。

提交作业

将自己文件夹压缩并上传到 FTP 服务器的"第 14 周作业上传"文件夹中。

第15单元 上机及实验

※※※※※※※※※※※※※※※※※※※※※※※※※※※※※※※※※※※※※※
一、在表格中输入单元格数据
二、公式及函数的使用
※※※※※※※※※※※※※※※※※※※※※※※※※※※※※※※※※※※※※※

在桌面上以"自己名字+的第15次作业"(如：李四的第15次作业)为名新建一个文件夹，以下简称"自己文件夹"，用于保存本次上机操作的结果，上机结束后将此文件夹压缩并上传到 FTP 服务器的"第15周作业上传"文件夹中。

15.1   在表格中输入单元格数据

在自己文件夹中新建"数据输入示例.xlsx"，先将该工作簿中的"Sheet1"、"Sheet2"、"Sheet3"更名为"文本"、"数值"、"日期"，再在工作簿中新建两个工作表，分别命名为"有效性"、"智能填充"，并完成以下编辑。

1) 在"文本"表中输入如图 15-1 所示文本信息。

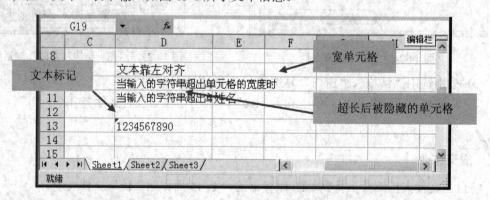

图 15-1   在单元格中输入文本

2) 在"数值"表的 A1 单元格中输入"123.45"，在 A2 单元格中正确输入分数"7/8"，在 A3 单元格中输入"150000000000"，在 A4 单元格中输入"1.5E+11"，在 A6 单元格中输入"￥1500"；将 B 列定义为数值型(1 位小数、负数用红色加括号显示)，再在 B1 单元格中输入"123.44"，在 B2 单元格中输入"123.45"，在 B4 单元格中输入"789"，在 B5 单元格中输入"-789"。

3）将"日期"表的 A 列定义为日期型(二〇〇一年三月十四日形式)，在 A1 单元格中输入"7/8"，A2 单元格中输入"1500"，在 A3 单元格中输入"1985-8-8"，在每个单元格中插入一个批注,说明数据变化的原因。在 B1 单元格中输入"2008-8-8"并将其复制到 B2:B10，再在 B4 单元格中输入"7890"并插入一个批注，说明数据变化的原因。

(1) 在工作表标签区域单击"日期"。

(2) 右击 A 列列号并从快捷菜单中选取"设置单元格格式"命令，在打开的对话框的"分类"栏中选择"日期"，如图 15-2 所示，在"类型"栏中选择"二〇〇一年三月十四日"。

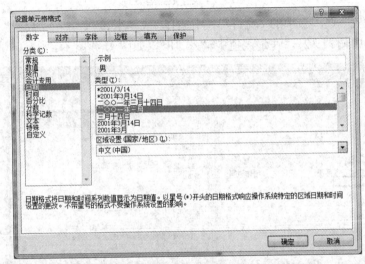

图 15-2　设置单元格日期格式

(3) 移动插入点到 A1 单元格输入"7/8"并按回车键，然后右击单元格，从快捷菜单中选择"插入批注"命令，再在批注栏中说明数据变化的原因。

(4) 移动插入点到 A2 单元格输入"1500"并按回车键，再插入相应批注。

(5) 移动插入点到 A3 单元格输入"1985-8-8"并按回车键，再插入相应批注。

(6) 移动插入点到 B1 单元格输入"2008-8-8"并将其复制到 B2:B10。

(7) 移动插入点到 B4 单元格输入"7890"并按回车键，再插入相应批注。

4）在"有效性"表中将 A 列设置为允许输入的文本长度介于 2～8 字符之间，并且当移动插入点到此列任意一个单元格时显示"姓名只能有 2-8 字符!!"信息；将 B 列设置为只能输入 30～60 之间的数值，如果输入不符合要求则提示"年龄只能介于 30-60 之间!!"信息；将 C 列设置为只能使用下拉箭头输入"助教"、"讲师"、"副教授"、"教授"；将 D 列设置为只能输入今天之后的日期并且不允许输入空值；最后在 A1 单元格输入"姓名"，在 B1 单元格输入"年龄"，在 C1 单元格输入"职称"，在 D1 单元格输入"预计退休时间"。

(1) 在工作表标签区域单击"有效性"工作表标签，再在 A 列列号上单击，选定 A 列。

(2) 在"数据"功能选项卡的"数据工具"选项组中单击"数据有效性"按钮，打开"数据有效性"对话框，如图 15-3 所示。

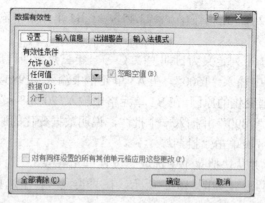

图 15-3　设置数据有效性

(3) 在"设置"选项卡中的"允许"栏中选择"文本长度"，并在"数据"栏中选取"介于"，在最小值中输入"2"，在最大值中输入"8"，如图 15-4 所示。

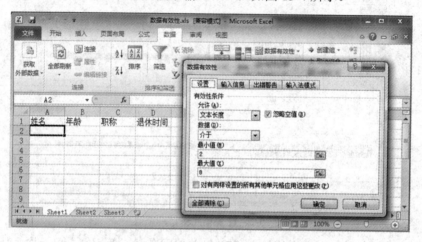

图 15-4　设定单元格的文本长度

(4) 在对话框中单击"输入信息"选项卡，并在"标题"栏中输入"提示"，在"输入信息"栏中输入"姓名只能有 2-8 字符！！"，如图 15-5 所示，然后单击"确定"按钮。

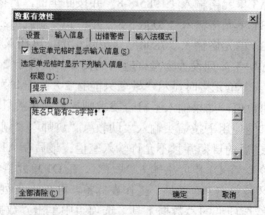

图 15-5　设置单元格输入时的提示信息

(5) 在 B 列列号上单击，选定 B 列。

(6) 在"数据"功能选项卡的"数据工具"选项组中单击"数据有效性"按钮，在打开"数据有效性"对话框的"允许"栏中选择"整数"，并在"数据"栏中选取"介于"，在最小值中输入"30"，在最大值中输入"60"，如图 15-6 所示。

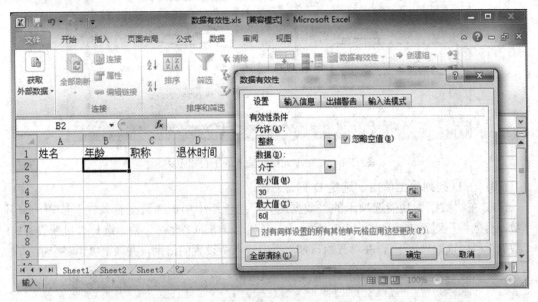

图 15-6　设置单元格输入的整数范围

(7) 在对话框中单击"出错警告"选项卡，并在"标题"栏中输入"输入错误"，在"输入信息"栏中输入"年龄只能介于 30-60 之间!!"，如图 15-7 所示，然后单击"确定"按钮。

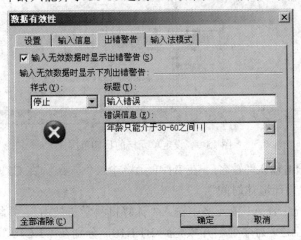

图 15-7　设置单元格输入出错提示信息

(8) 在 C 列列号上单击，选定 C 列。

(9) 在"数据"功能选项卡的"数据工具"选项组中单击"数据有效性"按钮，在打开"数据有效性"对话框的"允许"栏中选择"序列"，并在"来源"栏中输入"助教,讲师,副教授,教授"，选取"提供下拉箭头"项，如图 15-8 所示，然后单击"确定"按钮。

图 15-8 设定单元格能输入的字符串范围

(10) 在 D 列列号上单击，选定 D 列。

(11) 在"数据"功能选项卡的"数据工具"选项组中单击"数据有效性"按钮，打开"数据有效性"对话框，如图 15-9 所示。在该对话框中的"允许"栏中选择"日期"，并在"数据"栏中选取"大于"，在"开始日期"栏中输入所设置的日期，并取消"忽略空值"项。

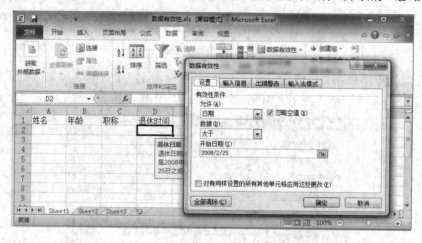

图 15-9 设定单元格的日期范围

(12) 在 A1 单元格输入"姓名"，在 B1 单元格输入"年龄"，在 C1 单元格输入"职称"，在 D1 单元格输入"预计退休时间"。

5) 在"智能填充"表 A1 单元格中输入"计算机科学与技术"，并将其填充到 A2:A10，将你寝室同学的姓名定义为序列，并填充到 B1:B10，分别在 C1:C10 智能填充"二的 0 次方="……"二的 9 次方="，再在 D1:D10 填充一个初值为 1、公比为 2 的数列。

(1) 在工作表标签区域单击"智能填充"，选定智能填充表。

(2) 移动插入点到 A1 单元格并输入"计算机科学与技术"。

(3) 将鼠标指针移到 A1 单元格的右下角的填充柄上，当鼠标指针变成十字形状时，按住鼠标向下拖动到 A10 单元格，结果如图 15-10 所示。

图 15-10 在单元格中填充相同数据

(4) 依次单击"开始"—"编辑"—"排序和筛选"—"自定义排序"—"次序"—"自定义序列",打开"自定义序列"对话框,如图 15-11 所示。在"输入序列"栏中依次换行输入全部室友的名字,最后单击"添加"按钮。

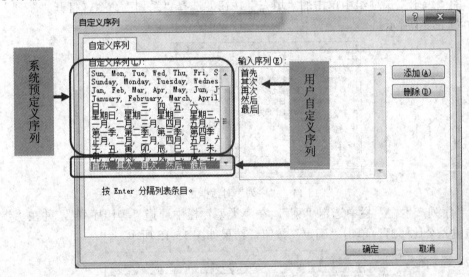

图 15-11 将姓名定义为序列

(5) 在 B1 单元格中输入序列中的任一元素,再将鼠标指针移到 B1 单元格的右下角的填充柄上,当鼠标指针变成十字形状时,按住鼠标向下拖动到 B10 单元格,结果如图 15-12 所示。

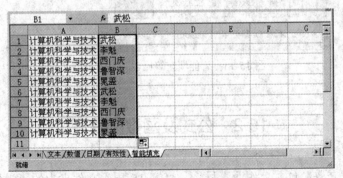

图 15-12 将自定义序列填充到表格

单元格中输入"二的 0 次方=",再将鼠标移到 C1 单元格的右下角的填充柄指针变成十字形状时,按住鼠标向下拖动到 C10 单元格,结果如图 15-13 所示。

图 15-13 智能填充等差数列

(7) 在 D1 单元格中输入数列的起始值"1",并选定"D1:D10"单元格区域,在"开始"功能选项卡的"编辑"选项组中单击的"填充"按钮并选择"系列"命令,打开"序列"对话框,如图 15-14 所示。

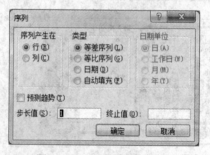

图 15-14 "序列"对话框

(8) 在"序列产生在"栏中选定"列",在"类型"栏中选择"等比序列",并在"步长值"栏中输入公比"2",单击"确定"按钮,结果如图 15-15 所示。

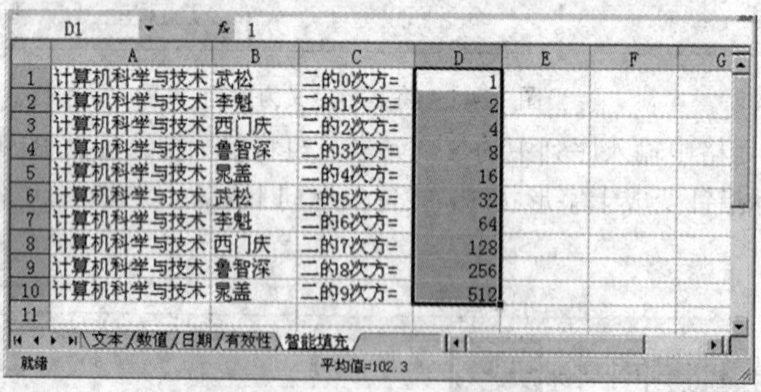

图 15-15 智能填充等比数列后的效果

15.2 公式及函数的使用

打开本书配套资源包—"作业素材"—"第 15 周"文件夹中的"学生表.xlsx",完成

以下编辑，并将文档另存到自己文件夹中。

1) 在"学生表"中分别计算出每个学生的总成绩、平均成绩、最高分、名次、总体学习评价，并按名次升序排列成绩表，如果名次相同，再按英语成绩降序排列。

(1) 在工作表标签中单击"考试成绩表"，再在 H4 单元格中输入"=SUM(B4:G4)"并按下回车键，然后将鼠标指针移到 H4 单元格右下角的填充柄上，当鼠标指针变成十字形状时，按住鼠标向下拖动到H19单元格，结果如图 15-16 所示。

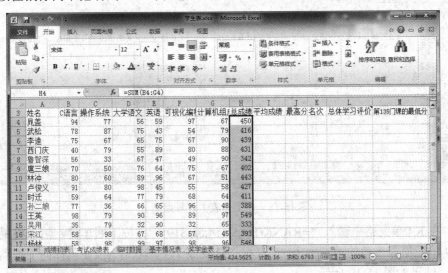

图 15-16 在工作表中计算总成绩

(2) 在 I4 单元格中输入"=AVERAGE(B4:G4)"并按下回车键，然后将鼠标指针移到 I4 单元格右下角的填充柄上，当鼠标指针变成十字形状时，按住鼠标向下拖动到 I19 单元格，结果如图 15-17 所示。

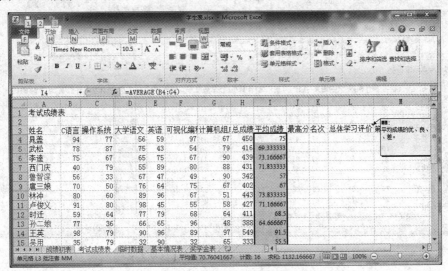

图 15-17 在工作表中计算平均成绩

(3) 在 J4 单元格中输入"=MAX(B4:G4)"并按下回车键，然后将鼠标指针移到 J4 单元格右下角的填充柄上，当鼠标指针变成十字形状时，按住鼠标向下拖动到 J19 单元格，结果如图 15-18 所示。

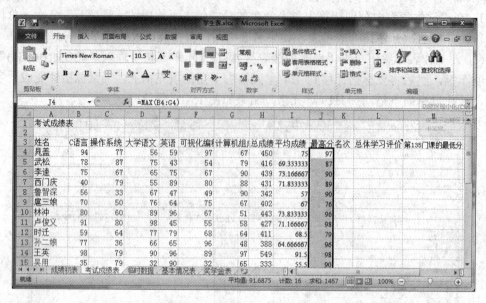

图 15-18 在工作表中计算最高分

(4) 在 K4 单元格中输入"=RANK(H4,$H$4:$H$19)"并按下回车键，然后将鼠标指针移到 K4 单元格右下角的填充柄上，当鼠标指针变成十字形状时，按住鼠标向下拖动到 K19 单元格，结果如图 15-19 所示。

思考：如不使用 RANK 函数，如何得到名次？

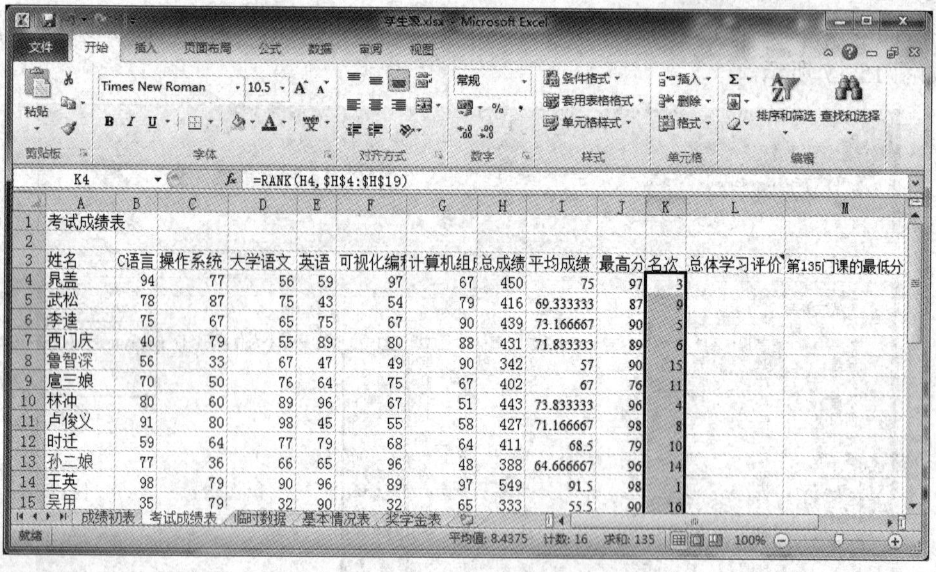

图 15-19 在工作表中计算总成绩的名次

(5) 在 L4 单元格中输入"=IF(I4<60,"差",IF(I4<70,"中",IF(I4<90,"良","优")))"并按下回车键，然后将鼠标指针移到 L4 单元格右下角的填充柄上，当鼠标指针变成十字形状时，按住鼠标向下拖动到 L19 单元格，结果如图 15-20 所示。

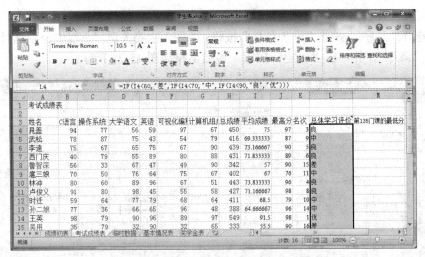

图 15-20　在工作表中计算平均成绩的等级

(6) 在 A 列列号上右击，从快捷菜单中选取"插入"命令插入一个空列，并在 A3 中输入"原序"，使用自动填充的方法产生 001、002、003……格式的原始顺序，如图 15-21 所示。

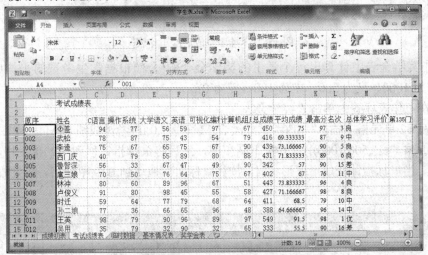

图 15-21　自动填充记录的序列号

(7) 移动插入点到数据清单内任意位置，在"开始"功能选项卡"编辑"选项组中单击"排序和筛选"按钮并选择"自定义排序"命令，打开"排序"对话框，如图 15-22 所示。

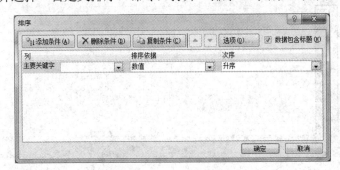

图 15-22　设定排序条件

(8) 在"主要关键字"栏中选择"名次"，在"排序依据"栏中选择"数值"，在"次序"栏中选择"升序"。单击"添加条件"按钮，并在"次要关键字"栏中分别选择"英语"、"数值"、"降序"，并单击"确定"按钮，最后结果如图 15-23 所示。

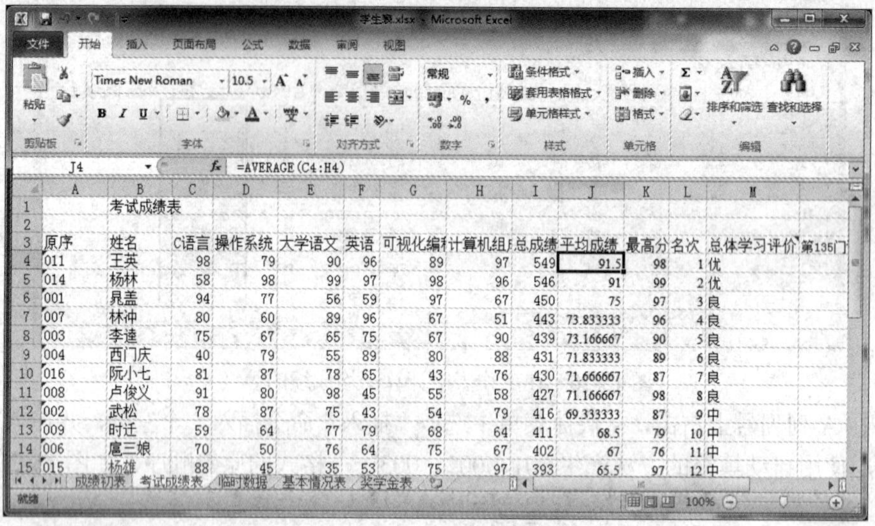

图 15-23 排序完成后的工作表

2) 在奖学金表中计算出每个学生的奖学金金额(金额根据学生考试的平均成绩来评定，优秀为 1000、良为 500、中为 100、差为 0)。

(1) 在工作表标签中单击"奖学金表"。

(2) 在 B2 单元格中输入"=IF(考试成绩表!M4="差",0,IF(考试成绩表!M4="中",100,IF(考试成绩表!M4="良",500,1000)))"并按下回车键，然后将鼠标指针移到 B2 单元格右下角的填充柄上，当鼠标指针变成十字形状时，按住鼠标向下拖动到 B19 单元格，结果如图 15-24 所示。

图 15-24 在"奖学金表"中计算奖学金金额

(3) 很明显，这个计算结果是不正确的，请分析原因并作适当修改。

3) 在"基本情况表"中计算每个学生的年龄，将"年龄"所在列分别以"粘贴"、"选择性粘贴"方式复制到 H 列、I 列，并在 H1 中插入批注，说明二者的区别和原因。

(1) 在工作表标签中单击"基本情况表"。

(2) 选取 G4:G19 单元格并右击，从快捷菜单中选取"设置单元格格式"命令，在打开的对话框的"分类"栏中选择"数值"，在"小数位数"栏中输入"0"，如图 15-25 所示，单击"确定"按钮返回。

图 15-25　将单元格设置为数值格式

(3) 在 G4 单元格中输入"=YEAR(TODAY())-YEAR(D4)"并按下回车键，然后将鼠标指针移到 G4 单元格右下角的填充柄上，当鼠标指针变成十字形状时，按住鼠标向下拖动到 G19 单元格，结果如图 15-26 所示。

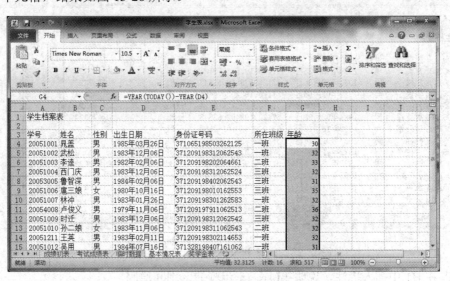

图 15-26　在基本情况表中计算年龄

(4) 在"年龄"所在列(G 列)的列标上右击，从快捷菜单中选取"复制"命令，在 H 列列标上右击，从快捷菜单中选取"粘贴"命令，结果如图 15-27 所示。

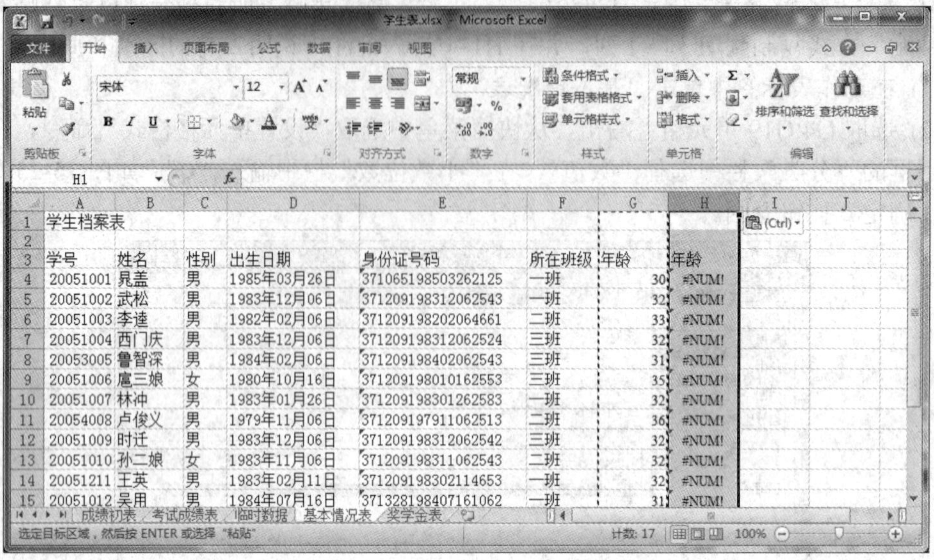

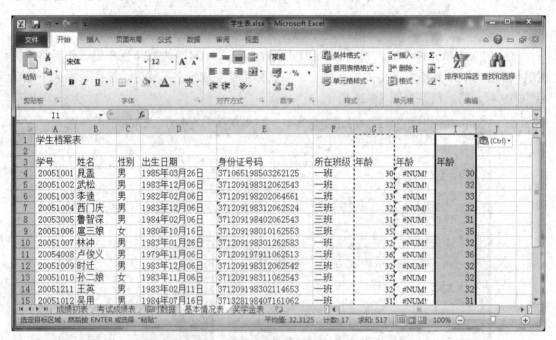

图 15-27　直接在 H 列中粘贴的结果

（5）在 I 列列号上右击，从快捷菜单中选取"选择性粘贴"命令，在打开的对话框中选取"数值"选项，并单击"确定"按钮，结果如图 15-28 所示。

图 15-28　在 H 列中执行选择性粘贴的结果

（6）在 H1 中插入批注，说明第（4）、（5）步骤的区别和原因。

4）使用自动求和按钮计算出所有学生第 1、3、5 门功课的最低分。

（1）在工作表标签中单击"考试成绩表"，移动插入点到 N4 单元格，再在"编辑"功能选项组中单击自动求和按钮右侧的下拉三角形，从列表中选择"最小值"项，如图 15-29 所示。

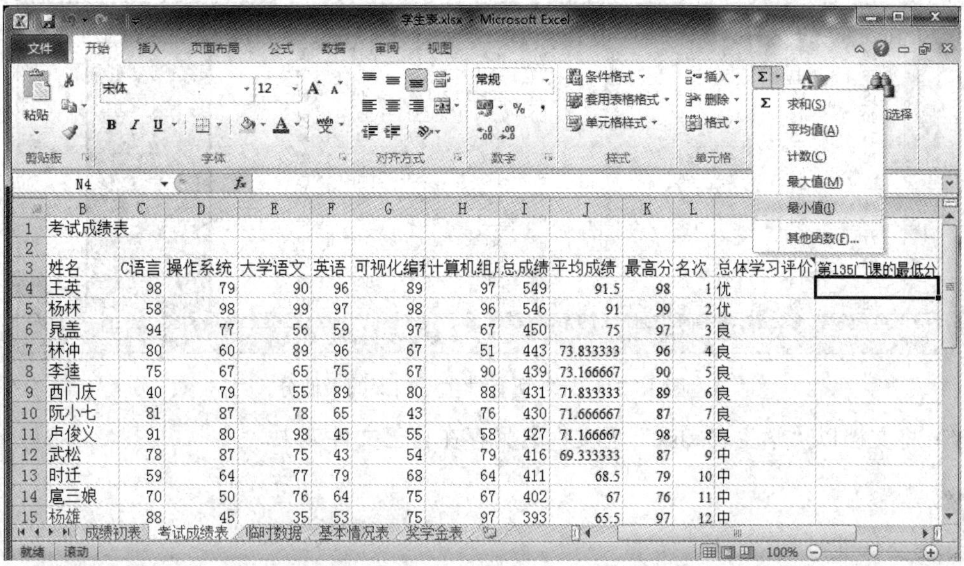

图 15-29　使用"Σ"按钮计算不连续单元格的数值

(2) 单击 C4 单元格，再按住 Ctrl 键，分别选取 E4、G4 单元格并按下回车键算出第一个同学第 1、3、5 门课的最低分，如图 15-30 所示。

图 15-30　在公式中选定不连续单元格区域

(3) 将鼠标指针移到 N4 单元格右下角的填充柄上，当鼠标指针变成十字形状时，按住鼠标向下拖动到 N19 单元格，完成全部同学第 1、3、5 门课的最低分的计算，结果如图 15-31 所示。

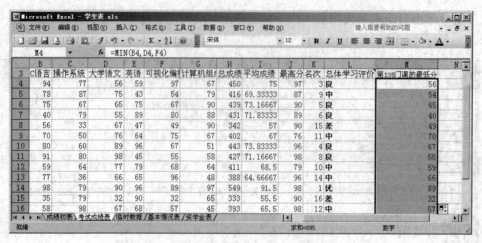

	B	C	D	E	F	G	H	I	J	K	L	M	N
3	C语言	操作系统	大学语文	英语	可视化编	计算机组	总成绩	平均成绩	最高分	名次	总体学习评价	第135门课的最低分	
4	94	77	56	59	97	67	450	75	97	3	良	56	
5	78	87	75	43	54	79	416	69.33333	87	9	中	54	
6	75	67	65	75	67	90	439	73.16667	90	5	良	65	
7	40	79	55	89	80	88	431	71.83333	89	6	良	40	
8	56	33	67	47	49	90	342	57	90	15	差	49	
9	70	50	76	49	75	90	402	67	76	11	中	70	
10	80	60	89	96	67	51	443	73.83333	96	4	良	67	
11	91	80	98	45	55	58	427	71.16667	98	8	良	55	
12	59	64	77	79	68	64	411	68.5	79	10	中	59	
13	77	36	66	65	96	48	388	64.66667	96	14	中	66	
14	98	79	90	96	89	97	549	91.5	98	1	优	89	
15	35	79	32	90	32	65	333	55.5	90	16	差	32	
16	58	98	67	68	57	45	393	65.5	98	12	中	57	

图 15-31　计算所有学生三门课的最低分

5) 将文档以"学生表.xlsx"为文件名另存在自己文件夹中。

提交作业

将自己文件夹压缩并上传到 FTP 服务器的"第 15 周作业上传"文件夹中。

第 16 单元上机及实验

※※※※※※※※※※※※※※※※※※※※※※※※※※※※※※※※※※
    一、工作表的数据库操作
    二、图表的操作
    三、打印工作表
※※※※※※※※※※※※※※※※※※※※※※※※※※※※※※※※※※

在桌面上以"自己名字+的第 16 次作业"为名(如：李四的第 16 次作业)新建一个文件夹，以下简称"自己文件夹"，用于保存本次上机操作的结果，上机结束后将此文件夹压缩并上传到 FTP 服务器的"第 16 周作业上传"文件夹中。

16.1　工作表的数据库操作

打开本书配套资源包—"作业素材"—"第 16 周"文件夹中的"学生表.xlsx"，并完成以下编辑，并将文档另存在自己文件夹中。

1) 在"学生表"中分别计算出每个学生的总成绩、平均成绩、最高分、名次、总体学习评价，并在考试成绩表中将总分排在最后 30%的学生姓名标记为红色，将其记录复制到奖学金表中 A20 开始的单元格中。

(1) 移动插入点到数据清单内任一单元格。

(2) 在"数据"功能选项卡的"排序和筛选"选项组中单击"筛选"按钮，这时在工作表的每个字段名右侧将出现一个下拉按钮。

(3) 单击"总成绩"(H3 单元格)右侧的下拉按钮，并选择"数字筛选"下的"10 个最大的值"命令，如图 16-1 所示。

(4) 在打开的"自动筛选前 10 个"对话框中，分别参照图 16-2 进行设置。

(5) 在筛选结果中选取所有姓名单元格，并利用"开始"功能选项卡"字体"选项组中的"字体颜色"按钮，将其设置为红色，操作结果如图 16-3 所示。

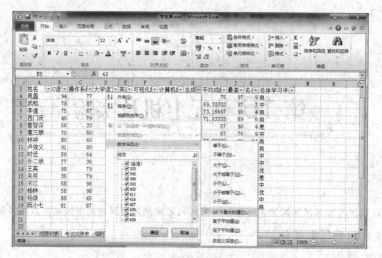

图 16-1　自动筛选中的数字筛选项

图 16-2　设置数字筛选

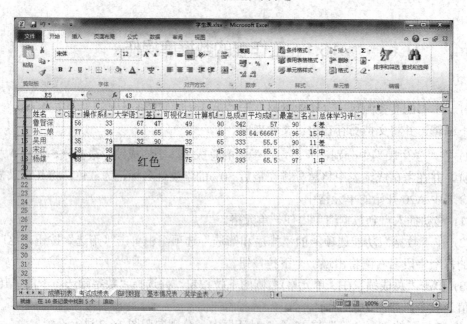

图 16-3　执行自动筛选后的结果

（6）选择筛选结果的所有记录，并将其复制到"奖学金表"中 A20 开始的单元格，结果如图 16-4 所示。

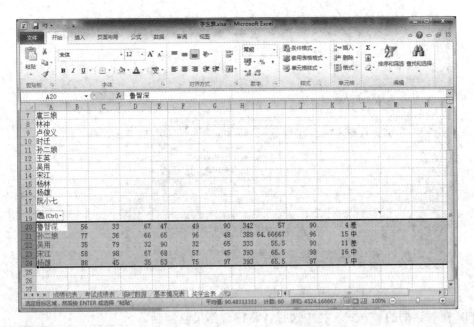

图 16-4　将筛选结果复制到奖学金表

2) 在考试成绩表中筛选出 C 语言或英语不及格的记录，并将其保存在 A24 开始的单元格中。

(1) 切换到考试成绩表，在"数据"功能选项卡的"排序和筛选"选项组中单击"筛选"按钮，取消第 1 题进入的自动筛选状态。

(2) 在数据清单下方 B21:E23 区域中创建高级筛选条件，如图 16-5 所示。

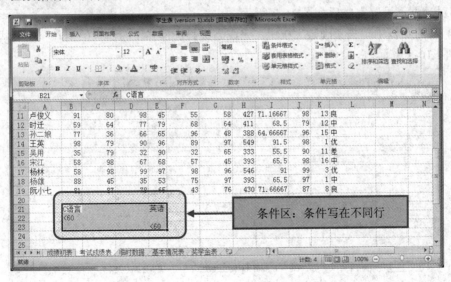

图 16-5　建立高级筛选条件区

(3) 移动插入点到原数据区，在"数据"功能选项卡的"排序和筛选"选项组中单击"高级"按钮，打开"高级筛选"对话框，如图 16-6 所示。

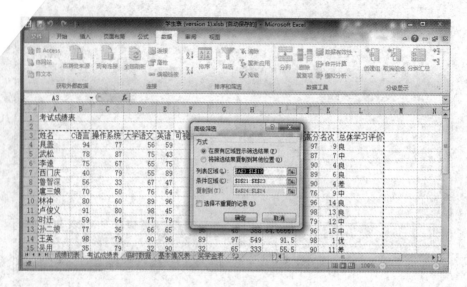

图 16-6 打开"高级筛选"对话框

(4) 在对话框的"方式"栏中选择"将筛选结果复制到其他位置"项。

(5) 单击"条件区域(C):"右侧的选择区域按钮,并在保存筛选条件的单元格(D21:E23)上拖动,选取条件区后再单击选择区域按钮返回。

(6) 单击"复制到(T):"右侧的选择区域按钮,并在要保存筛选结果的起始单元格 A24 上单击,再单击选择区域按钮返回对话框,设置完成后如图 16-7 所示。

(7) 在对话框中单击"确定"按钮,完成高级筛选操作,结果如图 16-8 所示。

图 16-7 设置"高级筛选"选项

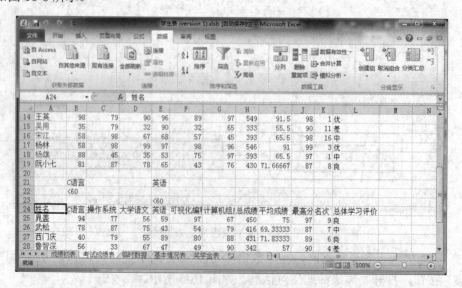

图 16-8 执行高级筛选后的结果

3) 在成绩初表中统计每个班的大学语文的平均成绩。

(1) 在工作表标签中单击"基本情况表",右击"所在班级"的列号,从快捷菜单中选取"复制"命令,再在工作表标签中单击"成绩初表",再右击 B 列的列号,从快捷菜单中选取"插入复制单元格"命令,将学生的班级信息添加到"成绩初表"中作为统计成绩的分类字段,结果如图 16-9 所示。

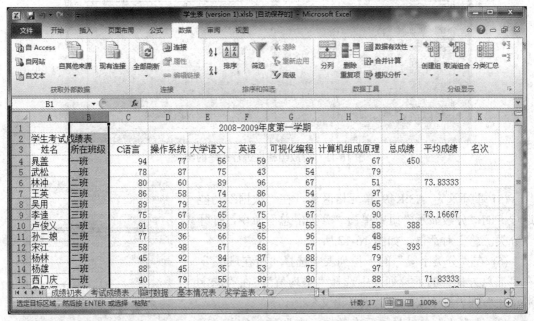

图 16-9 将学生的班级信息添加到"成绩初表"

(2) 在"成绩初表"的名称框中输入"A3:K19",选取 A3:K19 单元格区域。

(3) 在"开始"功能选项卡中单击"排序和筛选"按钮,选择"自定义排序"命令,打开"排序"对话框,并在"主要关键字"栏中选取"所在班级"、"排序依据"栏中选择"数值"、"次序"栏中选择"升序",如图 16-10 所示。

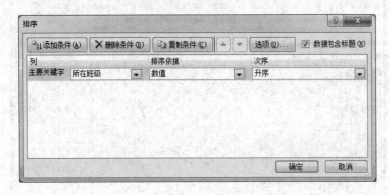

图 16-10 按"所在班级"进行排序

(4) 在排序对话框中单击"确定"按钮,将显示如图 16-11 所示的排序结果。

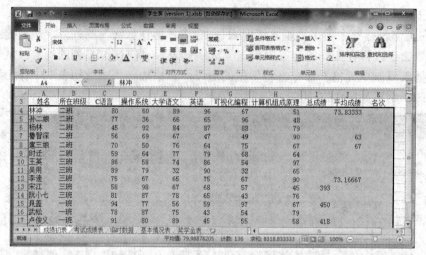

图 16-11 对成绩初表进行排序的结果

(5) 重新选定 A3:K19 单元格区域，在"数据"功能选项卡的"分级显示"组中单击"分类汇总"命令，打开"分类汇总"对话框，如图 16-12 所示。

(6) 在"分类字段"的下拉列表中选择"所在班级"，在"汇总方式"的下拉列表中选择"平均值"，在"选定汇总项"列表框中仅选定"大学语文"。

(7) 选定"汇总结果显示在数据下方"项，单击"确定"按钮，完成分类汇总操作，并显示如图 16-13 所示的结果。

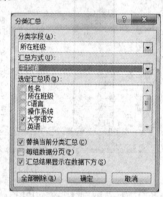

图 16-12 分类汇总设置

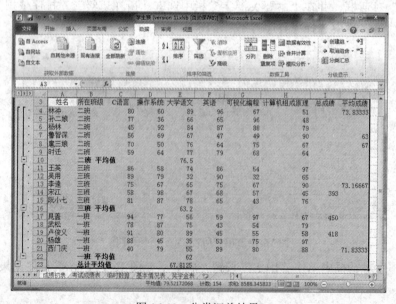

图 16-13 分类汇总结果

(8) 分别在分类汇总结果左侧单击"−"按钮、"3"按钮、"2"按钮、"1"按钮，观察分类汇总结果的显示效果。

16.2 图表的操作

1) 在"考试成绩表"中以前 8 个学生的"C 语言"、"英语"及"平均分"为数据源在"基本情况表"中创建一个簇状柱形图表，然后将其布局设置为"布局 9"、将其样式设置为"样式 9"，图表标题设置为"第 4 学期考试成绩表"、X 轴标题设置为"姓名"、Y 轴标题设置为"分数"，添加数据标签，并将图例放置到图表下方。

(1) 在考试成绩表中正确选择前 8 个学生的"C 语言"、"英语"及"平均分"所在的单元格，如图 16-14 所示。

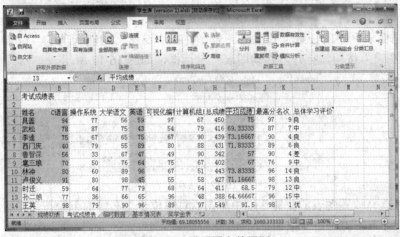

图 16-14　设置图表数据源

(2) 在"插入"功能选项卡的"图表"组中，单击"柱形图"按钮，然后从下拉列表中选择"簇状柱形图"，如图 16-15 所示，即可在当前工作表中插入簇状柱形图表，如图 16-16 所示。

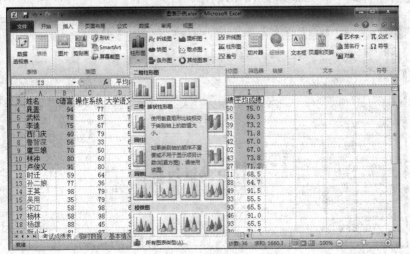

图 16-15　设定图表类型

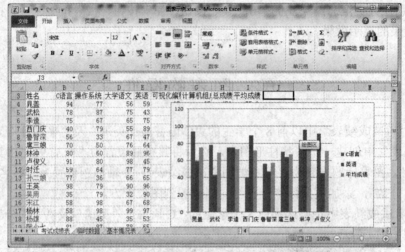

图 16-16　创建基本图表

(3) 单击图表区中的任意位置激活图表，并在"设计"功能选项卡"位置"选项组中单击"移动图表"按钮，打开"移动图表"对话框，如图 16-17 所示。

图 16-17　移动图表

(4) 在"选择放置图表的位置"栏中单击"对象位于"右侧的下拉按钮，然后选择"基本情况表"，并单击"确定"按钮。

(5) 在"设计"功能选项卡的"图表布局"选项组中单击右下角的"其他"箭头按钮，并选择"布局 9"，在"设计"功能选项卡的"图表样式"选项组中单击右下角的"其他"按钮，并选择"样式 9"，结果如图 16-18 所示。

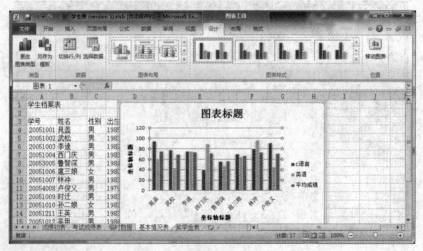

图 16-18　更改图表样式

(6) 在"图表标题"文本框中输入"第 4 学期考试成绩表",在两个"坐标轴标题"文本框中分别输入"姓名"、"分数"。

(7) 在"布局"功能选项卡的"标签"选项组中,单击"数据标签"按钮,从下拉列表中选择"数据标签外",在相应系列的相应位置显示数据值,如图 16-19 所示。

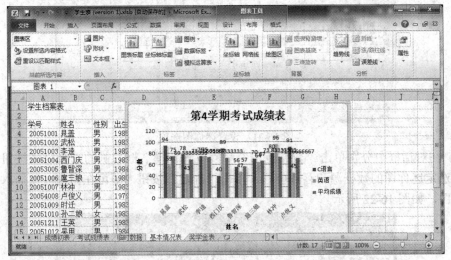

图 16-19　添加数据标签

(8) 在"布局"功能选项卡的"标签"选项组单击"图例"按钮,并在下拉列表中选择"在底部显示图例",结果如图 16-20 所示。

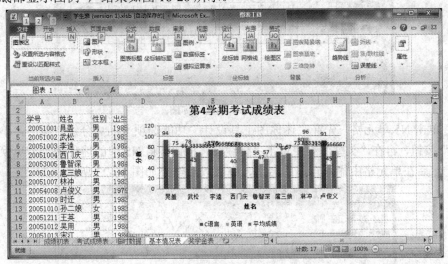

图 16-20　更改图例位置

2) 打开本书配套资源包—"作业素材"—"第 16 周"文件夹中的 "2014 年贵阳地区气温记录表.xlsx",并在 N3:N6 区域中插入柱形迷你图,再将 N5 单元格中的迷你图改为"拆线图"并添加自己名字。

(1) 在工作表中选定 N3:N6 区域。

(2) 在"插入"功能选项卡的"迷你图"选项组中单击"柱形图"按钮,打开"创建迷你图"对话框,如图 16-21 所示。

图 16-21　设置迷你图选项

(3) 在对话框中分别单击"数据范围"和"位置范围"框右侧的选择区域按钮，在数据表中选定迷你图的数据源和存放位置，单击"确定"按钮，即可在指定区域插入一组柱形迷你图，如图 16-22 所示。

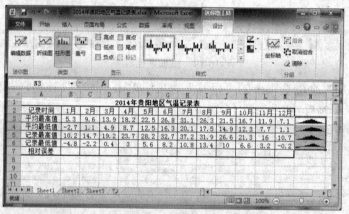

图 16-22　创建迷你图

(4) 单击 N5 单元格，先在"迷你图工具设计"功能选项卡的"分组"组中，单击"取消组合"按钮，再在"类型"组中单击"折线图"按钮，将 N5 中的迷你图类型更换为"折线图"，然后在单元格中输入自己的名字，完成以后结果如图 16-23 所示。

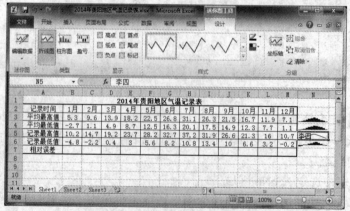

图 16-23　更换迷你图类型后的效果

3) 打开本书配套资源包—"作业素材"—"第16周"文件夹中的"图表示例.xlsx"，以其为数据源创建数据透视表，并统计出每种商品各地区每年的销售金额，再以统计结果为数据源创建柱状数据透视图。

(1) 在"插入"功能选项卡的"表格"组中，单击"数据透视表"的下拉按钮，并选择"数据透视表"项，打开如图16-24所示的"创建数据透视表"对话框。

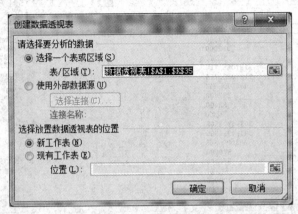

图16-24　设置数据透视表选项

(2) 在对话框中选择数据透视表的数据源及放置区域，单击"确定"按钮即可插入一个空的数据透视表，并在功能区显示"数据透视表工具"，如图16-25所示。

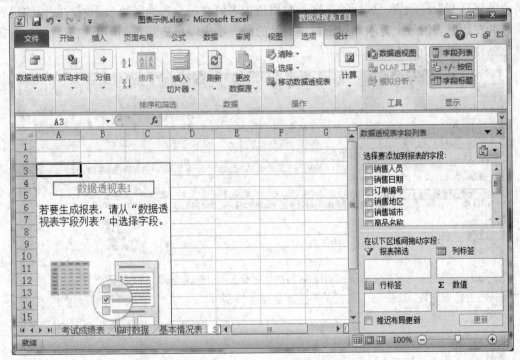

图16-25　创建空数据透视表

(3) 在图16-25的字段列表中分别单击"销售日期"、"销售地区"、"商品名称"和"销售额"左侧的复选框，如图16-26所示。

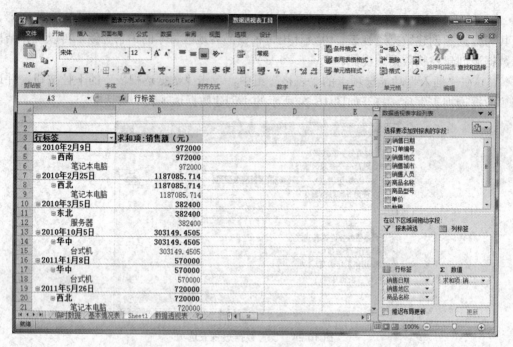

图 16-26 添加字段到数据透视表

(4) 在"在以下区域间拖动字段"列表中，将"商品名称"拖动到"报表筛选"区，将"销售日期"拖动到"列标签"区，数据透视表就会汇总各地区每个不同时间段的销售额，并在数据表的最上方添加用于筛选商品的报表字段，单击其右侧的下拉按钮可以选择筛选条件，如图 16-27 所示。

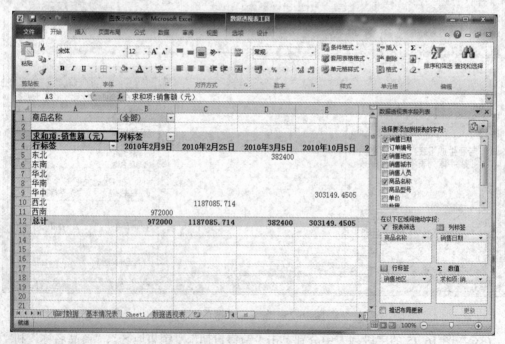

图 16-27 设置字段在数据透视表中的位置

(5) 右击任意一个日期单元格，从快捷菜单中选择"创建组"命令，在打开的"分组"对话框中将"步长"项设置为"年"并单击"确定"按钮，即可显示每种商品各地区每年的销售金额，如图 16-28 所示。

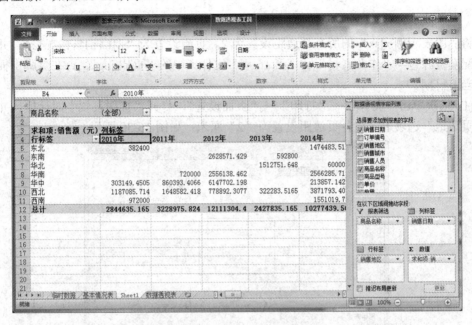

图 16-28　利用数据透视表对数据进行统计

(6) 单击数据透视表内任意单元格，在"插入"功能选项卡的"图表"选项组中选择"柱形图"，即可依据该数据透视表创建一个数据透视图，如图 16-29 所示。

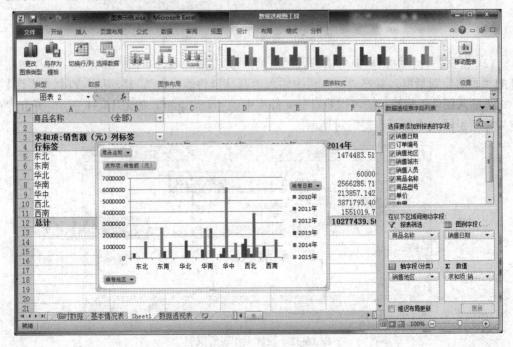

图 16-29　创建数据透视图

16.3 打印工作表

将"图表示例.xlsx"的所有页边距设置为 2，页眉设置为"商品销售情况表"，并插入本书配套资源包—"作业素材"—"第 16 周"文件夹中的"页眉.jpg"，再在页脚中插入页码和当前日期。

(1) 依次单击"文件"—"打印"—"页面设置"，打开"页面设置"对话框，并切换到"页边距"选项卡，将各页边距设置为"2"厘米，如图 16-30 所示。

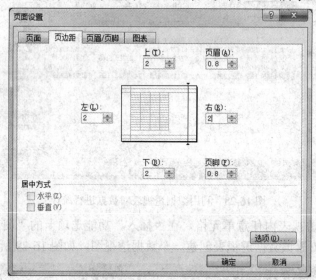

图 16-30　设置工作表页面边距

(2) 在页面设置对话框中单击选取"页眉/页脚"选项卡，单击"自定义页眉"按钮打开的"页眉"对话框，并在"中"栏中输入"商品销售情况表"，移动插入点到"右"栏，单击"插入图片"按钮，插入作业素材文件夹中的"页眉.jpg"，如图 16-31 所示，单击"确定"按钮返回到"页面设置"对话框。

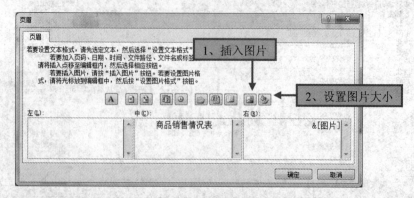

图 16-31　设置工作表的页眉

(3) 在"页面设置"对话框中单击"自定义页脚"按钮，移动插入点到打开的对话框的"中"栏中，再单击 "插入页码"按钮插入一个页码，移动插入点到"右"栏中，再单击"插入日期"按钮插入当前日期，如图 16-32 所示。

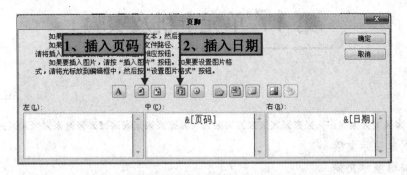

图 16-32　设置工作表的页脚

(4) 设置完成后将显示如图 16-33 所示的效果。

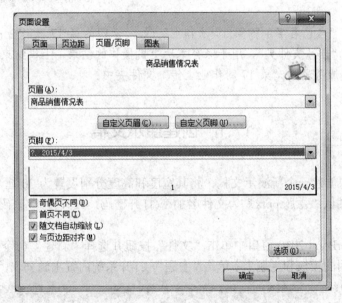

图 16-33　设置完成后的页眉/页脚效果

(5) 将文档以"图表示例.xlsx"为文件名另存在自己文件夹中。

提交作业

将自己文件夹压缩并上传到 FTP 服务器的"第 16 周作业上传"文件夹中。

第 17 单元 上机及实验

✕✕

一、创建演示文稿
二、编辑演示文稿
三、打包演示文稿

✕✕

在桌面上以"自己名字＋的第 17 次作业"(如：李四的第 17 次作业)为名新建一个文件夹，以下简称"自己文件夹"，用于保存本次上机操作的结果，上机结束后将此文件夹压缩并上传到 FTP 服务器的"第 17 周作业上传"文件夹中。

17.1　创建演示文稿

1) 利用主题创建一个新演示文稿，将其宽度和高度分别设置为 30 厘米、20 厘米，方向为"纵向"，并以"主题.pptx"为文件名加密(打开密码：123，修改密码：456)保存在自己文件中。

(1) 在 PowerPoint 2010 窗口中单击"文件"按钮并选择"新建"命令。

(2) 在"可用的模板和主题"中单击"主题"，打开系统内置主题列表，如图 17-1 所示。

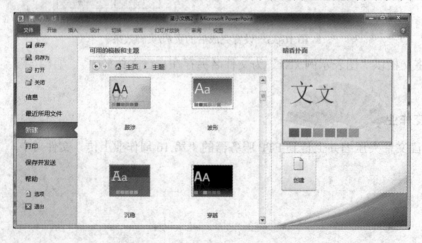

图 17-1　PowerPoint 2010 主题列表

(3) 在系统内置主题列表中双击"波形"图标，即可依据此主题快速创建一个只包含一页幻灯片的演示文稿，如图 17-2 所示。

图 17-2 利用"波形"主题创建的演示文稿

(4) 在"设计"功能选项卡的"页面设置"选项组中单击"页面设置"按钮，打开"页面设置"对话框，分别设置"宽度"、"高度"及"方向"，然后单击"确定"按钮，如图 17-3 所示。

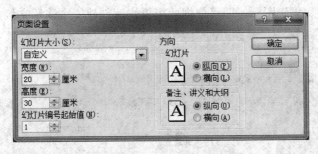

图 17-3 设置幻灯片页面

(5) 单击"文件"按钮并选择"保存"命令，打开"另存为"对话框，如图 17-4 所示。

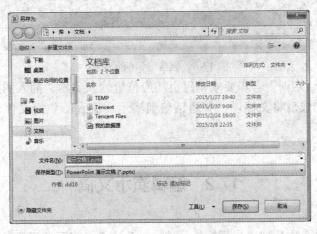

图 17-4 保存演示文稿

(6) 在对话框左侧的导航面板中选择自己的文件夹，在"文件名"文本框中输入"主题"，在"保存类型"下拉列表中选择"PowerPoint 97-2003 演示文稿(*.ppt)"。

(7) 在对话框底部单击"工具"按钮，并选择"常规选项"命令，打开"常规选项"对话框，分别设置文档的打开密码和修改密码，并单击"确定"按钮，如图 17-5 所示。

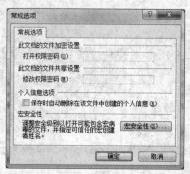

图 17-5　加密演示文稿

(8) 在"另存为"对话框中单击"确定"按钮，完成文档的保存。

2) 利用"模板"制作一个"普通话培训演示文稿.pptx"，并保存在自己文件夹中。

(1) 在 PowerPoint 2010 窗口中单击"文件"菜单并选择"新建"命令。

(2) 根据需要在"Office.com 模板"列表中单击"培训"图标，再在"培训"模板类别中双击"培训演示文稿"图标，即可依据此模板快速创建一个演示文稿，如图 17-6 所示。

图 17-6　创建培训演示文稿

(3) 根据普通话培训内容和要求在每页相应位置输入文本、插入图片、图表或表格，全部幻灯片编辑完成后将文档以"普通话培训演示文稿.pptx"为文件名保存在自己文件夹中。

17.2　编辑演示文稿

1) 在自己文件夹中新建"母版编辑示例.pptx"文档，将配套资源包—"作业素材"—

"第 17 周"文件夹中的"Peace.jpg"作为幻灯片母版背景、"院徽.jpg"作为母版徽标，在母版右下角插入左虚尾箭头和右虚尾箭头，并为其设置动作分别链接到上一页和下一页。

(1) 在桌面上打开自己建立的文件夹，并在窗口空白区域右击，从快捷菜单中选择"新建"—"PowerPoint 演示文稿"命令，并将演示文稿更名为"母版编辑示例.pptx"。

(2) 双击"母版编辑示例.pptx"图标启动 PowerPoint 2010 并打开此文档，在"视图"功能选项卡的"母版视图"选项组中单击"幻灯片母版"按钮，切换到"幻灯片母版"视图编辑状态，并在功能区显示"幻灯片母版"功能选项卡，如图 17-7 所示。

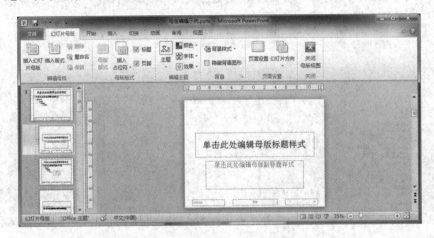

图 17-7 切换到母版编辑视图

(3) 单击第一张幻灯片母版，在编辑区中选定并删除母版默认的全部对象，如图 17-8 所示。

图 17-8 设置空白母版

(4) 在窗口中单击"插入"功能选项卡"图像"选项组下的"图片"按钮，将配套资源包—"作业素材"—"第 17 周"文件夹中的"Peace.jpg"插入到母版中，并合理设置其大小、位置、版式、亮度及对比度，以便适合作为页面背景。

(5) 按照以上方法将"校徽.jpg"插入到母版的左上角。

(6) 在"插入"功能选项卡"文本"选项组中单击"文本框"按钮并选择"横排文本框"命令，用鼠标在校徽图形右边拖动创建文本框并输入"贵州民族大学信息工程学院"，然后在"开始"功能选项卡中利用相应按钮设置其字体、字号、字形。

(7) 在"插入"功能选项卡"插图"选项组中单击"形状"按钮并选择"虚尾箭头"图标，用鼠标在页面右下角拖动创建一个虚尾箭头，然后将其复制一份进行水平翻转放在原虚尾箭头的左侧，结果如图 17-9 所示。

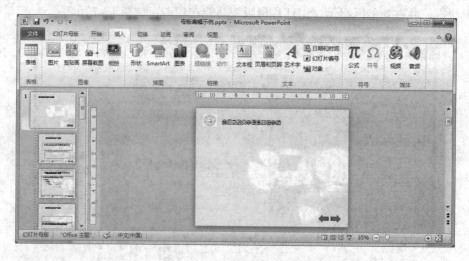

图 17-9　将对象添加到母版

(8) 单击选定左虚尾箭头，在"插入"功能选项卡"链接"选项组中单击"动作"按钮，在打开的"动作设置"对话框中将箭头设置为单击鼠标超链接到上一张幻灯片，如图17-10 所示。

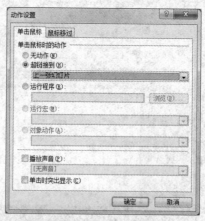

图 17-10　设置箭头动作方式

(9) 按照以上方法设置右虚尾箭头单击时超链接到下一张幻灯片。

(10) 单击"幻灯片母版"功能选项卡上的"关闭母版视图"按钮返回普通视图，并用Ctrl + M 键在该演示文稿中新建 5 页幻灯片，最后保存并关闭文档。

3) 在自己文件夹中新建"编辑示例.pptx"文档，再在新建的空演示文稿中插入五张仅包含"两栏内容"版式的幻灯片，并完成以下操作。

(1) 在桌面上打开自己建立的文件夹，并在窗口空白区域右击，从快捷菜单中选择"新建"—"PowerPoint 演示文稿"命令，并将新演示文稿更名为"编辑示例.pptx"。

(2) 双击"编辑示例.pptx"图标启动 PowerPoint 2010 并打开此文档，如图 17-11 所示。

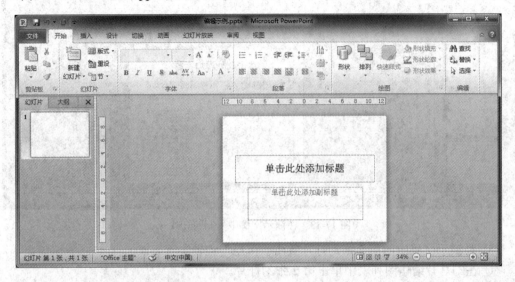

图 17-11　打开新建的演示文稿

(3) 在编辑区空白区域或幻灯片边框上右击，从快捷菜单中选择"版式"命令，再在打开的"幻灯片版式"列表中单击"两栏内容"图标，结果如图 17-12 所示。

图 17-12　设置幻灯片版式

(4) 在"开始"功能选项卡"幻灯片"选项组中单击"新建幻灯片"按钮或按 Ctrl + M 键，在该幻灯片后面插入四张新幻灯片，并按上述方法设置幻灯片版式(也可在幻灯片缩略图列表中右击第一张幻灯片并选择"复制"命令，再在其下方执行四次"粘贴"操作)，结果如图 17-13 所示。

图 17-13　在演示文稿中复制幻灯片

（5）为演示文稿中的第 2 张幻灯片应用"沉稳"主题。

① 在幻灯片缩略图列表中单击第 2 张幻灯片。

② 在"设计"功能选项卡"主题"列表中右击"沉稳"图标并在快捷菜单中选择"应用于选定幻灯片"命令(注：将光标停放在模板上可显示模板名字)，结果如图 17-14 所示。

图 17-14　设置幻灯片主题

（6）为第 3 张幻灯片设置"红—绿—蓝"线性向下 45°渐变填充背景。

① 在幻灯片缩略图列表中右击第 3 张幻灯。

② 在编辑窗口右击空白区域，从快捷菜单中选择"设置背景格式"命令，打开"设置背景格式"对话框，如图 17-15 所示。

图 17-15　设置幻灯片背景类型

③ 在对话框的"填充"栏中选择"渐变填充"项，并在"类型"下拉列表中选择"线性"，"方向"列表中选择"线性向下"，角度列表中输入"45°"，如图 17-16 所示。

图 17-16　设置幻灯片背景选项

④ 在"渐变光圈"栏中单击"停止点 1"按钮，并在其下方的"颜色"列表中选择红色，单击"停止点 2"按钮，并在其下方的"颜色"列表中选择绿色，单击"停止点 3"按钮，并在其下方的"颜色"列表中选择蓝色，如图 17-17 所示。

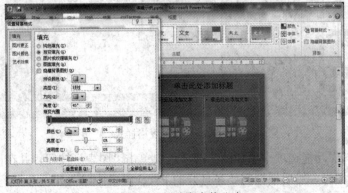

图 17-17　更改渐变停止点

⑤ 设置完成后，在对话框中单击"关闭"按钮，返回到演示文稿普通视图。

（7）在演示文稿的第 4 张幻灯片中插入一个"6×8 中度样式 2-强调 2"的表格和一个簇状柱形图表。

① 在幻灯片缩略图列表中单击第 4 张幻灯片。

② 在"插入"功能选项卡的"表格"组中单击"表格"按钮并拖动鼠标选择"6×8 表格"，如图 17-18 所示。

图 17-18　插入表格

③ 在"表格工具"功能选项卡的"设计"—"表格样式"选项组中单击"中度样式 2-强调 2"按钮，结果如图 17-19 所示。

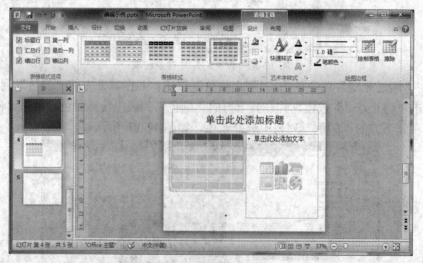

图 17-19　设置表格样式

④ 在"插入"功能选项卡"插图"选项组中单击"图表"按钮，并在图表列表中选择"簇状柱形图"图标，然后根据需要在打开的 Excel 窗口中输入相应数据，结果如图 17-20 所示。

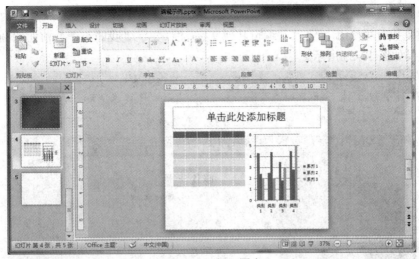

图 17-20　插入图表

(8) 将第 1 张幻灯片的版式清除，输入和编排如图 17-21 所示的文字。

图 17-21　第 1 页幻灯片文本示例效果

① 在普通视图编辑窗口左侧的幻灯片缩略图列表中右击第 1 张幻灯片，从快捷菜单中选择"版式"命令，然后在"Office 主题窗格"中单击"空白"项，如图 17-22 所示。

图 17-22　更改幻灯片版式

② 单击"插入"功能选项卡"文本"选项组下的"文本框"按钮，选择"横排文本框"命令，在幻灯片编辑区拖动鼠标插入一个文本框，按图 17-21 所示输入并设置"前途无量"

文字。

③ 重复执行第(2)步，输入并编辑其他文字(注：文字"我的小学"前面的圆圈为项目符号)，结果如图 17-23 所示。

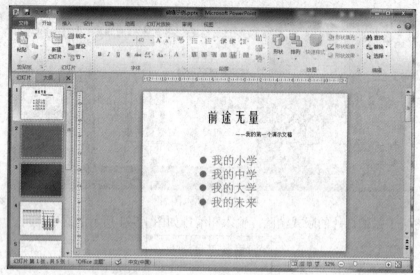

图 17-23　插入文本后的幻灯片

(9) 在第一页幻灯片内添加剪辑库中的"j0214098.wav"声音，并设置为自动播放。再分别将剪辑库中的影片"j0295241.gif"、"j0234687.gif"、"j0300520.gif"、"j0283209.gif"插入到"我的小学"、"我的中学"、"我的大学"及"我的未来"文字的右端，并将其高度设置为"2 厘米"、宽度为"3 厘米"。

① 单击"插入"功能选项卡"图像"选项组下的"剪贴画"按钮，在打开的"剪粘画"任务窗格的"搜索文字"文本栏中输入"j0214098.wav"，并单击"搜索"按钮，如图 17-24所示。

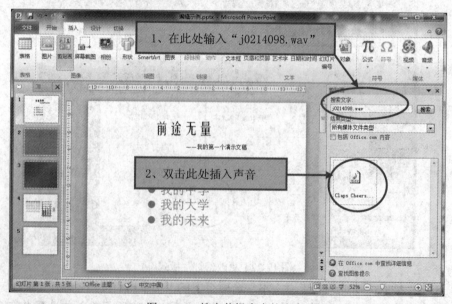

图 17-24　搜索剪辑库中的声音

② 在搜索结果中双击"claps cheers"图标，将其插入到幻灯片中，并在"音频工具"的"播放"功能选项卡"音频选项"选项组中将开始方式设置为"自动"，如图 17-25 所示。

图 17-25　插入声音并设置播放方式

③ 按照以上步骤依次搜索并在相应位置插入"j0295241.gif"、"j0234687.gif"、"j0300520.gif"、"j0283209.gif"，结果如图 17-26 所示。

图 17-26　搜索并插入影片

④ 在幻灯片中拖动矩形框选择刚才插入的"j0295241.gif"、"j0234687.gif"、"j0300520.gif"、"j0283209.gif"，并在"图片工具"—"格式"功能选项卡"大小"组的

右下角单击展开按钮，打开"设置图片格式"对话框，如图 17-27 所示。

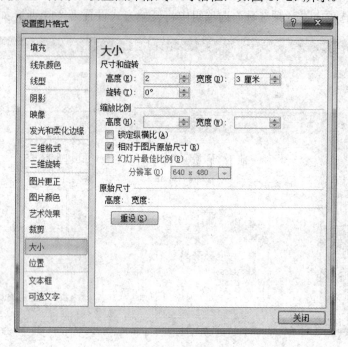

图 17-27　设置图片格式

⑤ 在对话框中单击取消"锁定纵横比"选项，然后在"高度"栏中输入"2 厘米"、宽度栏中输入"3 厘米"，并单击"关闭"按钮返回，结果如图 17-28 所示。

图 17-28　调整图片大小后的效果

⑥ 选中四个图形，在"图片工具"—"排列"功能选项卡"对齐"选项组中选择"左对齐"命令，如图 17-29 所示。

图 17-29　自动对齐图片位置

(10) 在第 1 张幻灯片内分别将"我的小学"、"我的中学"、"我的大学"及"我的未来"文字设置为超链接，并分别指向演示文稿的第 2 张～第 5 张幻灯片。

① 在第 1 张幻灯片中选取文字"我的小学"并右击，从快捷菜单中选择"超链接"命令，打开如图 17-30 所示的"插入超链接"对话框。

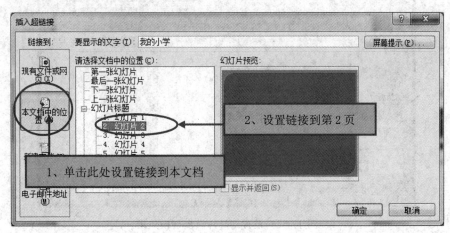

图 17-30　设置文字的超链接

② 在对话框的"链接到"列表中单击"本文档中的位置"项，再在"请选择文档中的位置"列表中选择"幻灯片 2"项，单击"确定"按钮，完成设置并返回。

③ 重复执行(1)～(2)，设置其他文字的超链接属性，结果图 17-31 所示。

图 17-31 设置完超链接后的效果

(11) 将第 1 张幻灯片的切换效果设置为"涟漪"、持续时间为 1 秒、换片方式为"鼠标单击时",并添加"风铃"音效,其他页的切换效果设置为"形状"、自动换片时间为 10 秒。

① 在幻灯片缩略图列表中单击第 1 张幻灯片。

② 在"切换"功能选项卡的"切换到此幻灯片"选项组中单击右下角的"其他"按钮,并从效果列表中选择"涟漪"效果,再在"计时"选项组中分别设置持续时间为 1 秒、换片方式为"鼠标单击时",声音为"风铃",如图 17-32 所示。

图 17-32 设置幻灯片涟漪切换效果

③ 在幻灯片缩略图列表中单击第 2 张幻灯片,按下 Shift 键并单击最后一张幻灯片。

④ 在"切换"功能选项卡的"切换到此幻灯片"选项组中单击右下角的"其他"按钮,并从效果列表中选择"形状"效果,再在"设置自动换片时间"栏中输入"00:10.00",如图 17-33 所示。

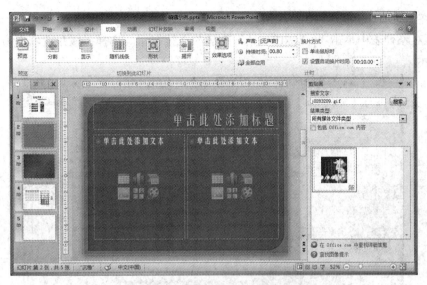

图 17-33 设置幻灯片形状切换效果

(12) 将第 1 张幻灯片中的主标题(前途无量)的动作路径设置为"自定义路径",并在播放完成后变成红色;副标题(我的第一个演示文稿)的强调动画设置为水平放大 150%、持续时间"01.50",并在播放完成后变成蓝色;将声音图标的退出动画设置为"回旋";将文本框"我的小学"……"我的未来"的进入动画设置为顶部飞入,并将声音设置为"风铃"、动画文本为"按字/词"发送;将"j0295241.gif"图形的进入动画设置为中央向左右展开的"劈裂"效果、开始方式为"上一动画之后"、延迟"1 秒",并利用"动画刷"将设置复制到其他三个图形上。

① 在第 1 张幻灯片中单击选取主标题所在的文本框,再在"动画"功能选项卡的"高级动画"选项组中单击"添加动画"按钮,从"动作路径"列表中选择"自定义动作路径"命令,并在幻灯片上绘制出一条自由曲线(注意:曲线的终点要放置到文本框原来的位置),效果如图 17-34 所示。

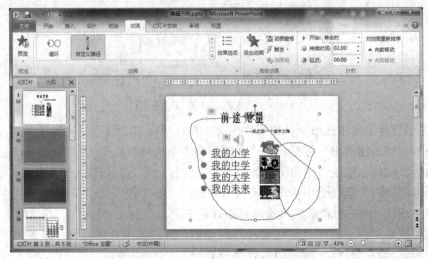

图 17-34 设置对象动作路径

② 在"动画"功能选项卡"高级动画"选项组中单击"动画窗格"按钮打开动画窗格，再在动画对象列表中单击"1 TextBox 6"右端的下拉按钮，选择"效果选项"命令，如图 17-35 所示。

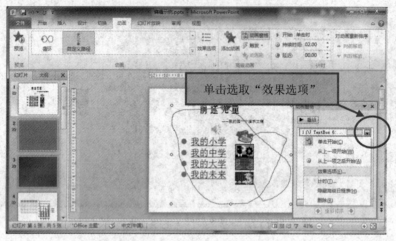

图 17-35　打开动作路径效果选项

③ 在打开的"自定义路径"对话框中单击"动画播放后"右端的下拉按钮，选择"其他颜色"项，并在打开的颜色对话框中选择"红色"，如图 17-36 所示。

图 17-36　设置动作路径效果选项

④ 在幻灯片中单击选取副标题所在的文本框，再在"动画"功能选项卡"高级动画"选项组中单击"添加动画"按钮，从"强调"列表中选择"放大/缩小"命令，在"动画"功能选项卡"动画"选项组中单击"效果选项"按钮，将方向设置为"水平"，在"动画"功能选项卡"计时"选项组中单击相应按钮，将"开始"设置为"单击时"、"持续时间"设置为"01.50"，再在动画窗格的动画对象列表中单击"2 TextBox 7"右端的下拉按钮，选择"效果选项"命令打开"放大/缩小"对话框，并在其中分别将尺寸设置为"150%"，动画播放后显示为"蓝色"，如图 17-37 所示。

图 17-37　设置放大/缩小效果选项

⑤ 在幻灯片中单击选取声音图标，在"动画"功能选项卡的"高级动画"选项组中单击"添加动画"按钮，从列表中选择"更多退出效果"命令，再在"添加退出效果"对话框中选择"回旋"效果，如图 17-38 所示。

图 17-38　设置对象退出动画选项

⑥ 在幻灯片中单击选取"我的小学"……"我的未来"文本框，在"动画"功能选项卡的"动画"效果列表中选择"飞入"，在动画"功能选项卡的"动画"选项组中单击"效果选项"按钮并选择"自顶部"，再在动画窗格的动画对象列表中单击"4 TextBox 8"右端的下拉按钮，选择"效果选项"命令打开"飞入"对话框，并在其中分别将声音设置为"风铃"、动画文本设置为"按字/词"，如图 17-39 所示。

⑦ 在幻灯片中选取"j0295241.gif"图形，在"动画"功能选项卡的"动画"效果列表中选择"劈裂"，单击"效果选项"按钮并选择"中央向左右展开"，再在"计时"选项组中将开始方式为"上一动画之后"、延迟"1 秒"，如图 17-40 所示。

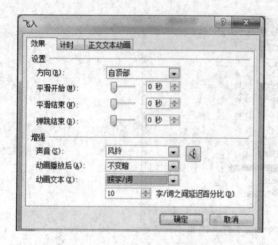

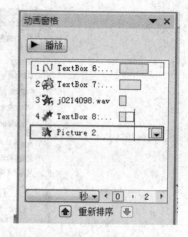

图 17-39 设置对象飞入动画选项   图 17-40 设置对象劈裂动画选项

⑧ 在"动画"功能选项卡的"高级动画"选项组中双击"动画刷"按钮，再在幻灯片中分别单击"j0234687.gif"、"j0300520.gif"、"j0283209.gif"，完成后再次单击"动画刷"按钮，如图 17-41 所示。

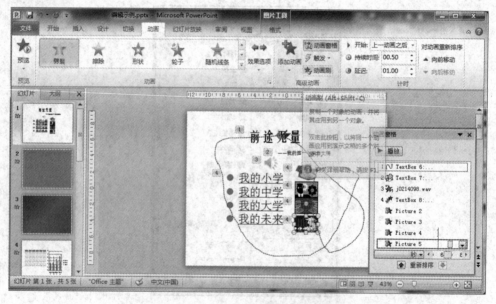

图 17-41 使用动画刷复制动画效果

(13) 将配套资源包—"作业素材"—"第 17 周"文件夹中的"Windows Ding.wav"及"FlickAnimation.avi"插入到演示文稿的第 5 页面，并设置为自动播放。

① 在演示文稿中切换到第 5 页。

② 在"插入"功能选项卡的"媒体"组中单击"音频"按钮，选择"文件中的音频"命令，打开"插入音频文件"对话框并双击"Windows Ding.wav"，然后在"音频工具"—"播放"功能选项卡"音频选项"选项组中单击"开始"右端的下拉按钮并选择"自动"，如图 17-42 所示。

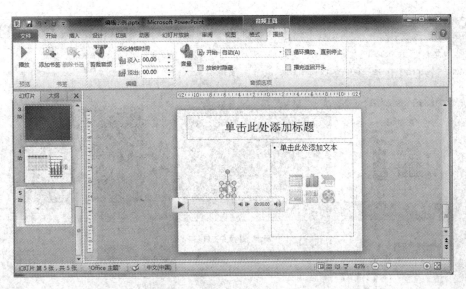

图 17-42　插入音频文件

③ 按照以上方法在文档中插入"FlickAnimation.avi"并设置视频文件，结果如图 17-43 所示。

图 17-43　插入视频文件

(14) 将配套资源包—"作业素材"—"第 17 周"文件夹中"待用.pptx"第 1、2、4 张幻灯片复制到"编辑示例.pptx"演示文稿的第 4 张幻灯片之后。

① 在"视图"功能选项卡"演示文稿视图"选项组中单击"幻灯片浏览"按钮，将演示文稿切换到"幻灯片浏览"视图。

② 打开"待用.pptx"，并将其也切换到"幻灯片浏览"视图。

③ 在"待用.pptx"中单击第 1 页幻灯片缩略图，按住 CTRL 键依次单击第 2、4 张幻灯片缩略图，按下 Ctrl+C 组合键，切换到"编辑示例.pptx"窗口，在第 4、5 张幻灯片间的空白位置右击，并从快捷菜单中选取"粘贴"命令，结果如图 17-44 所示。

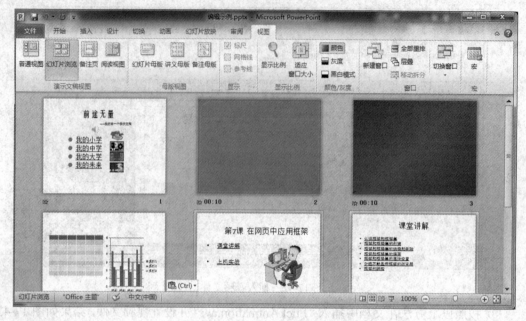

图 17-44 插入其他演示文稿的内容

(15) 在"编辑示例.pptx"演示文稿的第 2 张～第 5 张中根据主题("我的小学"……"我的未来")及自己的基本情况插入相应的文字、图片、SmartArt 图形等对象，补充演示文稿，然后另存在自己文件夹中。

17.3 打包演示文稿

1) 将"编辑示例.pptx"演示文稿打包(解包密码设置为 123)到自己文件夹中。

(1) 在"文件"选项卡的"保存并发送"命令组中双击"将演示文稿打包成 CD"图标，打开"打包成 CD"对话框，如图 17-45 所示。

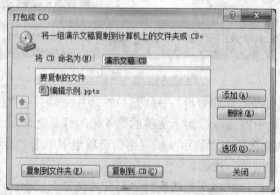

图 17-45 将演示文稿打包成 CD

(2) 在对话框中单击"选项"按钮，打开"选项"对话框，如图 17-46 所示。

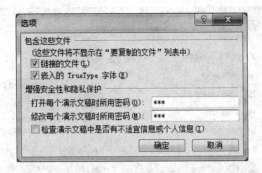

图 17-46　设置解包密码

(3) 在对话框中输入打开密码和修改密码，并单击"确定"按钮，返回到"打包成 CD"对话框。

(4) 单击"复制到文件夹"按钮，在打开的对话框中单击"浏览"按钮并选定自己的文件夹，如图 17-47 所示。

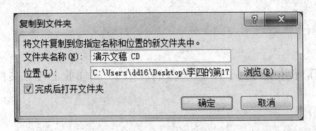

图 17-47　指定输出文件夹

(5) 单击"确定"按钮，则系统开始打包并将打包文件存放到设定的自己文件夹中，如图 17-48 所示。

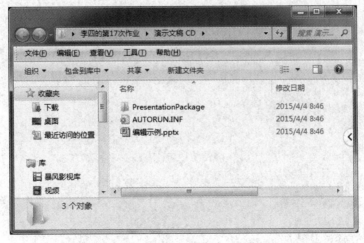

图 17-48　打包后的演示文稿

2) 将演示文稿转换为自放映格式并保存在自己文件夹中。

(1) 在"文件"选项卡的"保存并发送"—"更改文件类型"列表中单击"PowerPoint 放映(*.ppsx)"命令，如图 17-49 所示。

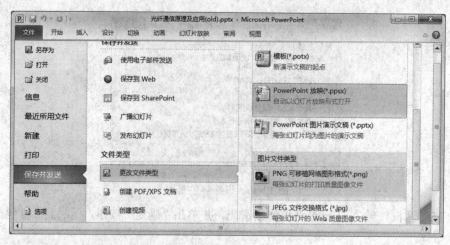

图 17-49　将文档保存为自放映格式

(2) 在"另存为"对话框中设置文档名称和位置,单击"保存"按钮。

提交作业

将自己文件夹压缩并上传到 FTP 服务器的"第 17 周作业上传"文件夹中。

第18单元上机及实验

在桌面上以"自己名字＋的第18次作业"(如：李四的第18次作业)为名新建一个文件夹，以下简称"自己文件夹"，用于保存本次上机操作的结果，上机结束后将此文件夹压缩并上传到 FTP 服务器的"第18周作业上传"文件夹中。

电子演示文稿综合练习(制作一个 XXX 学校或景点简介，并保存到自己文件夹中)，具体要求如下：

(1) 第一张幻灯片为封面；最后一张幻灯片为封底；第二张幻灯片为目录，目录到各张幻灯片之间应该有双向的超链接。

(2) 各张幻灯片之间有切换效果设置。

(3) 每张幻灯片应该有动作按钮设置，并且要求风格一致。

(4) 幻灯片页数不少于15张，根据需要可以分为几个层次。

(5) 演示文稿中至少应该包含图片、图表、组织结构图、表格、动画、流程图、声音、视频、播放控制、配音、旁白等。

(6) 至少要有两张幻灯片有丰富的对象，并根据需要设置各种各样的自定义动画效果。

(7) 插入声音、视频等多媒体对象时，如果文件太大，可以只链接到文件。同时，如果要插入的图片较多，尽量使用 GIF 和 JPEG 格式从而减少文件空间。

(8) 完成后将演示文稿打包、压缩，并传送到 FTP 服务器上。

 提交作业

将自己文件夹压缩并上传到 FTP 服务器的"第18周作业上传"文件夹中。

附录

计算机应用技术基础习题

第一部分　计算机基础知识习题

一、选择题

1. 第四代计算机的主要元器件采用的是＿＿＿＿＿＿。
   - (A) 晶体管
   - (B) 小规模集成电路
   - (C) 电子管
   - (D) 大规模和超大规模集成电路

2. 下列有关信息的描述正确的是＿＿＿＿＿＿。
   - (A) 只有以书本的形式才能长期保存信息
   - (B) 数字信号比模拟信号易受干扰而导致失真
   - (C) 计算机以数字化的方式对各种信息进行处理
   - (D) 信息的数字化技术已初步被模拟化技术所取代

3. 在计算机中应用最普遍的字符编码是＿＿＿＿＿＿。
   - (A) 国标码
   - (B) ASCII 码
   - (C) EBCDIC 码
   - (D) BCD 码

4. 构成计算机的电子和机械的物理实体称为＿＿＿＿＿＿。
   - (A) 主机
   - (B) 外部设备
   - (C) 计算机系统
   - (D) 计算机硬件系统

5. 在下列存储器中，存取速度最快的是＿＿＿＿＿＿。
   - (A) 软盘
   - (B) 光盘
   - (C) 硬盘
   - (D) 内存

6. 在 Windows 7 中，用户可以对磁盘进行快速格式化，但是被格式化的磁盘必须是＿＿＿＿＿＿。
   - (A) 从未格式化的新盘
   - (B) 无坏道的新盘
   - (C) 低密度磁盘
   - (D) 以前做过格式化的磁盘

7. 为达到某一目的而编制的计算机指令序列称为＿＿＿＿＿＿。
   - (A) 软件
   - (B) 字符串
   - (C) 程序
   - (D) 命令

8. 办公自动化(OA)是计算机的一项应用，按计算机应用分类，它属于＿＿＿＿＿＿。
   - (A) 数据处理
   - (B) 科学计算
   - (C) 实时控制
   - (D) 辅助设计

9. 以下对计算机病毒的描述，＿＿＿＿＿＿是不正确的。
   - (A) 计算机病毒是人为编制的一段恶意程序
   - (B) 计算机病毒不会破坏计算机硬件系统

(C) 计算机病毒的传播途径主要是数据存储介质的交换以及网络的链路

(D) 计算机病毒具有潜伏性

10. 下列对第一台电子计算机 ENIAC 的叙述中，_____是错误的。(双选题)

(A) 它的主要元件是电子管

(B) 它的主要工作原理是存储程序和程序控制

(C) 它是 1946 年在美国发明的

(D) 它的主要功能是数据处理

11. 一个字节包含_____个二进制位。

(A) 8　　　　　(B) 16　　　　　(C) 32　　　　　(D) 64

12. 计算机自诞生以来,无论在性能、价格等方面都发生了巨大的变化,但是下列_____并没有发生多大的改变。

(A) 耗电量　　(B) 体积　　(C) 运算速度　　(D) 基本工作原理

13. 计算机感染病毒后,症状可能有_____。

(A) 计算机运行速度变慢　　　　(B) 文件长度变长

(C) 不能执行某些文件　　　　　(D) 以上都不对

14. 使 PC 机正常工作必不可少的软件是_____。

(A) 数据库软件　　　　　　　　(B) 辅助教学软件

(C) 操作系统　　　　　　　　　(D) 文字处理软件

15. 在下列软件中,属于应用软件的是_____。

(A) UNIX　　　(B) WPS　　　(C) Windows 7　　　(D) DOS

16. MIPS 常用来描述计算机的运算速度,其含义是_____。

(A) 每秒钟处理百万个字符

(B) 每分钟处理百万个字符

(C) 每秒钟处理百万条指令

(D) 每分钟处理百万条指令

17. 计算机的发展趋势是巨型化、微小化、网络化、_____、多媒体化。

(A) 智能化　　(B) 数字化　　(C) 自动化　　　(D) 以上都对

18. 电子计算机的性能可以用很多指标来衡量,除了用其运算速度、字长等主要指标以外,还可以用下列_____来表示。

(A) 主存储器容量的大小　　　　(B) 硬盘容量的大小

(C) 显示器的尺寸　　　　　　　(D) 计算机的制造成本

19. 微型计算机通常是由_____等几部分组成。

(A) 运算器、控制器、存储器和输入/输出设备

(B) 运算器、外部存储器、控制器和输入/输出设备

(C) 电源、控制器、存储器和输入/输出设备

(D) 运算器、放大器、存储器和输入/输出设备

20. 一个完整的计算机系统应包括_____。

(A) 主机、键盘和显示器　　　　(B) 计算机及外部设备

(C) 系统硬件和系统软件　　　　(D) 硬件系统和软件系统

21. RAM 是随机存储器，它分为_____两种。

(A) ROM 和 SRAM   (B) DRAM 和 SRAM

(C) ROM 和 DRAM   (D) ROM 和 CD-ROM

22. 在计算机内部，计算机能够直接执行控制的程序语言是_____。

(A) 汇编语言   (B) C++语言   (C) 机器语言   (D) 高级语言

23. 多媒体个人电脑的英文缩写是_____。

(A) VCD   (B) APC   (C) MPC   (D) MPEG

24. 对文件的确切定义应该是_____。

(A) 记录在磁盘上的一组相关命令的集合

(B) 记录在磁盘上的一组相关程序的集合

(C) 记录在存储介质上的一组相关数据的集合

(D) 记录在存储介质上的一组相关信息的集合

25. 在下列设备中，_____不能作为微型计算机的输入设备。(双选题)

(A) 打印机   (B) 扫描仪   (C) 硬盘   (D) 绘图仪

26. 人事管理系统是计算机的一项应用，按计算机应用的分类，它属于_____。

(A) 科学计算   (B) 实时控制   (C) 数据处理   (D) 辅助设计

27. 计算机能直接执行的指令包括两个部分，它们是_____。

(A) 源操作数和目标操作数   (B) 操作码和操作数

(C) ASCII 码和汉字代码   (D) 数字和文字

28. 内存储器存储信息时的特点是_____。

(A) 存储的信息永不丢失，但存储容量相对较小

(B) 存储信息的速度极快，但存储容量相对较小

(C) 关机后存储的信息将完全丢失，但存储信息的速度不如软盘

(D) 存储信息的速度快，存储的容量极大

29. CPU 是计算机硬件系统的核心，它是由_____组成的。

(A) 运算器和存储器   (B) 控制器和乘法器

(C) 运算器和控制器   (D) 加法器和乘法器

30. DRAM 存储器是_____。

(A) 动态只读存储器   (B) 动态随机存储器

(C) 静态只读存储器   (D) 静态随机存储器

31. 下面关于显示器的四条叙述中，有错误的一条是_____。

(A) 显示器的分辨率与微处理器的型号有关

(B) 显示器的分辨率为 1024×768，表示一屏幕水平方向每行有 1024 个像素点，垂直方向每列有 768 个像素点

(C) 显卡是驱动、控制计算机显示器以显示文本、图形、图像信息的硬件装置

(D) 像素是显示屏上能独立赋予颜色和亮度的最小单位

32. 现代计算机之所以能自动地连续进行数据处理，主要是因为_____。

(A) 采用了开关电路   (B) 采用了半导体器件

(C) 具有存储程序的功能   (D) 采用了二进制

33．CPU 中的运算器的主要功能之一是_____。

    (A) 负责读取并分析指令　　　　　　(B) 算术运算和逻辑运算

    (C) 指挥和控制计算机的运行　　　　(D) 存放运算结果

34．下列叙述中，正确的说法是_____。

    (A) 编译程序、解释程序和汇编程序不是系统软件

    (B) 故障诊断程序、排错程序、人事管理系统属于应用软件

    (C) 操作系统、财务管理程序、系统服务程序都不是应用软件

    (D) 操作系统和各种程序设计语言的处理程序都是系统软件

35．利用计算机进行图书馆管理，属于计算机应用中_____。

    (A) 数值计算　　(B) 数据处理　　(C) 人工智能　　(D) 辅助设计

36．在计算机中，用来解释、执行程序中的指令的部件是_____。

    (A) 运算器　　　(B) 存储器　　　(C) 控制器　　　(D) 鼠标器

37．关于计算机软件的叙述，错误的是_____。

    (A) 软件是一种商品

    (B) 软件借来复制也不损害他人利益

    (C)《计算机软件保护条例》对软件著作权进行保护

    (D) 未经软件著作权人的同意复制其软件是一种侵权行为

38．具有多媒体功能的 PC 机上常用的 CD-ROM 作为外存储器，它是_____。

    (A) 只读光盘　　(B) 只读存储器　　(C) 硬盘　　　(D) 可擦写光盘

39．从第一代电子数字计算机到第四代计算机的体系结构都是相同的，都是由运算器、控制器、存储器以及输入/输出设备组成的，称为_____体系结构。

    (A) 艾伦·图灵　(B) 罗伯特·诺伊斯　(C) 比尔·盖茨　(D) 冯·诺伊曼

40．一个应用程序窗口被最小化后，该应用程序将_____。

    (A) 被终止执行　(B) 暂停执行　　　(C) 在前台执行　(D) 被转入后台执行

41．我们通常所说的"裸机"指的是_____。

    (A) 只装备有操作系统的计算机

    (B) 不带输入/输出设备的计算机

    (C) 未装备任何软件的计算机

    (D) 计算机主机暴露在外

42．个人计算机简称 PC 机，这种计算机属于_____。

    (A) 微型计算机　(B) 小型计算机　　(C) 超级计算机　(D) 巨型计算机

43．下面科学家_____被计算机界称誉为"计算机之父"。

    (A) 查尔斯·巴贝奇　　　　　　　　(B) 约翰·莫克利

    (C) 冯·诺依曼　　　　　　　　　　(D) 霍华德·艾肯

44．计算机的驱动程序是属于下列哪一类软件_____。

    (A) 应用软件　　(B) 图像软件　　　(C) 系统软件　　(D) 编程软件

45．目前在下列各种设备中，读取数据快慢的顺序为_____。

    (A) 软驱、硬驱、内存和光驱　　　　(B) 软驱、内存、硬驱和光驱

    (C) 内存、硬驱、光驱和软驱　　　　(D) 光驱、软驱、硬驱和内存

46. 在计算机中采用二进制，是因为_____。

(A) 这样可以降低硬件成本　　　　(B) 两个状态的系统具有稳定性

(C) 二进制的运算法则简单　　　　(D) 上述三个原因

47. 向计算机输入中文信息的方式有_____。

(A) 键盘　　　　(B) 语音　　　　(C) 手写　　　　(D) 以上都对

48. 计算机存储器中的一个字节可以存放_____。

(A) 一个汉字　　　　　　　　　　(B) 两个汉字

(C) 一个西文字符　　　　　　　　(D) 两个西文字符

49. ASCII 码是一种对_____进行编辑的计算机代码。

(A) 汉字　　　　(B) 字符　　　　(C) 图像　　　　(D) 声音

50. 主机箱上"RESET"按钮的作用是_____。

(A) 关闭计算机的电源　　　　　　(B) 使计算机重新启动

(C) 设置计算机的参数　　　　　　(D) 相当于鼠标的左键

51. 冯·诺伊曼计算机工作原理的设计思想是_____。

(A) 程序设计　　　(B) 程序控制　　　(C) 程序编制　　　(D) 算法设计

52. 下列叙述中，错误的是_____。

(A) 把数据从内存传输到硬盘叫写盘

(B) 把源程序转换为目标程序的过程叫编译

(C) 应用软件对操作系统没有任何要求

(D) 计算机内部对数据的传输、存储和处理都使用二进制

53. 第一台电子计算机使用的逻辑部件是_____。

(A) 集成电路　　(B) 大规模集成电路　　(C) 晶体管　　(D) 电子管

54. 1946 年电子计算机 ENIAC 问世后，冯·诺伊曼(Von. Neumann)在研制 EDVAC 计算机时，提出两个重要的改进，它们是_____。

(A) 引入 CPU 和内存储器的概念　　(B) 采用机器语言和十六进制

(C) 采用 ASCII 编码系统　　　　　(D) 采用二进制和存储程序控制的概念

55. 所谓"裸机"指的是_____。

(A) 单片机　　　　　　　　　　　(B) 单板机

(C) 只安装操作系统的计算机　　　(D) 不安装任何软件的计算机

56. 科学计算的特点是_____。

(A) 计算量大，数据范围广　　　　(B) 数据输入/输出量大

(C) 计算相对简单　　　　　　　　(D) 具有良好的实时性和高可靠性

57. 在计算机的应用中，"MIS"表示_____。

(A) 管理信息系统　　　　　　　　(B) 决策支持系统

(C) 办公自动系统　　　　　　　　(D) 人工智能系统

58. 在计算机的应用中，"OA"表示_____。

(A) 管理信息系统　　　　　　　　(B) 决策支持系统

(C) 办公自动系统　　　　　　　　(D) 人工智能系统

59. 在计算机的应用中，"DSS"表示_____。

(A) 管理信息系统　　　　　　　(B) 决策支持系统

(C) 办公自动系统　　　　　　　(D) 人工智能

60. 完整的计算机硬件系统一般包括外部设备和_____。

(A) 运算器和控制器　　　　　　(B) 存储器

(C) 主机　　　　　　　　　　　(D) 中央处理器

61. 组成微型计算机的基本硬件的五个部分是_____。

(A) 外设、CPU、寄存器、主机、总线

(B) CPU、内存、外存、键盘、打印机

(C) 运算器、控制器、存储器、输入设备、输出设备

(D) 运算器、控制器、主机、输入设备、输出设备

62. 微型计算机中，控制器的基本功能是_____。

(A) 进行算术运算和逻辑运算　　(B) 存储各种控制信息

(C) 保持各种控制状态　　　　　(D) 控制机器各个部件协调一致地工作

63. 运算器的主要功能之一是_____。

(A) 实现算术运算和逻辑运算　　(B) 保存各种指令信息供系统其他部件使用

(C) 分析指令并进行译码　　　　(D) 按主频指标的规定发出时钟脉冲

64. 计算机中对数据进行加工与处理的部件，通常称为_____。

(A) 运算器　　　(B) 控制器　　　(C) 显示器　　　(D) 存储器

65. 微型计算机的内存主要包括_____。

(A) RAM、ROM　　　　　　　　(B) SRAM、DROM

(C) PROM、EPROM　　　　　　(D) CD-ROM、DVD

66. 能直接与 CPU 交换信息的存储器是_____。

(A) 硬盘　　　(B) 软盘　　　(C) CD-ROM　　　(D) 内存储器

67. 微型计算机中内存储器比外存储器_____。

(A) 读写速度快　　(B) 存储容量大　　(C) 运算速度慢　　(D) 以上三种都可以

68. 在计算机操作过程中，断电后信息就消失的是_____。

(A) ROM　　　(B) RAM　　　(C) 硬盘　　　(D) 软盘

69. 在微型计算机内存储器中，内容由生产厂家事先写好的是_____。

(A) RAM　　　(B) DRAM　　　(C) ROM　　　(D) SRAM

70. 动态 RAM 的特点是_____。

(A) 在不断电的条件下，其中的信息保持不变，因而不必定期刷新

(B) 在不断电的条件下，其中的信息不能长时间保持，因而必须定期刷新才会不
丢失信息

(C) 其中的信息只能读不能写

(D) 其中的信息断电后也不会丢失

71. SRAM 存储器的中文含义是_____。

(A) 静态随机存储器　　　　　　(B) 动态随机存储器

(C) 静态只读存储器　　　　　　(D) 动态只读存储器

72. 微型计算机存储系统中，EPROM 是_____。

(A) 可擦写可编程只读存储器   (B) 动态随机存储器

(C) 只读存储器   (D) 可编程只读存储器

73．静态 RAM 的特点是＿＿＿＿。

(A) 在不断电的条件下，其中的信息保持不变，因而不必定期刷新

(B) 在不断电的条件下，其中的信息不能长时间保持，因而必须定期刷新才不会
丢失信息

(C) 其中的信息只能读不能写

(D) 其中的信息断电后也不会丢失

74．微型计算机存储系统中，PROM 是＿＿＿＿。

(A) 可读写存储器   (B) 动态随机存取存储器

(C) 只读存储器   (D) 可编程只读存储器

75．下列几种存储器中，存取周期最短的是＿＿＿＿。

(A) 内存储器   (B) 光盘存储器

(C) 硬盘存储器   (D) 软盘存储器

76．配置高速缓冲存储器(Cache)是为了解决＿＿＿＿。

(A) 内存与辅助存储器之间速度不匹配问题

(B) CPU 与辅助存储器之间速度不匹配问题

(C) CPU 与内存储器之间速度不匹配问题

(D) 主机与外设之间速度不匹配问题

77．微型计算机中的内存储器，通常采用＿＿＿＿。

(A) 光存储器   (B) 磁表面存储器

(C) 半导体存储器   (D) 磁芯存储器

78．微型计算机的外存主要包括＿＿＿＿。

(A) RAM、ROM、软盘、硬盘   (B) 软盘、硬盘、光盘、U 盘

(C) 软盘、硬盘   (D) 硬盘、CD-ROM、DVD

79．下列各组设备中，全部属于输入设备的一组是＿＿＿＿。

(A) 键盘、磁盘和打印机   (B) 键盘、扫描仪和鼠标

(C) 键盘、鼠标和显示器   (D) 硬盘、打印机和键盘

80．微型计算机硬件系统中最核心的部件是＿＿＿＿。

(A) 硬盘   (B) CPU   (C) 内存储器   (D) I/O 设备

81．下列四项中不属于微型计算机主要性能指标的是＿＿＿＿。

(A) 字长   (B) 内存容量   (C) 功率   (D) 时钟频率

82．用 MIPS 为单位衡量计算机的性能，它指的是计算机的＿＿＿＿。

(A) 传输速率   (B) 存储器容量   (C) 字长   (D) 运算速度

83．在衡量计算机的主要性能指标中，字长是＿＿＿＿。

(A) 计算机运算部件一次能够处理的二进制数据位数

(B) 8 位二进制数长度

(C) 计算机的总线宽度

(D) 存储系统的容量

84. 下列四种设备中，属于计算机输出设备的是_____。

   (A) 扫描仪   (B) 键盘   (C) 绘图仪   (D) 鼠标

85. 下列叙述中，正确的一条是_____。

   (A) 存储在任何存储器中的信息，断电后都不会丢失

   (B) 操作系统是只对硬盘进行管理的程序

   (C) 硬盘装在主机箱内，因此硬盘属于主存

   (D) 硬盘驱动器属于外部设备

86. 下列设备中，既能向主机输入数据，又能接收主机输出数据的设备是_____。

   (A) 打印机   (B) 显示器   (C) 硬盘   (D) 光笔

87. CRT 指的是_____。

   (A) 阴极射线管显示器   (B) 液晶显示器

   (C) 等离子显示器   (D) 以上说法都不对

88. 下列技术指标中，主要影响显示器显示清晰度的是_____。

   (A) 对比度   (B) 亮度   (C) 刷新率   (D) 分辨率

89. 下列外设中，属于输入设备的是_____。

   (A) 显示器   (B) 绘图仪   (C) 鼠标   (D) 打印机

90. 下列设备中，不是多媒体计算机必须具有的设备是_____。

   (A) 声卡   (B) 视频卡   (C) 光盘驱动器   (D) UPS 电源

91. 激光打印机的特点是_____。

   (A) 噪音较大   (B) 速度快、分辨率高

   (C) 采用击打式   (D) 以上说法都不是

92. 若要使用一张软盘成为启动盘，在格式化时应选择_____选项。

   (A) 快速   (B) 全面   (C) 数据   (D) 复制系统文件

93. 硬盘的基本存取单位是_____。

   (A) 字节   (B) 字长   (C) 扇区   (D) 磁道

94. 下列存储器中存取速度最快的是_____。

   (A) 硬盘   (B) 光盘   (C) U 盘   (D) 软盘

95. 汉字国标码中每个汉字在机器中的表示方法，准确的描述应是_____。

   (A) 占用一个字节，由 7 位二进制数编码组成

   (B) 占用两个字节，每个字节的最高位均为 1

   (C) 占用两个字节，每个字节的最高位均为 0

   (D) 占用四个字节，每个字节的最高位均为 1

96. 可以在以下哪种光盘中写入数据_____。

   (A) CD-A   (B) CD-ROM   (C) CD   (D) CD-RW

97. 一条计算机指令中规定其执行功能的部分称为_____。

   (A) 源地址码   (B) 操作码   (C) 目标地址码   (D) 数据码

98. 下列四种软件中，属于系统软件的是_____。

   (A) WPS   (B) Word   (C) DOS   (D) Excel

99. 软件可分为系统软件和_____软件。

(A) 　级　　　　　　(B) 专用　　　　　　(C) 应用　　　　　　(D) 通用

前各部门广泛使用的人事档案管理、财务管理等软件，按计算机应用分类，应

___。

    (A) 实时控制　　　　(B) 科学计算　　　(C) 计算机辅助工程　(D) 数据处理

101. 计算机可以直接执行的语言是_____。

    (A) 自然语言　　　　(B) 汇编语言　　　(C) 机器语言　　　　(D) 高级语言

102. 将高级语言编写的程序翻译成机器语言程序，采用的两种翻译方式是_____。

    (A) 编译和解释　　　(B) 编译和汇编　　(C) 编译和链接　　　(D) 解释和汇编

103. 用户使用计算机高级语言编写的程序，通常称为_____。

    (A) 源程序　　　　　(B) 汇编程序　　　(C) 二进制代码程序　(D) 目标程序

104. 下面哪一组是系统软件_____。

    (A) DOS 和 WPS　　　　　　　　　　(B) Word 和 UCDOS

    (C) DOS 和 Windows 7　　　　　　　(D) Windows 7 和 MIS

105. 操作系统是_____的接口。

    (A) 主机与外设　　　　　　　　　　(B) 用户与计算机

    (C) 软件与网络　　　　　　　　　　(D) 高级语言与低级语言

106. 为解决某一特定问题而设计的指令序列称为_____。

    (A) 文档　　　　　　(B) 语言　　　　　(C) 程序　　　　　　(D) 系统

107. Linux 是一种_____。

    (A) 数据库管理系统　　　　　　　　(B) 操作系统

    (C) 字处理系统　　　　　　　　　　(D) 鼠标器驱动程序

108. C 语言编译器是一种_____。

    (A) 系统软件　　　　　　　　　　　(B) 计算机操作系统

    (C) 字处理系统　　　　　　　　　　(D) 源程序

109. CAD 软件可用来绘制_____。

    (A) 机械零件图　　(B) 建筑设计图　(C) 服装设计图　　(D) 以上都对

110. 某公司的工资管理程序属于_____。

    (A) 应用软件　　　(B) 系统软件　　(C) 文字处理软件　(D) 工具软件

111. CAM 软件可用于计算机_____。

    (A) 辅助测试　　　(B) 辅助制造　　(C) 辅助教学　　　(D) 辅助设计

112. CAI 软件可用于计算机_____。

    (A) 辅助测试　　　(B) 辅助制造　　(C) 辅助教学　　　(D) 辅助设计

113. 汉字系统中，汉字字库里存放的是汉字的_____。

    (A) 内码　　　　　(B) 外码　　　　(C) 字形码　　　　(D) 国标码

114. 在表示存储容量时，1M 表示 2 的_____次方。

    (A) 10　　　　　　(B) 11　　　　　(C) 20　　　　　　(D) 19

115. 字符的 ASCII 编码在机器中的表示方法准确地描述应是_____。

    (A) 使用 8 位二进制代码，最低位为 1

    (B) 使用 8 位二进制代码，最高位为 0

(C) 使用 8 位二进制代码，最低位为 0

(D) 使用 8 位二进制代码，最高位为 1

116. 存储容量 1 GB 等于_____。

    (A) 1024B   (B) 1024 KB   (C) 1024 MB   (D) 128MB

117. 在表示存储器容量时，KB 的准确含义是_____。

    (A) 1000 位   (B) 1024 字节   (C) 512 字节   (D) 2048 位

118. 在微机的性能指标中，内存储器容量指的是_____。

    (A) ROM 的容量   (B) RAM 的容量

    (C) ROM 和 RAM 容量的总和   (D) CD-ROM 的容量

119. 能将高级语言源程序转换成目标程序的是_____。

    (A) 编译程序   (B) 解释程序   (C) 调试程序   (D) 编辑程序

120. 在微型计算机中，应用最普遍的字符编码是_____。

    (A) ASCII 码   (B) BCD 码   (C) 汉字编码   (D) 补码

二、填空题

1. 计算机软件主要分为_____和_____。

2. 计算机总线分为数据总线、_____和_____。

3. 微型机计算机的运算器由算术逻辑运算部件(ALU)、_____和_____组成。

4. 内存中每个用于数据存取的基本单元都被赋予唯一的编号，称为_____。

5. 在 CPU 中，用来暂时存放数据、指令等各种信息的部件是_____。

6. CPU 执行一条指令所需的时间称为_____。

7. 微处理器能直接识别并执行的命令称为_____。

8. 计算机应用从大的方面来分，可以分为_____和_____两大类。

9. 文字、表格、图形、声音、控制方法、决策思想等信息的处理都属于计算机_____应用范畴。

10. 计算机对外界实施控制，必须将机内的数字量转换成可被使用的模拟量，这一过程称为_____转换。

11. 衡量计算机的主要性能的指标中，_____指标通过主频和每秒百万指令数两个指标来加以评价。

12. 时钟频率和字长常用来衡量计算机系统中_____的性能指标。

13. 计算机性能指标中 MIPS 表示_____。

14. 计算机性能指标中 MTTR 表示_____。

15. 存储器一般可以分为主存储器和_____两种。

16. 内存储器按工作方式可分为_____、_____两类。

17. 以微处理器为核心的微型计算机属于第_____代计算机。

18. 英文缩写 CAD 的中文意思是_____。

19. 在计算机中存储数据的最小单位是_____。

20. 按计算机所采用的逻辑器件，可将计算机的发展分为_____个时代。

21. 液晶显示器又可简称为_____。

22. 微型计算机系统结构中的总线有_____、_____、和地址总线。

23．若地址总线宽度为 24bit 时，则地址空间是＿＿＿＿＿＿＿MB。

24．计算机执行程序的时候，通常在＿＿＿＿＿＿保存待处理的程序，在＿＿＿＿＿＿进行数据的运算。

25．运算器是能完成算术运算和＿＿＿＿＿＿运算的装置。

26．微机存储器中的 RAM 代表＿＿＿＿＿＿存储器。

27．计算机软件是指计算机中运行的各种程序和相关的数据及＿＿＿＿＿＿。

28．在 PC 机的主板上有一块只读存储器(ROM)，其中存放有＿＿＿＿＿＿系统，它是 PC 机软件中最基础的部分。

29．在大多数的主板型号中，启动时按下＿＿＿＿＿＿键可以进入 CMOS 设置。

30．在多媒体计算机系统，CD-ROM 属于＿＿＿＿＿＿媒体。

31．在计算机内部，用来传送、存储、加工处理的数据或指令都是以＿＿＿＿＿＿形式进行的。

32．在微型计算机中，1K 字节表示的二进制位数是＿＿＿＿＿＿。

33．在微型计算机组成中，最基本的输入设备是＿＿＿＿＿＿，输出设备是＿＿＿＿＿＿。

34．＿＿＿＿＿＿是指专门为某一应用目的而编制的软件。

35．＿＿＿＿＿＿语言的书写方式接近于人们的思维习惯，使程序更易阅读和理解。

36．KB、MB 和 GB 都是存储容量的单位，1 GB ＝＿＿＿＿＿＿KB。

37．PC 机在工作中，电源突然中断，则＿＿＿＿＿＿数据全部不丢失。

38．ROM 的中文名称是＿＿＿＿＿＿，RAM 的中文名称是＿＿＿＿＿＿。

39．高级语言编译程序按分类来看是属于＿＿＿＿＿＿。

40．计算机指令由＿＿＿＿＿＿和操作数构成。

41．计算机中系统软件的核心是＿＿＿＿＿＿，它主要用来控制和管理计算机的所有软件、硬件资源。

42．计算机总线是连接计算机中各部件的一簇公共信号线，由＿＿＿＿＿＿总线、数据总线及控制总线所组成。

43．用＿＿＿＿＿＿编制的程序计算机能直接识别。

44．用任何计算机高级语言编写的程序(未经过编译)习惯上称为＿＿＿＿＿＿。

第二部分 Windows 7 习题

一、选择题

1. Windows 7 是一种_____。
   (A) 工具软件操作系统　　(B) 操作系统　　(C) 字处理软件　(D) 图形软件

2. 启动 Windows 7 系统,最确切的说法是_____。
   (A) 让硬盘中的 Windows 7 系统处于工作状态
   (B) 把软盘中的 Windows 7 系统自动装入 C 盘
   (C) 把硬盘中的 Windows 7 系统装入内存储器的指定区域中
   (D) 给计算机接通电源

3. 按照操作方式,Windows 7 系统相当于_____。
   (A) 实时系统　　　　　　(B) 批处理系统　(C) 分布式系统　(D) 分时系统

4. Windows 7 的整个显示屏幕称为_____。
   (A) 窗口　　　　　　　　(B) 操作台　　　(C) 工作台　　　(D) 桌面

5. Windows 7 系统安装并启动后,由系统安排在桌面上的图标是_____。
   (A) 资源管理器　　　　　(B) 回收站
   (C) Microsoft Word　　　 (D) Microsoft FoxPro

6. 图标是 Windows 7 操作系统中的一个重要概念,它表示 Windows 7 的对象,它可以指_____。
   (A) 文档或文件夹　　　　　　　　　　(B) 应用程序
   (C) 设备或其他的计算机　　　　　　　(D) 以上都不正确

7. 在 Windows 7 中为了重新排列桌面上的图标,首先应进行的操作是_____。
   (A) 用鼠标右键单击桌面空白处
   (B) 用鼠标右键单击"任务栏"空白处
   (C) 用鼠标右键单击已打开窗口空白处
   (D) 用鼠标右键单击"开始"空白处

8. 删除 Windows 7 桌面上某个应用程序快捷方式的图标,意味着_____。
   (A) 该应用程序连同其图标一起被删除
   (B) 只删除了该应用程序,对应的图标被隐藏
   (C) 只删除了图标,对应的应用程序被保留
   (D) 该应用程序连同其图标一起被隐藏

9. 在 Windows 7 中,用"创建快捷方式"创建的图标_____。
   (A) 可以是任何文件或文件夹　　　　(B) 只能是可执行程序或程序组
   (C) 只能是单个文件　　　　　　　　(D) 只能是程序文件和文档文件

10. 在 Windows 7 中,"任务栏"_____。
    (A) 只能改变位置不能改变大小
    (B) 只能改变大小不能改变位置
    (C) 既不能改变位置也不能改变大小

(D) 既能改变位置也能改变大小

11. 在 Windows 7 中，下列关于"任务栏"的叙述，错误的是_____。

(A) 可以将任务栏设置为自动隐藏

(B) 任务栏可以移动

(C) 通过任务栏上的按钮，可实现窗口之间的切换

(D) 在任务栏上，只显示当前活动窗口名

12. Windows 7 中，不能在"任务栏"内进行的操作是_____。

(A) 设置系统日期和时间　　　　　　(B) 排列桌面图标

(C) 排列和切换窗口　　　　　　　　(D) 启动"开始"菜单

13. 关于"开始"菜单，说法正确的是_____。

(A) "开始"菜单的内容是固定不变的

(B) 可以在"开始"菜单的"程序"中添加应用程序，但不可以在"程序"菜单中添加

(C) "开始"菜单和"程序"里面都可以添加应用程序

(D) 以上说法都不正确

14. 下列叙述中，正确的一条是_____。

(A) "开始"菜单只能用鼠标单击"开始"按钮才能打开

(B) Windows 7 的任务栏的大小是不能改变的

(C) "开始"菜单是系统生成的，用户不能再设置它

(D) Windows 7 的任务栏可以放在桌面的四个边的任意边上

15. 利用窗口中左上角的控制菜单图标不能实现的操作是_____。

(A) 最大化窗口　　(B) 打开窗口　　(C) 移动窗口　　(D) 最小化窗口

16. 当鼠标指针移到窗口边框上变为_____时，拖动鼠标就可以改变窗口大小。

(A) 小手　　　　　(B) 双向箭头　　(C) 四方向箭头　　(D) 十字

17. 下列关于 Windows 7 窗口的叙述中，错误的是_____。

(A) 窗口是应用程序运行后的工作区

(B) 同时打开的多个窗口可以重叠排列

(C) 窗口的位置和大小都可改变

(D) 窗口的位置可以移动，但大小不能改变

18. 在 Windows 7 中，用户同时打开的多个窗口，可以层叠式或平铺式排列，要想改变窗口的排列方式，应进行的操作是_____。

(A) 用鼠标右键单击"任务栏"空白处，然后在弹出的快捷菜单中选取要排列的方式

(B) 用鼠标右键单击桌面空白处，然后在弹出的快捷菜单中选取要排列的方式

(C) 先打开"资源管理器"窗口，选择其中的"查看"菜单下的"排列图标"项

(D) 先打开"计算机"窗口，选择其中的"查看"菜单下的"排列图标"项

19. 在 Windows 7 中，对同时打开的多个窗口进行平铺式排列后，参加排列的窗口为_____。

(A) 所有已打开的窗口　　　　　　　(B) 用户指定的窗口

(C) 当前窗口　　　　　　　　　　　　(D) 除已最小化以外的所有打开的窗口

20. 在 Windows 7 中，对同时打开的多个窗口进行层叠式排列，这些窗口的显著特点是_____。

(A) 每个窗口的内容全部可见　　　　　(B) 每个窗口的标题栏全部可见
(C) 部分窗口的标题栏不可见　　　　　(D) 每个窗口的部分标题栏可见

21. 在 Windows 7 中，当一个窗口已经最大化后，下列叙述中错误的是_____。

(A) 该窗口可以被关闭　　　　　　　　(B) 该窗口可以移动
(C) 该窗口可以最小化　　　　　　　　(D) 该窗口可以还原

22. 在 Windows 7 下，当一个应用程序窗口被最小化后，该应用程序_____。

(A) 终止运行　　　　　　　　　　　　(B) 暂停运行
(C) 继续在后台运行　　　　　　　　　(D) 继续在前台运行

23. 在 Windows 7 环境下，实现窗口移动的操作是_____。

(A) 用鼠标拖动窗口中的标题栏　　　　(B) 用鼠标拖动窗口中的控制按钮
(C) 用鼠标拖动窗口中的边框　　　　　(D) 用鼠标拖动窗口中的任何部位

24. Windows 7 应用环境中鼠标的拖动操作不能完成的是_____。

(A) 当窗口不是最大时，可以移动窗口的位置
(B) 当窗口最大时，可以将窗口缩小成图标
(C) 当窗口有滚动条时可以实现窗口内容的滚动
(D) 可以将一个文件移动(或复制)到另一个目录中去

25. 在 Windows 7 默认环境中，下列_____方法不能运行应用程序。

(A) 用鼠标左键双击应用程序快捷方式
(B) 用鼠标左键双击应用程序图标
(C) 用鼠标右键单击应用程序图标，在弹出的系统快捷菜单中选"打开"命令
(D) 用鼠标右键单击应用程序图标，然后按 Enter 键

26. Windows 7 中窗口与对话框的区别是_____。

(A) 窗口有标题栏而对话框没有　　　　(B) 窗口有标签而对话框没有
(C) 窗口有命令按钮而对话框没有　　　(D) 窗口有菜单栏而对话框没有

27. 下列关于 Windows 7 对话框的叙述中，错误的是_____。

(A) 对话框是提供给用户与计算机对话的界面
(B) 对话框的位置可以移动，但大小不能改变
(C) 对话框的位置和大小都不能改变
(D) 对话框中可能会出现滚动条

28. 在 Windows 7 中有两个管理系统资源的程序组，它们是_____。

(A) "计算机"和"控制面板"　　　　　(B) "资源管理器"和"控制面板"
(C) "计算机"和"资源管理器"　　　　(D) "控制面板"和"开始"菜单

29. "计算机"图标始终出现在桌面上，不属于"计算机"的内容有_____。

(A) 驱动器　　　　(B) 网络　　　　(C) 控制面板　　　　(D) 共享文档

30. 用鼠标右键单击"计算机"，并在弹出的快捷菜单中选择"属性"，可以直接打开_____。

(A) 系统特性 　　　　 (B) 控制面板 　　 (C) 硬盘信息 　　 (D) C 盘信息

31．在 Windows 7 中，错误的新建文件夹的操作是_____。

(A) 在"资源管理器"窗口中，单击"文件"菜单中的"新建"子菜单中的"文件夹"命令

(B) 在 Word 程序窗口中，单击"文件"菜单中的"新建"命令

(C) 右击资源管理器的"文件夹内容"窗口的任意空白处，选择快捷菜单中的"新建"子菜单中的"文件夹"命令

(D) 在"计算机"的某驱动器或用户文件夹窗口中，单击"文件"菜单中的"新建"子菜单中的"文件夹"命令

32．在 Windows 7"资源管理器"的左窗口中，单击文件夹图标_____。

(A) 在左窗口中显示其子文件夹

(B) 在左窗口中扩展该文件夹

(C) 删除该文件夹中的文件

(D) 在右窗口中显示该文件夹中的文件夹和文件

33．下列不可能出现在 Windows 7"资源管理器"窗口左部的选项是_____。

(A) 计算机 　　　　 (B) 桌面 　　　　 (C) (C:) 　　　　 (D) 资源管理器

34．在 Windows 7 的"资源管理器"窗口左部，单击文件夹图标左侧的减号"−"后，屏幕上显示结果的变化是_____。

(A) 该文件夹的下级文件夹显示在窗口右部

(B) 窗口左部显示的该文件夹的下级文件夹隐藏

(C) 该文件夹的下级文件显示在窗口左部

(D) 窗口右部显示的该文件夹的下级文件夹隐藏

35．在 Windows 7 的"资源管理器"左部窗口中，若显示的文件夹图标前带有加号(+)，意味着该文件夹_____。

(A) 含有下级文件夹 　　　　　　　 (B) 仅含有文件

(C) 是空文件夹 　　　　　　　　　 (D) 不含下级文件夹

36．在 Windows 7"资源管理器"窗口右部，若已选定了所有文件，如果要取消其中几个文件的选定，应进行的操作是_____。

(A) 用鼠标左键依次单击各个要取消选定的文件

(B) 按住 Ctrl 键，再用鼠标左键依次单击各个要取消选定的文件

(C) 按住 Shift 键，再用鼠标左键依次单击各个要取消选定的文件

(D) 用鼠标右键依次单击各个要取消选定的文件

37．在 Windows 7"资源管理器"窗口中，其左部窗口中显示的是_____。

(A) 当前打开的文件夹的内容 　　　 (B) 系统的文件夹树

(C) 当前打开的文件夹名称及其内容 　 (D) 当前打开的文件夹名称

38．在 Windows 7 的"资源管理器"窗口中，若希望显示文件的名称、类型、大小等信息，则应该选择"查看"菜单中的_____。

(A) 列表 　　 (B) 详细资料 　　 (C) 大图标 　　 (D) 小图标

39．在 Windows 7 中，下列不能用"资源管理器"对选定的文件或文件夹进行更名操

作的是_____。

    (A) 单击"文件"菜单中的"重命名"菜单命令

    (B) 右键单击要更名的文件或文件夹，选择快捷菜单中的"重命名"菜单命令

    (C) 快速双击要更名的文件或文件夹

    (D) 间隔双击要更名的文件或文件夹，并键入新名字。

40. 在 Windows 7 的"资源管理器"窗口中，为了将选定的硬盘上的文件或文件夹复制到 U 盘，应进行的操作是_____。

    (A) 先将它们删除并放入"回收站"，再从"回收站"中恢复

    (B) 用鼠标左键将它们从硬盘拖动到 U 盘

    (C) 先用执行"编辑"菜单下的"剪切"命令，再执行"编辑"菜单下的"粘贴"命令

    (D) 用鼠标右键将它们从硬盘拖动到 U 盘，并从弹出的菜单中选择"移动到当前位置"

41. 在 Windows 7 中，回收站是_____。

    (A) 内存中的一块区域   (B) 硬盘上的一块区域

    (C) 软盘上的一块区域   (D) 高速缓存中的一块区域

42. 不能进行打开"资源管理器"窗口的操作是_____。

    (A) 用鼠标右键单击"开始"按钮

    (B) 用鼠标左键单击"任务栏"空白处

    (C) 用鼠标左键单击"开始"菜单"程序"中"附件"的"Windows 7 资源管理器"

    (D) 用鼠标右键单击"计算机"图标

43. 按下鼠标左键在同一驱动器不同文件夹内拖动某一对象，结果_____。

    (A) 移动该对象   (B) 复制该对象   (C) 无任何结果   (D) 删除该对象

44. 按下鼠标左键在不同驱动器不同文件夹内拖动某一对象，结果_____。

    (A) 移动该对象   (B) 复制该对象   (C) 无任何结果   (D) 删除该对象

45. "资源管理器"中部的窗口分隔条_____。

    (A) 可以移动   (B) 不可以移动   (C) 自动移动   (D) 以上说法都不对

46. 在"资源管理器"中关于图标排列不正确的描述是_____。

    (A) 按名称：代表按文件夹和文件名的字典次序排列图标

    (B) 按类型：代表按扩展名的字典次序排列图标

    (C) 按大小：代表按文件和文件夹大小次序排列图标，文件排在先

    (D) 按日期：代表按修改日期排列，早的在先

47. 下列关于 Windows 7 "回收站"的叙述中，错误的是_____。

    (A) "回收站"可以暂时或永久存放硬盘上被删除的信息

    (B) 放入"回收站"的信息可以恢复

    (C) "回收站"所占据的空间是可以调整的

    (D) "回收站"可以存放软盘上被删除的信息

48. 在 Windows 7 中，下列关于"回收站"的叙述中，正确的是_____。

    (A) 不论从硬盘还是软盘上删除的文件都可以用"回收站"恢复

(B) 不论从硬盘还是软盘上删除的文件都不能用"回收站"恢复

(C) 用 Delete(Del)键从硬盘上删除的文件可用"回收站"恢复

(D) 用 Shift + Delete(Del) 键从硬盘上删除的文件可用"回收站"恢复

49. 在 Windows 7 下，硬盘中被逻辑删除或暂时删除的文件被放在_____。

(A) 根目录下　　　(B) 回收站　　(C) 控制面板　　　(D) 光驱

50. 在 Windows 7 的窗口中，选中末尾带有省略号(…)的菜单意味着_____。

(A) 将弹出下一级菜单　　　　　(B) 将执行该菜单命令

(C) 表明该菜单项已被选用　　　(D) 将弹出一个对话框

51. 在菜单命令前带有对勾记号"√"的表示_____。

(A) 选择该命令弹出一个下拉子菜单　　(B) 选择该命令后出现对话框

(C) 该选项已经选用　　　　　　　　　(D) 该命令无效

52. 在 Windows 7 中，呈灰色显示的菜单意味着_____。

(A) 该菜单当前不能选用

(B) 选中该菜单后将弹出对话框

(C) 选中该菜单后将弹出下级子菜单

(D) 该菜单正在使用

53. 在 Windows 7 中，打开"资源管理器"窗口后，要改变文件或文件夹的显示方式，应选用_____。

(A) "编辑"菜单　　　　　　　　(B) "查看"菜单

(C) "帮助"菜单　　　　　　　　(D) "文件"菜单

54. 在中文 Windows 7 默认环境中，为了实现各种输入方式的切换，应按的键是_____。

(A) Shift + 空格　　(B) Ctrl + Shift　　(C) Ctrl + 空格　　(D) Alt + F6

55. 在 Windows 7 默认环境中，下列哪个是中/英文输入切换键_____。

(A) Ctrl + Alt　　(B) Ctrl + 空格　　(C) Shift + 空格　　(D) Ctrl + Shift

56. 在中文 Windows 7 的输入中文标点符号状态下，按下列哪个键可以输入中文标点符号顿号"、"和_____。

(A) ～　　　　　　(B) &　　　　　　(C) \　　　　　　(D) /

57. 在 Windows 7 的网络方式中欲打开其他计算机中的文档时，由地址的完整格式是_____。

(A) \计算机名\路径名\文档名　　　　(B) 文档名\路径名\计算机名

(C) \\计算机名\路径名\文档名　　　　(D) \计算机名 路径名 文档名

58. 在中文 Windows 7 中，使用软键盘可以快速地输入各种特殊符号，为了撤销弹出的软键盘，正确的操作为_____。

(A) 用鼠标左键单击软键盘上的 Esc 键

(B) 用鼠标右键单击软键盘上的 Esc 键

(C) 用鼠标右键单击中文输入法状态窗口中的"开启/关闭软键盘"按钮

(D) 用鼠标左键单击中文输入法状态窗口中的"开启/关闭软键盘"按钮

59. 下列关于 Windows 7 文件名的说法中，不正确的是_____。

(A) 文件名可以用汉字　　　　　(B) 文件名可以用空格

(C) 文件名最长可达 256 个字符　　　(D) 文件名最长可达 255 个字符

60. 若选定多个文件名, 当多个文件名不处在一个连续的区域内时, 则应先按住_____键, 再用鼠标逐个单击选定。

(A) Ctrl　　　(B) Alt　　　(C) Shift　　　(D) Del

61. 若选定多个文件名, 如这多个文件名连续成一个区域的, 则应先选定第一个文件名, 然后按住_____键, 再在最后一个文件名上单击一下即可。

(A) Ctrl　　　(B) Alt　　　(C) Shift　　　(D) Del

62. 在 Windows 7 中, 文件夹名不能是_____。

(A) 12%+3%　　　(B) 12-3　　　(C) 12*31　　　(D) 1&2=O

63. 在 Windows 7 中, 下列正确的文件名是_____。

(A)　MY/ PRKGRAM GROIJP.TXT　　　(B)　FILE1|FILE2

(C)　B<>D.C　　　(D)　Fkt.DOCX

64. 在 Windows 7 中, 有些文件的内容比较多, 即使窗口最大化, 也无法在屏幕上完全显示出来, 此时可利用窗口_____来阅读文件内容。

(A) 窗口边框　　　(B) 控制菜单　　　(C) 滚动条　　　(D) 最大化按钮

65. 在 Windows 7 中, 为保护文件不被修改, 可将它的属性设置为_____。

(A) 只读　　　(B) 存档　　　(C) 隐藏　　　(D) 系统

66. 在 Windows 7 的 "资源管理器" 窗口右部, 若已单击了第一个文件, 又按住 Ctrl 键并单击了第 5 个文件, 则_____。

(A) 有 0 个文件被选中　　　(B) 有 5 个文件被选中

(C) 有 1 个文件被选中　　　(D) 有 2 个文件被选中

67. 在 Windows 7 中, 为了将 U 盘上选定的文件移动到硬盘上, 正确的操作是_____。

(A) 用鼠标左键拖动后, 再选择 "移动到当前位置"

(B) 用鼠标右键拖动后, 再选择 "移动到当前位置"

(C) 按住 Ctrl 键, 再用鼠标左键拖动

(D) 按住 Alt 键, 再用鼠标右键拖动

68. 家用电脑能一边听音乐, 一边玩游戏, 这主要体现了 Windows 7 的_____。

(A) 多任务技术　　　(B) 自动控制技术

(C) 文字处理技术　　　(D) 多媒体技术

69. 在 Windows 7 中, 各个应用程序之间交换信息的公共数据通道是_____。

(A) 我的公文包　　　(B) 我的文档

(C) 剪切板　　　(D) 回收站

70. 在 Windows 7 中, 若在某一文档中连续进行了多次剪切操作, 当关闭该文档后, "剪贴板" 中存放的是_____。

(A) 空白　　　(B) 所有剪切过的内容

(C) 最后一次剪切的内容　　　(D) 第一次剪切的内容

71. 在 Windows 7 默认环境下, 下列操作中与剪贴板无关的是_____。

(A) 剪切　　　(B) 复制　　　(C) 粘贴　　　(D) 删除

72. 在 Windows 7 默认环境中, 下列哪个组合键能将选定的文档放入剪贴板中_____。

(A) Ctrl + V　　　　　(B) Ctrl + Z　　　　　(C) Ctrl + X　　　　　(D) Ctrl + A

73. 在 Windows 7 中，若要将当前窗口存入剪贴板中，可以按_____。

(A) Alt + PrintScreen 键　　　　　　　(B) Ctrl + PrintScreen 键

(C) PrintScreen 键　　　　　　　　　　(D) Shift + PrintScreen 键

74. 在 Windows 7 中，拖动鼠标执行复制操作时，鼠标光标的箭头尾部_____。

(A) 带有"!"号　　　　　　　　　　　(B) 带有"+"号

(C) 带有"％"号　　　　　　　　　　　(D) 不带任何符号

75. 在 Windows 7 中，不能设置磁盘卷标的操作为_____。

(A) "快速"格式化　　　　　　　　　　(B) "完全"格式化

(C) 磁盘分区　　　　　　　　　　　　(D) 磁盘"属性"对话框

76. 在 Windows 7 中，若系统长时间不响应用户的要求，为了结束该任务，应使用的组合键是_____。

(A) Shift + Esc + Tab　　　　　　　　(B) Ctrl + Shift + Enter

(C) Alt + Shift + Enter　　　　　　　　(D) Alt + Ctrl + Del

77. 在 Windows 7 默认环境中，下列哪种方法不能使用"搜索"命令_____。

(A) 用"开始"菜单中的"搜索"命令

(B) 在"资源管理器"窗口中按"搜索"按钮

(C) 用鼠标右键单击"开始"按钮，然后在弹出的菜单中选择"搜索"命令

(D) 用鼠标右键单击"回收站"图标，然后在弹出的菜单中选择"搜索"命令

78. 在 Windows 7 中，要安装一个应用程序，正确的操作应该是_____。

(A) 打开"资源管理器"窗口，使用鼠标拖动

(B) 打开"控制面板"窗口，双击"添加/删除程序"图标

(C) 打开 MS-DOS 窗口，使用 Copy 命令

(D) 打开"开始"菜单，选中"运行"项，在弹出的"运行"对话框中输入 Copy
　　命令

79. 鼠标的基本操作包括_____。

(A) 双击/单击/拖动/执行　　　　　　(B) 单击/拖动/双击/指向

(C) 单击/拖动/执行/复制　　　　　　(D) 单击/移动/执行/删除

80. 要关闭正在运行的程序窗口，可以按_____键。

(A) Alt + Ctrl　　　　(B) Alt + F3　　　　(C) Ctrl + F4　　　　(D) Alt + F4

81. 在几个任务间切换可用键盘命令_____。

(A) Alt + Tab　　　　(B) Shift + Tab　　　　(C) Ctrl + Tab　　　　(D) Alt + Esc

82. 要删除一个应用程序，正确的操作应该是_____。

(A) 打开"资源管理器"窗口，使用鼠标拖动操作

(B) 打开"控制面板"窗口，双击"添加/删除程序"图标

(C) 打开"MS-DOS"窗口，使用 Del 命令

(D) 打开"开始"菜单，选中"运行"项，在弹出的"运行"对话框中使用 Del
　　命令

83. 在运行中输入 CMD 打开 MS-DOS 窗口，返回到 Windows 7 的方法是_____。

(A) 按 Alt，并按 Enter 键　　　　(B) 键入 Quit，并按 Enter 键

(C) 键入 Exit，并按 Enter 键　　　(D) 键入 win，并按 Enter 键

84. Windows 7 把所有的系统环境设置功能都统一到_____。

(A) 计算机　　　(B) 打印机　　　(C) 控制面板　　(D) 资源管理器

85. 要更改鼠标指针移动速度的设置，应在"鼠标属性"对话框中选择的选项卡是_____。

(A) 鼠标键　　　　　(B) 指针　　　(C) 硬件　　　　　(D) 移动

86. 下列叙述错误的一条是_____。

(A) 附件下的"记事本"是纯文本编辑器

(B) 附件下的"写字板"也是纯文本编辑器

(C) 附件下的"写字板"提供了在文档中插入声频和视频信息等对象的功能

(D) 使用附件下的"画图"工具绘制的图片可以设置为桌面背景

87. 在记事本的编辑状态，进行"设置字体"操作时，应当使用哪个菜单中的命令_____。

(A) 文件　　　　　(B) 编辑　　　　(C) 搜索　　　　(D) 格式

88. 在记事本的编辑状态，进行"页面设置"操作时，应当使用哪个菜单中的命令_____。

(A) 文件　　　　　(B) 编辑　　　　(C) 打印　　　　(D) 格式

89. 在写字板的编辑状态，进行"段落对齐"操作时，哪个方式是错误的_____。

(A) 左对齐　　　　(B) 右对齐　　　(C) 两端对齐　　(D) 居中

90. Windows 7 的文件夹组织结构是一种_____。

(A) 表格结构　　　　(B) 树形结构　　(C) 网状结构　　　(D) 线形结构

91. 在 Windows 7 附件中，下面叙述正确的是_____。

(A) 记事本中可以插入图形

(B) 画图是绘图软件，不能输入汉字

(C) 写字板中也可以设置文字格式

(D) 计算器可以将十进制整数或小数转换为二进制和十六进制数

92. 根据文件命名规则，下列字符串中合法文件名是_____。

(A) ADC*.FNT　　(B) #ASK%.SBC　　(C) CON.BAT　　(D) SAQ/.TXT.

93. 下列文件格式中，_____表示图像文件。

(A) *.DOCX　　(B) *.XLS　　　(C) *.BMP　　　(D) *.TXT

94. Windows 7 的特点包括_____。

(A) 图形界面　　(B) 多任务　　　(C) 即插即用　　(D) 以上都对

95. 用户需要使用某一个文件时，在命令中指出_____是必要的。

(A) 文件的性质　　　　　　　　(B) 文件的内容

(C) 文件在磁盘上的确切位置　　(D) 文件名

96. Windows 7 中的"剪贴板"是_____。

(A) 硬盘中的一块区域　　　　　(B) 软盘中的一块区域

(C) 高速缓存中的一块区域　　　(D) 内存中的一块区域

97. Windows 7 提供了长文件命名方法，一个文件名的长度最多可达到_____个字符。

(A) 128　　　(B) 256　　　　(C) 8　　　　(D) 255

98. 关于在 Windows 7 中安装打印机驱动程序，以下说法中正确的是_____。

(A) Windows 7 提供的打印机驱动程序支持任何打印机

(B) Windows 7 显示所有可供选择的打印机

(C) 即使要安装的打印机与默认的打印机兼容，安装时也需要插入 Windows 7 所要求的某张系统盘，并不能直接使用

(D) 如果要安装的打印机与默认的打印机兼容，则不必安装

99. 在资源管理器的窗口中，文件夹图标左边有"+"号，则表示该文件夹中_____。

(A) 一定含有文件　　　　　　　　(B) 一定不含有子文件夹

(C) 含有子文件夹且没有被展开　　(D) 含有子文件夹且已经被展开

100. 在 Windows 7 资源管理器中，用鼠标选定多个不连续的文件，正确的操作是_____。

(A) 单击每一个要选定的文件

(B) 单击第一文件，然后按住 Shift 键不放，单击每一个要选定的文件

(C) 单击第一文件，然后按住 Ctrl 键不放，单击每一个要选定的文件

(D) 双击第一文件，然后按住 Shift 键不放，双击每一个要选定的文件

101. 下列叙述中，正确的是_____。

(A) 中文 Windows 7 已经内置了五笔字型输入法

(B) 中文 Windows 7 不能使用五笔字型输入法

(C) 中文 Windows 7 提供汉字输入法接口，可以添加五笔字型输入法

(D) 中文 Windows 7 没有提供汉字输入接口

102. Windows 7 操作中，经常用到剪切、复制和粘贴功能，其中粘贴功能的快捷键为_____。

(A) Ctrl + C　　　(B) Ctrl + S　　　(C) Ctrl + X　　　(D) Ctrl + V

二、填空题

1. 在 Windows 7 的"回收站"窗口中，要想恢复选定的文件或文件夹，可以使用"文件"菜单中的_____命令。

2. 在中文 Windows 7 中，为了添加某个中文输入法，应在控制面板选择_____选项。

3. 在 Windows 7 系统中，为了在系统启动成功后自动执行某个程序，应将该程序文件添加到_____文件夹中。

4. 若使用 Windows 7 "写字板"创建一个文档，当用户没有指定该文档的存放位置时，则系统将该文档默认存放在_____文件夹中。

5. 在 Windows 7 中，当用鼠标左键在不同驱动器之间拖动对象时，系统默认的操作是_____。

6. 在 Windows 7 中，对于用户新建的文档，系统默认的属性为_____。

7. 用 Windows 7 的"记事本"所创建文件的缺省扩展名是_____。

8. Windows 7 中的菜单通常可分为 3 类，它们是下拉式菜单、_____和_____。

9. Windows 7 中窗口与对话框的区别是窗口有_____而对话框没有。

10. 在 Windows 7 中，要想将当前的活动窗口图形存入剪贴板中,可以按_____键。

11. 不少微机软件的安装程序都具有相同的文件名，该文件名一般为_____。

12．使用 Windows 7 录音机录制的声音文件的默认扩展名是_____。

13．在 Windows 7 的菜单中，有些命令后有三个点组成的省略号，选择这样的命令就会打开一个_____。

14．任务栏上显示的是对话框以外的所有窗口，Alt +_____可以在包括对话框在内的所有窗口之间切换。

15．排列桌面上的图标对象是用鼠标_____键单击桌面，在弹出的快捷菜单中选取"_____"或"对齐图标"命令即可。

16．用户当前正在使用的窗口为_____窗口，其他窗口为_____窗口。

17．在任意对象上单击鼠标右键，可以打开对象的_____。

18．用鼠标单击应用程序窗口的_____按钮时，将导致应用程序运行_____，其任务按钮也从任务栏上消失。

19．用鼠标单击应用程序窗口的_____按钮时，其窗口扩大到_____桌面，此时最大化按钮变成恢复按钮。

20．用鼠标单击应用程序窗口的_____按钮时，其窗口就会显示成为任务栏中的_____按钮。

21．当同时按下_____键之后，就会出现任务列表框；当有多个任务时，按_____键定位到要使用的应用程序上，按回车键即可。

22．Windows 7 允许同时运行_____个程序，每个运行的应用程序都有一个对应的____按钮出现在任务栏中。

23．如果用户已经知道程序的名称和所在的文件夹路径，则可通过_____菜单中的_____命令来启动程序。

24．和 Windows 7 系统相关的文件都放在_____文件夹及其子文件夹中，应用程序默认都放在文件夹中。

25．在 Windows 7 中可以使用_____和_____作为通配符查找文件。

26．从"开始"菜单上选择_____，再选择_____命令项可以启动资源管理器。

27．复制文件夹时，按住_____键，然后拖放文件夹图标到另一个_____图标或驱动器图标上即可。

28．双击"资源管理器"窗口_____上的控制菜单_____可以退出资源管理器。

29．"剪切"、"复制"、"粘贴"、"全选"操作的快捷键分别是_____、_____、_____、_____。

30．在 Windows 7 中，若用户刚刚对文件夹进行了重命名，可按"Ctrl+_____"组合键来恢复原来的名字。

31．在 Windows 7 中，可以按住_____键，然后按下键盘中的向上或向下移动键，可选定一组连续的文件。

32．在 Windows 7 中，如果要选取多个不连续文件，可以按住_____键，再单击相应文件。

33．使用资源管理器可以复制文件到另一个_____或_____。

34．移动文件夹时，按住_____键再拖放_____图标到目的位置后释放即可。

35．控制面板是整个计算机_____的统一_____中心。

36．在"键盘属性"对话框中，用户可以调整键盘接受重复_____的设置，光标闪烁的频率，以及键盘_____的设置等。

37．如果设备不符合_____的规范，那么操作系统将不能发现此设备，用户需手工安装此设备的_____。

38．写字板程序中的段落格式化主要由段落_____与段落____两部分组成。

第三部分　计算机网络及信息安全基础习题

一、选择题

1. 计算机网络的目标是实现_____。
   (A) 数据处理　　　　　　　　　　(B) 文件检索
   (C) 资源共享和数据传输　　　　　(D) 信息传输

2. 不能作为计算机网络中传输介质的是_____。
   (A) 微波　　　(B) 光纤　　　(C) 光盘　　　(D) 双绞线

3. 在计算机网络中，通常把提供并管理共享资源的计算机称为_____。
   (A) 服务器　　(B) 工作站　　(C) 网关　　(D) 网桥

4. 下列属于计算机网络所特有的设备是_____。
   (A) 显示器　　(B) UPS 电源　　(C) 服务器　　(D) 鼠标器

5. 在计算机网络中，表征数据传输可靠性的指标是_____。
   (A) 传输率　　(B) 误码率　　(C) 信息容量　　(D) 频带利用率

6. 计算机网络分类主要依据于_____。
   (A) 传输技术与覆盖范围　　　　　(B) 传输技术与传输介质
   (C) 互连设备的类型　　　　　　　(D) 服务器的类型

7. 计算机网络按照其覆盖的地理范围可以分为哪几种基本类型_____。
   Ⅰ. 局域网　Ⅱ. 城域网　Ⅲ. 数据通信网　Ⅳ. 广域网
   (A) Ⅰ和Ⅱ　　(B) Ⅲ和Ⅳ　　(C) Ⅰ、Ⅱ和Ⅲ　　(D) Ⅰ、Ⅱ和Ⅳ

8. 一座大楼内的一个计算机网络系统，属于_____。
   (A) PAN　　(B) LAN　　(C) MAN　　(D) WAN

9. 下列网络属于广域网的是_____。
   (A) 因特网　　(B) 校园网　　(C) 企业内部网　　(D) 以上网络都不是

10. 局域网 LAN(local Area Network)一般采用_____传输方式。
    (A) 广播　　(B) 交换　　(C) 存储转发　　(D) 分组转发

11. 网络类型按通信网络的结构分为_____。
    (A) 星形网络、无线网络、电缆网络、树形网络
    (B) 星形网络、卫星网络、电缆网络、树形网络
    (C) 星形网络、光纤网络、环形网络、树形网络
    (D) 星形网络、总线网络、环形网络、树形网络

12. 计算机网络拓扑是通过网络中结点与通信线路之间的几何关系来反映出网络中各实体间的_____。
    (A) 逻辑关系　　(B) 服务关系　　(C) 结构关系　　(D) 层次关系

13. 闭路电视所使用的电缆是_____。
    (A) 宽带同轴电缆　　　　　　　(B) 基带粗缆
    (C) 基带细缆　　　　　　　　　(D) 带屏蔽的双绞线

14. 下列叙述不正确的是_____。

(A) 采用光纤时，接收端和发送端都需要有光电转换设备

(B) 5 类双绞线和 3 类双绞线分别由 5 对和 3 对双绞线组成

(C) 基代同轴电缆可以分为粗缆和细缆两种，都用于直接传送数字信号

(D) 双绞线既可以传输数字信号，又可以传输模拟信号

15. 下面关于双绞线叙述不正确的是_____。

    (A) 双绞线一般不用于局域网

    (B) 双绞线用于模拟信号传输，也可用于数字信号的传输

    (C) 双绞线的线一对对扭在一起可以减少相互间的辐射电磁干扰

    (D) 双绞线普遍适用于点到点的连接

16. 下面关于光纤叙述不正确的是_____。

    (A) 光纤由能传导光波的石英玻璃纤维外加保护层构成

    (B) 用光纤传输信号时，在发送端先要将电信号转换成光信号，而在接收端要将光检测器还原成电信号

    (C) 光纤在计算机网络中普遍采用点对点连接

    (D) 光纤不适宜在长距离内保持高速数据传输率

17. 构成网络协议的三要素是_____。

    (A) 结构、接口与层次　　　　(B) 语法、原语与接口

    (C) 语义、语法与时序　　　　(D) 层次、接口与服务

18. 国际标准化组织(ISO)制定的开发系统互联(OSI)参考模型，有七个层次，下列四个层次中最高的是_____。

    (A) 表示层　　(B) 网络层　　(C) 会话层　　(D) 物理层

19. OSI(开放系统互连)参考模型的最高层是_____。

    (A) 表示层　　(B) 网络层　　(C) 应用层　　(D) 会话层

20. 下面关于 TCP/IP 协议叙述不正确的是_____。

    (A) 全球最大的网络是因特网(Internet)，它所采用的网络协议是 TCP/IP

    (B) TCP/IP 协议，就是传输控制协议 TCP 和网际协议 IP

    (C) TCP/IP 协议本质上是一种采用报文交换技术的协议

    (D) TCP 协议用于负责网上信息的正确传输，而 IP 协议则是负责将信息从一处传输到另一处

21. TCP/IP 的互联层采用 IP 协议，它相当于 OSI 参考模型中网络层的_____。

    (A) 面向无连接网络服务　　　　(B) 面向连接网络服务

    (C) 传输控制协议　　　　　　　(D) X.25 协议

22. 因特网采用的核心技术是_____。

    (A) TCP/IP 协议　(B) 局域网技术　(C) 远程通信技术　　(D) 光纤技术

23. 远程登录服务是(　　)。

    (A) DNS　　　　(B)　　FTP　　　(C) SMPT　　　　(D) TELNET

24. DNS 指的是_____。

    (A) 文件传输协议　　　　　　　(B) 用户数据报协议

    (C) 简单邮件传输协议　　　　　(D) 域名服务协议

25. FTP 指的是( )。

    (A) 文件传输协议   (B) 用户数据报协议

    (C) 简单邮件传输协议   (D) 域名服务协议

26. SMTP 指的是_____。

    (A) 文件传输协议   (B) 用户数据报协议

    (C) 简单邮件传输协议   (D) 域名服务协议

27. HTML 是( )的描述语言。

    (A) 网站   (B) JAVA   (C) WWW   (D) SMNP

28. TCP 基本上可以相当于 ISO 协议中的_____。

    (A) 应用层   (B) 传输层   (C) 网络层   (D) 物理层

29. 下面哪个 IP 地址是正确的_____。

    (A) 261.86.1.68   (B) 201.286.1.68   (C) 127.386.1.8   (D) 68.186.0.168

30. IP 地址由_____位二进制数组成。

    (A) 4   (B) 8   (C) 16   (D) 32

31. 域名与 IP 地址一一对应，因特网是靠_____完成这种对应关系的。

    (A) DNS   (B) CP   (C) PING   (D) IP

32. 接入因特网，从大的方面来看，有_____两种方式。

    (A) 专用线路接入和 DDN   (B) 专用线路接入和电话线拨号

    (C) 用电话线拨号和 PPP/SLIP   (D) 仿真终端和专用线路接入

33. Internet Explorer 6.0 可以播放_____。

    (A) 文本   (B) 图片   (C) 声音   (D) 以上都可以

34. 访问某个网页时显示"该页无法显示"，可能是因为_____。

    (A) 网址不正确   (B) 没有连接 Internet

    (C) 网页不存在   (D) 以上都有可能

35. 域名系统(DNS)组成不包括_____。

    (A) 域名空间   (B) 地址转换请求程序

    (C) 域名服务器   (D) 分布式数据库

36. 下面哪个可能是一个合法的域名_____。

    (A) FTP.PCHOME.CN.COM   (B) PCHOME.FTP.COM.CN

    (C) WWW.ECUST.EDU.CN   (D) WWW.CITIZ.CN.NET

37. 下面哪些是不正确的域名_____。

    (A) http://www.people.com.cn   (B) FTP://ftp.tsinghua.com.cn/pub

    (C) http://ww.sohu.com:8080   (D) http:\people.com.cn

38. 下面关于域名内容正确的是_____。

    (A) CN 代表中国，COM 代表商业机构

    (B) CN 代表中国，EDU 代表科研机构

    (C) UK 代表美国，GOV 代表政府机构

    (D) UK 代表中国，AC 代表教育机构

39. 主机域名 WWW.EASTDAY.COM，其中_____表示网络名。

(A) WWW　　　　　(B) EASTDAY　　(C) COM　　　　　(D) 以上都不是

40. 若某一用户要拨号上网，_____是不必要的。
 (A) 一个路由器　　　　　　　　　(B) 一个调制解调器
 (C) 一个上网账号　　　　　　　　(D) 一条普通的电话线

41. Windows 7 系统下用于处理与调制解调传递信息的是_____。
 (A) 拨号网络适配器　　　　　　　(B) 拨号网络
 (C) TCP/IP 协议　　　　　　　　　(D) 以上说法都不对

42. Windows 7 系统下，_____包含一组进行拨号操作的应用程序。
 (A) 拨号网络适配器　　　　　　　(B) 拨号网络
 (C) TCP/IP　　　　　　　　　　　(D) 以上说法都不对

43. 下面属于因特网服务的是_____。
 (A) FTP 服务，TELNET 服务，匿名服务，邮件服务，万维网服务
 (B) FTP 服务，TELNET 服务，专题讨论，邮件服务，万维网服务
 (C) 交互式服务，TELNET 服务，专题讨论，邮件服务，万维网服务
 (D) FTP 服务，匿名服务，专题讨论，邮件服务，万维网服务

44. 关于 WWW 说法不对的是_____。
 (A) WWW 是一个分布式超媒体信息查询系统
 (B) 是因特网上最为先进，但尚不具有交互性
 (C) 万维网包括各种各样的信息，如文本、声音、图像、视频等
 (D) 万维网采用了"超文本"的技术，使得用户以通用而简单的办法就可获得因
　　　特网上的各种信息

45. 下面关于 WWW 的描述正确的是_____。
 (A) WWW 就是 WAIS　　　　　　(B) WWW 是超文本信息检索工具
 (C) www 就是 FTP　　　　　　　 (D) WWW 使用 HTTP 协议

46. 用户连接匿名 FTP 服务器时，都可以用_____作为用户名、以_____作为口
令登录。
 (A) Anonymous，自己的电子邮件地址
 (B) Anonymous，GUEST
 (C) PUB，GUEST
 (D) PUB，自己的电子邮件地址

47. 关于 FTP 说法，不对的是_____。
 (A) FTP 是因特网上文件传输的基础，通常所说的 FTP 是基于该协议的一种服务
 (B) FTP 文件传输服务只允许传输文本文件、二进制可执行文件
 (C) FTP 可以在 UNIX 主机和 Windows 7 系统之间进行文件的传输
 (D) 考虑到安全问题，大多数匿名服务器不允许用户上传文件

48. FTP 中"Get"命令用于_____。
 (A) 文件的上传　　　(B) 文件的下载　　　(C) 查看目录　　　(D) 登录

49. 关于因特网服务的叙述不正确的是_____。
 (A) WWW 是一种集中式超媒体信息查询系统

(B) 远程登录可以使用计算机来仿真终端设备

(C) FTP 匿名服务器的标准目录一般为 pub

(D) 电子邮件是因特网上使用最广泛的一种服务

50．目前 Ethernet 局域网的最高数据传输速率可以达到_____。

(A) 10 Mb/s　　　　(B) 100 Mb/s　　　　(C) 622 Mb/s　　　　(D) 1 Gb/s

51．IEEE 802 标准所描述的局域网参考模型对应于 OSI 参考模型的哪一(几)层_____。

Ⅰ．逻辑链路控制层　　Ⅱ．数据链路层　　Ⅲ．网络层　　Ⅳ．物理层

(A) 只有Ⅱ　　　　　　　　　　　(B) Ⅱ、Ⅲ和Ⅳ

(C) Ⅱ和Ⅳ　　　　　　　　　　　(D) Ⅰ、Ⅱ和Ⅲ

52．在以下四个 WWW 网址中，哪一个网址不符合 WWW 网址书写规则_____。

(A) www.163.com　　　　　　　　(B) www.nk.cn.edu

(C) www.863.org.cn　　　　　　　(D) www.tj.net.jp

53．调制解调器(Modem)的作用是_____。

(A) 将计算机的数字信号转换成模拟信号，以便发送

(B) 将模拟信号转换成计算机的数字信号，以便接收

(C) 将计算机的数字信号与模拟信号互相转换，以便传输

(D) 为了上网与接电话两不误

54．Internet 的基本服务，如电子邮件 E-mail、远程登录 TELNET、文件传输 FTP 与 WWW 浏览等，它们的应用软件系统设计中都采用了_____。

(A) 客户机/服务器结构　　　　　(B) 逻辑结构

(C) 层次模型结构　　　　　　　　(D) 并行体系结构

55．目前，一台计算机要连入 Internet，必须安装的硬件是_____。

(A) 调制解调器或网卡　　　　　(B) 网络操作系统

(C) 网络查询工具　　　　　　　　(D) www 浏览器

56．如果电子邮件到达时，你的电脑没有开机，那么电子邮件将_____。

(A) 保存在服务商的主机上　　　(B) 退回给发信人

(C) 过一会对方再重新发送　　　(D) 永远不再发送

57．电子邮件地址 Wang@263．net 没有包含的信息是_____。

(A) 发送邮件服务器　　　　　　　(B) 接收邮件服务器

(C) 邮件客户机　　　　　　　　　(D) 邮箱所有者

58．下列四项内容中，不属于 Internet(因特网)基本功能的是_____。

(A) 电子邮件　　(B) 文件传输　　(C) 远程登录　　(D) 实时监测控制

59．台式 PC 机中，挂在主机外面的外置 MODEM，与主机连接的接口标准是_____。

(A) SCSI　　　　(B) IDE　　　　(C) RS-232-C　　　(D) IEEE-488

60．家庭计算机用户上网可使用的技术是_____。

① 电话线加上 MODEM　　② 有线电视电缆加上 Cable MODEM

③ 电话线加上 ADSI　　　　④ 光纤到户(FTTH)

(A) ①，③　　　(B) ②，③　　　(C) ②，⑧，④　　(D) ①，②，③，④

61．Internet 是一个覆盖全球的大型互联网络，它用于连接多个远程网与局域网的互联

设备主要是_____。

    (A) 网桥   (B) 防火墙   (C) 主机   (D) 路由器

62. 用 IE 浏览器上网时,要进入某一网页,可在 IE 的 URL 栏中输入该网页的_____。

    (A) 只能是 IP 地址   (B) 只能是域名

    (C) 实际的文件名称   (D) IP 地址或域名

63. 浏览器的标题栏显示"脱机工作"则表示_____。

    (A) 计算机没有开机   (B) 计算机没有连接因特网

    (C) 浏览器没有联机工作   (D) 以上说法都不对

64. 在高级搜索中哪一符号不表示同时满足多个关键词_____。

    (A) "AND"   (B) "+"   (C) 空格   (D) "NOT"

65. 单击 IE 中工具栏命令"刷新"按钮,下面有关叙述一定正确的是_____。

    (A) 可以更新当前显示的网页

    (B) 可以终止当前显示的传输,返回空白页面

    (C) 可以更新当前浏览器的设定

    (D) 以上说法都不对

66. "安全"选项卡,没有列出的区域是_____。

    (A) "Internet"区域   (B) "本地 Internet"区域

    (C) "可信站点"区域   (D) "受限站点"区域

67. 应用代理服务器访问因特网一般是因为_____。

    (A) 多个计算机利用仅有的一个 IP 地址访问因特网

    (B) 通过局域网上网时

    (C) 通过拨号方式上网时

    (D) 以上原因都不对

68. 关于代理服务器设置不正确的是_____。

    (A) 需要在地址内输入代理服务器的地址,但端口号有时可以不填

    (B) 对不同协议类型的代理服务器地址和端口号可以进行不同设置

    (C) 可以进行例外地址的设置,在例外地址栏中添加的地址将使用代理服务器

    (D) 可以对本地地址进行单独设置和处理

69. "E-mail"一词是指_____。

    (A) 电子邮件   (B) 一种新的操作系统

    (C) 一种新的字处理软件   (D) 一种新的数据库软件

70. 一封完整的电子邮件都由_____。

    (A) 邮件头和邮件体组成   (B) 邮件体和附件组成

    (C) 邮件体和邮件地址组成   (D) 主题和附件组成

71. 邮件服务器的邮件发送协议是_____。

    (A) SMTP   (B) HTML   (C) PPP   (D) POP3

72. 邮件服务器的邮件接收协议是_____。

    (A) SMTP   (B) HTML   (C) PPP   (D) POP3

73. 电子邮件协议 SMTP 和 POP3 属于 TCP/P 协议的_____。

(A) 最高层　　　　(B) 次高层　　　　(C) 第二层　　　　(D) 最低层

74. 在对 Outlook Express 进行设置时，在"接收邮件服务器"栏最可能的是填写下面哪个邮件服务器的地址_____。

(A) SMP.ECITIZ.NET　　　　　　　(B) WWW.CITIZ.NET

(C) POECITIZ.NET　　　　　　　　(D) 以上答案都不对

75. 使用 @163.com 邮件转发功能可以_____。

(A) 将邮件转到指定的电子信箱　　(B) 自动回复邮件

(C) 邮件不会保存在收件箱　　　　(D) 可以保存在草稿箱

76. 使用电子邮件的首要条件是要拥有一个_____。

(A) 网页　　　　(B) 网站　　　　(C) 计算机　　　　(D) 电子邮件地址

77. 关于电子邮件，下列说法中错误的是_____。

(A) 发送电子邮件需要 E-mail 软件支持

(B) 发送人必须有自己的 E-mail 账号

(C) 收件人必须有自己的邮政编码

(D) 必须知道收件人的 E-mail 地址

78. elle@nankai.edu.cn 是一种典型的用户_____。

(A) 数据　　　　　　　　　　　(B) 硬件地址

(C) "可信站点"区域　　　　　　(D) "受限站点"区

79. 电子邮件地址有两部分组成，用@分开，其中@符号前为_____。

(A) 用户名　　　　(B) 机器名　　　　(C) 本机域名　　　　(D) 密码

80. 电子邮件应用程序实现 SMTP 的主要目的是_____。

(A) 创建邮件　　　(B) 发送邮件　　　(C) 管理邮件　　　(D) 接收邮件

81. 电子邮件应用程序实现 POP3 的主要目的是_____。

(A) 创建邮件　　　(B) 发送邮件　　　(C) 管理邮件　　　(D) 接收邮件

82. 当用户向 ISP 申请 Internet 帐户时，用户的 E-mail 帐户应包括_____。

(A) User Name　　　　　　　　(B) Mail Box

(C) Password　　　　　　　　　(D) Username、Password

83. 保证网络安全的最主要因素是_____。

(A) 拥有最新的防毒、防黑软件　　(B) 使用高档机器

(C) 使用者的计算机安全素养　　　(D) 安装多层防火墙

84. 下列关于网络信息安全的一些叙述中，不正确的是_____。

(A) 网络环境下的信息系统比单机系统复杂，信息安全问题比单机更加难以得到保障

(B) 电子邮件是个人之间的通信手段，有私密性，不使用软盘，一般不会传染病毒

(C) 防火墙是保障单位内部网络不受外部攻击的有效措施

(D) 网络安全的核心是操作系统的安全性，它涉及信息在存储和处理状态下的保护问题

85. 保证网络安全最重要的核心策略之一是_____。

(A) 身份验证和访问控制

(B) 身份验证和加强教育，提高网络安全防范意识

(C) 访问控制和加强教育，提高网络安全防范意识

(D) 以上答案都正确

86. 关于防火墙控制的叙述不正确的是_____。

(A) 防火墙是近期发展起来的一种保护计算机网络安全的技术性措施

(B) 防火墙是一个用以阻止网络中的黑客访问某个机构网络的屏障

(C) 防火墙主要用于防止病毒

(D) 防火墙也可称之为控制进/出两个方向通信的门槛

二、填空题

1. 因特网提供服务所采用的模式是_____。

2. 传输可以分为_____和_____两大类。

3. 在星型拓扑、环型拓扑、总线拓扑结构中，故障诊断和隔离比较容易的一种网络拓扑是_____。

4. 计算机网络按分布覆盖的范围，通常分为_____、_____、和_____。

5. 在计算机网络上，网络的主机之间传送数据和通信是通过一定的_____进行。

6. 万维网(WWW)采用_____的信息结构。

7. 计算机网络从功能上说，其结构包括两部分，一是_____，一是_____。

8. 用于衡量电路或通道的通讯容量或数据传输率的单位是_____。

9. 计算机网络节点在地理分布和互连关系上的几何排序称为计算机的_____结构。

10. ISP 是掌握 Internet_____的机构。

11. 协议包含了信息的格式、_____和_____。

12. _____被认为是美国信息高速公路的雏形。

13. 构成网络的计算平台是_____和_____。

14. 管理网络的最小单元，一种特殊的中继器是_____。

15. 将逻辑上分开的网络互连在一起的连接设备称为_____，它具有判断网络地址和选择路径的功能，是一种广域网技术。

16. 局域网软件主要由网卡驱动程序和_____两个基本部分组成。

17. 在 Internet 中不仅要处理寻址问题，且要对传输进行有效控制的协议是_____协议。

18. 依据信号的幅值取值，可以将信号分为_____和_____两大类。

19. 数据传输率的单位为_____。

20. 计算机网络的主要功能为_____共享、_____共享、用户之间的信息交换。

21. Internet 采用的协议簇为_____；若将个人电脑通过电话线访问 Internet，需配置_____。

22. 令牌传递是一种受控访问控制方法，按照网络拓扑结构可以分为_____介质访问控制和_____介质访问控制。

23. 称为世界上第一个局域网技术规范的是_____技术规范。

24. 校园网广泛采用_____服务模式，其资源分布一般采用_____结构。

25. 因特网起源于_____年代美国国防部高级研究计划局资助的 ARPA．NET 网络。

26．在因特网中，网络标识和主机标识共同构成了_____。

27．因特网是一个建立在_____基础上的最大的、开放的全球性网络。

28．所谓_____是每台主机在 Internet 上必须有的一个唯一的标识。

29．域名采取_____结构，其格式可表示为：机器名.网络名.机构名.最高域名。

30．IP 地址与域名通过_____进行转换。

31．最高域名可以是_____或领域名。

32．WWW 的网页文件是用_____编写，并在_____协议支持下运行的。

33．URL 格式为_____。

34．http://www.yahoo.com 称为"雅虎"网站的_____。

35．Java 使浏览器具有动画效果，是一种新型的、独立于各种操作系统和平台的动态性_____语言。

36．当鼠标移到某个"超链接"时，鼠标指针一般会变成_____，此时单击左键便可激活并打开另一网页。

37．WWW 浏览器是一个_____端的程序，其主要功能是帮助用户获取因特网上的各种资源。

38．要在收藏夹中保存网页，可以通过"收藏"菜单中的_____命令来实现。

39．zhangsan@citiz.net 是一个合法的_____地址。

40．zhangsan@citiz.net 中 Zhangsan 指_____，citiz.net 指_____。

41．在网上漫游是通过_____来实现的，所要做的只是简单地_____，然后通过网络与对方产生相应连接。

42．如果长时间地在网上浏览，较早浏览的网页可能已经被更新，这时为了得到最新的网页信息，可通过单击_____按钮来实现网页的更新。

43．想改变浏览器中的安全级别，可以通过单击_____菜单，选择"Internet 选项"，然后单击"安全"标签，调整安全级别滑块来完成。

44．目前国内用户使用的搜索引擎按语言主要分为_____和_____两类。

45．在高级搜索中英文"—"的作用是_____。

46．进行精确搜索需要为关键词加_____符号。

47．电子信箱的格式中，说明@符号前面是_____，@符号后面是_____。

48．电子邮件地址既可以由数字组成，又可以由字母组成，但首字符必须是_____。

49．邮箱注册成功后，_____不可以更改。

50．在 IP 协议中，地址分类方式可以支持_____种不同的网络类型。

51．第一次启动 Outlook Express 时使用连接向导进行设置，启动 Outlook Express 后，单击"工具"菜单中的_____命令来进行设置。

52．在 Outlook 中只要在_____工具栏上单击"新邮件"按钮即可。

53．Outlook 是一个功能强大的_____软件，它集成在_____软件中。

54．IE 将_____设置为默认的新闻阅读器。

55．使用标准局域网接口的 ADSL 上网时，必须要有_____。

56．调制解调器的作用是实现_____信号和_____信号之间的转变。

57．Modem 有_____和_____两种，外置的 ADSL Modem 有_____接口和

_____接口。

58．ADSL 服务类型包括_____与_____。

59．按网络的_____分类，计算机网络可以分为窄带网和宽带网两种。

60．OSI 模型有_____、_____、_____运输层、会话层、表示层和应用层七个层次。

61．_____是一个自发的不缔约组织，由各技术委员会组成。

62．在 TCP/IP 协议簇中，运输层的_____协议提供了一种可靠的数据流服务。

63．TCP/IP 的网络层最重要的协议是_____，它可将多个网络连成一个互联网。

64．Internet 中的_____类地址一般分配给具有大量主机的网络使用；_____类地址通常分配给规模中等的网络使用；_____类地址分配给小型网络使用。

第四部分 Word 2010 习题

一、选择题

1. Word 2010 文档扩展名的缺省类型是_____。
   (A) .docx   (B) .dot   (C) .wrd   (D) .txt

2. 在 Word 2010 中，当前输入的文字被显示在_____。
   (A) 文档的尾部   (B) 鼠标指针位置   (C) 插入点位置   (D) 当前行的行尾

3. 在 Word 2010 中，关于插入表格命令，下列说法中错误的是_____。
   (A) 只能是 2 行 3 列   (B) 可以自动套用格式
   (C) 能调整行、列宽   (D) 行、列数可调

4. 在 Word 2010 中，可以显示页眉与页脚的视图方式是_____。
   (A) 普通   (B) 大纲   (C) 页面   (D) 全屏幕显示

5. 在 Word 2010 中只能显示水平标尺的是_____。
   (A) 普通视图   (B) 页面视图   (C) 大纲视图   (D) 打印预览

6. 在 Word 2010 的编辑状态，打开文档 ABC，修改后另存为 ABD，则文档 ABC_____。
   (A) 被文档 ABD 覆盖   (B) 被修改未关闭
   (C) 被修改并关闭   (D) 未修改被关闭

7. 在 Word 2010 的编辑状态中，使插入点快速移动到文档末尾的操作是_____。
   (A) PageUp   (B) Alt + End   (C) Ctrl + End   (D) PageDown

8. 在 Word 2010 的编辑状态中，为了把不相邻的两段文字交换位置，可以采用的方法是_____。
   (A) 剪切   (B) 粘贴   (C) 复制 + 粘贴   (D) 剪切 + 粘贴

9. 在普通视图下，Word 文档的结束标记是一个_____。
   (A) 闪烁的粗竖线   (B) "I" 形竖线
   (C) 空心箭头   (D) 一小段水平粗横线

10. 在 Word 2010 中，不能改变叠放次序的对象是_____。
    (A) 图片   (B) 图形   (C) 文本   (D) 文本框

11. 在 Word 2010 的编辑状态，将剪贴板上的内容粘贴到当前光标处，使用的快捷键是_____。
    (A) Ctrl + X   (B) Ctrl + V   (C) Ctrl + C   (D) Ctrl + A

12. 在 Word 2010 的编辑状态中，按钮 ⊟ 表示的含义是_____。
    (A) 打开文档   (B) 保存文档   (C) 创建新文档   (D) 打印文档

13. 在 Word 2010 的编辑状态，窗口 "全部重排" 命令的作用是将所有打开的文档窗口_____。
    (A) 顺序编码
    (B) 层层嵌套
    (C) 折叠起来
    (D) 根据实际情况，并排排列充满整个屏幕

14. 单击 Word 2010 主窗口标题栏右边显示的"最小化"按钮后_____。

    (A) Word 2010 的窗口被关闭

    (B) Word 2010 的窗口没关闭

    (C) Word 2010 的窗口，变成窗口图标关闭按钮

    (D) 被打开的文档窗口被关闭

15. 在 Word 2010 的编辑状态，执行两次"剪切"操作，则剪贴板中_____。

    (A) 仅有第一次被剪切的内容　　　　(B) 仅有第二次被剪切的内容

    (C) 有两次被剪切的内容　　　　　　(D) 无内容

16. 在 Word 2010 的编辑状态打开了一个文档，对文档作了修改，进行"关闭"文档操作后_____。

    (A) 文档被关闭，并自动保存修改后的内容

    (B) 文档不能关闭，并提示出错

    (C) 文档被关闭，修改后的内容不能保存

    (D) 弹出对话框，并询问是否保存对文档的修改

17. 在 Word 2010 的编辑状态，选择了一个段落并将段落的"首行缩进"设置为 1 厘米，则_____。

    (A) 该段落的首行起始位置距离页面的左边距 1 厘米

    (B) 文档中各段落的首行只由"首行缩进"确定位置

    (C) 该段落的首行起始位置距段落的"左缩进"位置右边的 1 厘米

    (D) 该段落的首行起始位置在段落"左缩进"位置左边的 1 厘米

18. 在 Word 2010 的编辑状态，打开了"w1.docx"文档，把当前文档以"w2.docx"为名进行"另存为"操作，则_____。

    (A) 当前文档是 w1.docx　　　　　　(B) 当前文档是 w2.docx

    (C) 当前文档是 w1.docx 与 w2.docx　(D) w1.docx 与 w2.docx 全部关闭

19. 在 Word 2010 的编辑状态，选择了文档全文，若在"段落"对话框中设置行距为 20 磅的格式，应当选择"行距"列表框中的_____。

    (A) 单倍行距　　(B) 1.5 倍行距　　　(C) 固定值　　　(D) 多倍行距

20. 进入 Word 2010 后，打开了一个已有文档 w1.docx，又进行了"新建"操作，则_____。

    (A) w1.docx 被关闭

    (B) "新建"操作失败

    (C) w1.docx 和新建文档均处于打开状态

    (D) 新建文档被打开，但 w1.docx 被关闭

21. 在 Word 2010 的编辑状态，先后打开了 d1.docx 文档和 d2.docx 文档，则_____。

    (A) 可以使两个文档的窗口都显示出来

    (B) 只能显示 d2.docx 文档的窗口

    (C) 只能显示 d1.docx 文档的窗口

    (D) 打开 d2.docx 后两个窗口自动并列显示

22. 在 Word 2010 的编辑状态，建立了 4 行 4 列的表格，除第 4 行与第 4 列相交的单元格以外各单元格内均有数字，当插入点移到该单元格内后进行"求和"操作，则_____。

(A) 可以计算出其余列或行中数字的和

(B) 仅能计算出第 4 列中数字的和

(C) 仅能计算出第 4 行中数字的和

(D) 不能计算数字的和

23．在 Word 2010 的默认状态下，有时会在某些英文文字下方出现红色的波浪线，这表示_____。

    (A) 语法错　　　　　　　　　　(B) Word 2010 字体设置不合理

    (C) 该文字本身自带下划线　　　(D) 该处有附注

24．在 Word 2010 的编辑状态，选择了当前文档中的一个段落进行"清除"操作(或按 Del 键)，则_____。

    (A) 该段落被删除且不能恢复

    (B) 该段落被删除，但能恢复

    (C) 能利用"回收站"恢复被删除的该段落

        (D) 该段落被移到"回收站"内

25．在 Word 2010 的编辑状态，打开了一个文档进行"保存"操作后，该文档_____。

    (A) 被保存在原文件夹下　　　　(B) 可以保存在已有的其他文件夹下

    (C) 可以保存在新建文件夹下　　(D) 保存后文档被关闭

26．在 Word 2010 的编辑状态，按先后顺序依次打开了 d1.docx、d2.docx、d3.docx 和 d4.docx 四个文档，当前的活动窗口是哪个文档的窗口_____。

    (A) d1.docx 的窗　　　　　　　　(B) d2.docx 的窗

    (C) d3.docx 的窗口　　　　　　　(D) d4.docx 的窗口

27．在 Word 2010 的编辑状态，在同一篇文档内用拖动法复制文本时应该_____。

    (A) 同时按住 Ctrl 键　　　　　　(B) 同时按住 Shift 键

    (C) 按住 Alt 键　　　　　　　　　(D) 直接拖动

28．在 Word 2010 的编辑状态，要设置精确的缩进，应当使用以下哪种方式_____。

    (A) 标尺　　　　(B) 样式　　　　(C) 段落格式　　　(D) 页面设置

29．在 Word 2010 的编辑状态，将段落的首行缩进两个字符的位置，正确的操作是_____。

    (A) 移动标尺上的首行缩进游标

    (B) 选择"格式/样式"菜单命令

    (C) 选择"格式/中文版式"菜单命令

    (D) 以上都不是

30．在 Word 2010 的编辑状态，下列选项中，能彻底关闭 Word 2010 应用程序窗口的操作是_____。

    (A) 选择"文件"—"关闭"

    (B) 单击 ✖

    (C) 双击 Word 2010 标题栏的图标

    (D) 选择"文件"—"退出"

31．在 Word 2010 的编辑状态，按钮 ☰ 表示的含义是_____。

(A) 左对齐　　　　(B) 右对齐　　　　　(C) 居中对齐　　　(D) 分散对齐

32. 在 Word 2010 的编辑状态, 按钮 表示的含义是_____。

(A) 拼写检查　　(B) 插入文本框　　　(C) 插入图文框　　(D) 复制

33. 在表格中一次插入 3 行的正确操作是_____。

(A) 选择"表格/插入/行"菜单命令

(B) 选定 3 行后, 选择"表格/插入/行"菜单命令

(C) 将插入点放在行尾部, 按回车键

(D) 无法实现

34. 在 Word 2010 的编辑状态, 在打印对话框的"页面范围"选项组中的"当前页"是指_____。

(A) 当前光标所在页　　　　　　　　　(B) 当前窗口显示页

(C) 第 1 页　　　　　　　　　　　　　(D) 最后 1 页

35. 在 Word 2010 的编辑状态, 在文档每一页底端插入注释, 应该插入哪种注释_____。

(A) 脚注　　　　　(B) 尾注　　　　　　(C) 题注　　　　　(D) 批注

36. 在 Word 2010 的编辑状态, 段落编号的作用是_____。

(A) 为每个标题编号　　　　　　　　　(B) 为每个自然段编号

(C) 为每行编号　　　　　　　　　　　(D) 以上都正确

37. 在 Word 2010 的编辑状态, 关于拆分表格正确的说法是_____。

(A) 只能将表格拆分为左、右两部分　　(B) 可以自己设定拆分的行、列数

(C) 只能将表格拆分为上、下两部分　　(D) 只能将表格拆分为列

38. 在 Word 2010 的编辑状态, 若要选定表格中的一行, 正确的操作是_____。

(A) 按 Alt + Enter 键　　　　　　　　(B) Alt + 拖动鼠标

(C) 用"表格/选定/表格"命令　　　　 (D) 用"表格/选定/行"命令

39. 在 Word 2010 的编辑状态, 使用只读方式打开文档, 修改之后若要保存, 可以使用的方法是_____。

(A) 更改文件属性　　　　　　　　　　(B) 单击

(C) 选择"文件/另存为"命令　　　　　(D) 选择"文件/保存"命令

40. 在 Word 2010 编辑状态下, 格式刷可以复制_____。

(A) 段落的格式和内容　　　　　　　　(B) 段落和文字的格式和内容

(C) 文字的格式和内容　　　　　　　　(D) 段落和文字的格式

41. 在 Word 2010 的编辑状态, 执行"编辑"菜单中的"粘贴"命令后, 下面哪个说法不正确_____。

(A) 被选择的内容移到插入点处　　　　(B) 被选择的内容移到剪贴板处

(C) 被选择的内容复制到插入点处　　　(D) 剪贴板中的内容复制到插入点处

42. 在 Word 2010 的哪种视图方式下, 可以显示分页效果_____。

(A) 普通　　　　　(B) 大纲　　　　　　(C) 页面　　　　　(D) 主控文档

43. 在 Word 2010 的编辑状态, 连续进行了两次"插入"操作, 当单击一次"撤销"按钮后_____。

(A) 将两次插入的内容全部取消　　　　(B) 将第一次插入的内容全部取消

(C) 将第二次插入的内容全部取消   (D) 两次插入的内容都不被取消

44. 在 Word 2010 中无法实现的操作是＿＿＿＿。

(A) 在页眉中插入剪贴画   (B) 建立奇偶页内容不同的页眉

(C) 在页眉中插入分隔符   (D) 在页眉中插入日期

45. 在 Word 2010 的编辑状态，可以显示页面四角的视图方式是＿＿＿＿。

(A) 普通视图方式   (B) 页面视图方式

(C) 大纲视图方式   (D) 各种视图方式

46. 进入 Word 2010 的编辑状态后，在默认状态下进行中文标点符号与英文标点符号之间切换的快捷键是＿＿＿＿。

(A) Shift + 空格   (B) Shift + Ctrl

(C) Ctrl + 空格   (D) Shift + Alt

47. Word 2010 常用工具栏中的"格式刷"可用于复制文本或段落的格式，若要将选中的文本或段落格式重复应用多次，应＿＿＿＿。

(A) 单击"格式刷"   (B) 双击"格式刷"

(C) 右击"格式刷"   (D) 拖动"格式刷"

48. 在 Word 2010 的编辑状态，当前正编辑一个新建文档"文档1"，当执行"文件"菜单中的"保存"命令后＿＿＿＿。

(A) 该"文档1"被存盘   (B) 弹出"另存为"对话框，供进一步操作

(C) 自动以"文档1"为名存盘   (D) 不能以"文档1"存盘

49. 在 Word 2010 的编辑状态，当前编辑文档中的字体全是宋体字，选择了一段文字使之成反白显示，先设定了楷体，又设定了仿宋体，则＿＿＿＿。

(A) 文档全文都是楷体   (B) 被选择的内容仍为宋体

(C) 被选择的内容变为仿宋体   (D) 文档的全部文字的字体不变

50. 在 Word 2010 的编辑状态，选择了整个表格，执行了表格菜单中的"删除行"命令，则＿＿＿＿。

(A) 整个表格被删除   (B) 表格中一行被删除

(C) 表格中一列被删除   (D) 表格中没有被删除的内容

51. 在 Word 2010 的编辑状态，当前编辑的文档是 C 盘中的 d1.docx 文档，要将该文档拷贝到 U 盘，应当使用＿＿＿＿。

(A) "文件"菜单中的"另存为"命令

(B) "文件"菜单中的"保存"命令

(C) "文件"菜单中的"新建"命令

(D) "插入"菜单中的命令

52. 在 Word 2010 的编辑状态中，打开了一个文档，对文档没做任何修改，随后单击 Word 2010 应用程序窗口标题栏右侧的"关闭"按钮或者单击"文件"菜单中的"退出"命令，则＿＿＿＿。

(A) 仅文档窗口被关闭   (B) 文档和 Word 2010 主窗口全被关闭

(C) 仅 Word 2010 主窗口被关闭   (D) 文档和 Word 2010 主窗口全未被关闭

53. 在 Word 2010 的编辑状态中，文档窗口显示出水平标尺，此时拖动水平标尺上沿

的"首行缩进"滑块，则_____。

(A) 文档中各段落的首行起始位置都重新确定

(B) 文档中被选择的各段落首行起始位置都重新确定

(C) 文档中各行的起始位置都重新确定

(D) 插入点所在段落的起始位置被重新确定

54. 在 Word 2010 的编辑状态中，被编辑文档中的文字有"四号"、"五号"、"16 磅"、"18 磅"四种，下列关于所设定字号大小的比较中，正确的是_____。

(A) "四号"大于"五号"　　　　　　(B) "四号"小于"五号"

(C) "16 磅"大于"18 磅"　　　　　(D) 字的大小一样，字体不同

55. 在 Word 2010 的表格操作中，计算求和的函数是_____。

(A) Count　　　　(B) Sum　　　　(C) Total　　　　(D) Average

56. 在 Word 2010 中，如果要使文档内容横向打印，在"页面设置"中应选择的标签是_____。

(A) 纸型　　　　(B) 纸张来源　　　　(C) 版式　　　　(D) 页边距

57. 在 Word 2010 中，有的命令之后带有一个省略号"…"，当执行此命令后屏幕将显示_____。

(A) 常用工具栏　　(B) 帮助信息　　(C) 级联菜单　　(D) 对话框

58. 在 Word 2010 中，有的命令右端带有"▶"，当执行此命令后屏幕将显示_____。

(A) 常用工具栏　　(B) 帮助信息　　(C) 级联菜单　　(D) 对话框

59. 在 Word 2010 中，有的命令左端显示一个"√"的小方框，表示该命令_____。

(A) 被选定　　　(B) 没有被选定　　(C) 无效的　　(D) 不起任何作用

60. 在 Word 2010 的文档窗口中，插入点标记是一个_____。

(A) 水平横条线符号　　　　　　(B) "I"形鼠标指针符号

(C) 闪烁的黑色竖条线符号　　　　(D) 箭头形鼠标指针符号

61. 在 Word 2010 中，将鼠标指针移到文档左侧的选定区并要选定整个文档，则鼠标的操作是_____。

(A) 单击左键　　(B) 单击右键　　(C) 双击左键　　(D) 三击左键

62. 在 Word 2010 中，将整个文档选定的快捷键是_____。

(A) Ctrl + A　　(B) Ctrl + C　　(C) Ctrl + V　　(D) Ctrl + X

63. Word 2010 的"查找和替换"功能十分强大，不属于其中之一的是_____。

(A) 能够查找文本与替换文本中的格式

(B) 能够查找和替换带格式及样式的文本

(C) 能够查找图形对象

(D) 能够用通配字符进行复杂的搜索

64. 在 Word 2010 中，对于"字号"框内选择所需字号的大小或磅值说法正确的是_____。

(A) 字号越大字越大，磅值越大字越大

(B) 字号越小字越大，磅值越小字越大

(C) 字号越大字越小，磅值越大字越大

(D) 字号越大字越大，磅值越大字越小

65．在 Word 2010 中，如果要复制已选定文字的格式，则可使用工具栏中的_____按钮。

(A) 复制 　　　 (B) 格式刷 　　　 (C) 粘贴 　　　 (D) 恢复

66．在 Word 2010 中，当拖动水平标尺上的列标记调整表格中单元格的宽度时，同时按住_____键，则在标尺上会显示列宽的具体数据。

(A) Shift 　　　 (B) Alt 　　　 (C) Ctrl 　　　 (D) Tab

67．一般情况下，Word 2010 能根据单元格中输入内容的多少自动_____。

(A) 调整行高 　　　　　　　　 (B) 增加行高

(C) 减少行高 　　　　　　　　 (D) 调整列宽

68．下列关于 Word 2010 表格功能的描述，正确的是_____。

(A) Word 2010 对表格中的数据既不能进行排序，也不能进行计算。

(B) Word 2010 对表格中的数据既能进行排序，但不能进行计算。

(C) Word 2010 对表格中的数据既不能进行排序，但可以进行计算。

(D) Word 2010 对表格中的数据既能进行排序，也能进行计算。

69．在 Word 2010 表格中，对表格的内容进行排序，下列_____不能作为排序类型。

(A) 笔画 　　　 (B) 拼音 　　　 (C) 偏旁部首 　　　 (D) 数字

二、填空题

1．Word 2010 是办公套装软件_____中的一个组件。

2．在 Windows 7 资源管理器中双击某个 Word 文档名，可以打开_____，同时启动 Word 2010。

3．在 Word 2010 的编辑状态，可以显示水平标尺的两种视图模式是_____和_____。

4．在下拉菜单中有的命令之后带有一个省略号"…"，这表示执行此命令后，在屏幕上还会显示相应的_____要求用户回答。

5．在下拉菜单中有的命令右端带有如 Ctrl + N、Ctrl + O 之类的组合键，那么这些组合键称为_____。

6．在下拉菜单中有的命令右端带有"▶"，表示这命令之后还有一级_____供选择。

7．在下拉菜单中有的命令左端显示一个"√"的小方框，表示该命令被_____。

8．在下拉菜单中有的命令前有一个形象化的图标，这些图标也出现在工具栏中，表示这些常用的图标可以直接利用_____工具栏中的按钮。

9．在下拉菜单中，有的命令呈灰色状态，表示这些命令_____。

10．文档窗口是用于_____和_____文档的区域。

11．状态栏中有四个呈灰色的方块各表示一种方式，双击某个方框可以_____或_____该工作方式。

12．在 Word 2010 中，双击状态栏"改写"方框，然后再次将"改写"两字呈灰色，表示目前处于_____状态。

13．Word 文档存盘的默认路径为_____，Word 文档的扩展名为_____。

14．在 Word 2010 中，有两种方法新建文档时不产生"新建"对话框，它们是_____、_____。

15．打开已有文档的快捷键是_____。

16．在 Word 2010 "打开"对话框的文件名列表框中可以输入要搜索文件名的通配符_____来搜索文件。

17．Word 2010 的常用工具栏显示了 Word 的一些基本功能和命令的快捷按钮；_____栏显示光标的当前位置及当前处于插入还是改写状态等信息。

18．在 Word 2010 文档的录入过程中，如果发现有误操作，则可单击常用工具栏中的_____按钮取消本次操作。

19．在 Word 2010 中，已选定要删除的文本，按_____键或_____键或单击"常用"工具栏的_____按钮可删除文本。

20．Word 2010 中，已选定要移动的文本，按快捷键_____，将选定的文本剪切到剪贴板上，再将插入点移到目标位置上，按快捷键_____粘贴文本，实现文本的移动。

21．在 Word 2010 中，选定要复制的文本，按住_____键并按住鼠标左键，将指针移到目标位置，就可以实现文本的复制。

22．在 Word 2010 中，要实现"查找"功能，应按的快捷键是_____，要实现"替换"功能，应按的快捷键是_____。

23．在"查找和替换"的高级功能对话框中，"搜索范围"列表框有_____、_____和_____三个选项。

24．在 Word 2010 中，用户可以同时打开多个文档窗口，当多个文档同时打开后，在同一时刻有_____个活动文档。

25．Word 2010 提供多种页面视图方式，它们分别是_____、_____、_____、打印预览和全屏显示视图。

26．在 Word 2010 中，可以获取最大编辑空间的视图方式是_____。

27．在 Word 2010 中，若要退出"全屏显示"视图方式，应当按的功能键是_____。

28．在 Word 2010 中，保存文档的快捷键是_____，保存新建的文档时会打开"_____"对话框。

29．在 Word 2010 中，一次操作保存多个已编辑修改的文档最简单的方法是：按住"_____"键的同时单击"文件"菜单项打开"文件"菜单，这时菜单中的"保存"命令改变为"_____"命令，再单击该命令可实现一次操作保存多个文档。

30．文字的格式主要是指文字的_____、_____、字形和颜色。

31．打开一个 Word 2010 文档是指把该文档从磁盘调入_____，并在窗口的文本区显示其内容。

32．在"字体"对话框中"字符间距"选项卡的在"位置"列表框中有_____、提升和_____三种位置。

33．段落的缩进主要是指_____、左缩进、右缩进和_____形式。

34．在_____视图和_____视图下，利用文档窗口的水平标尺可以快速设置段落的左、右边界和首行缩进的格式，简单、方便但不够精确。

35．设置段落的缩进除了使用"格式"菜单的"段落"命令以外，还可以直接通过_____完成。

36．"段落"工具栏上有四个段落对齐操作按钮 ▤ ▤ ▤ ▤ 的对齐方式依次为：

_____、_____、_____、

37. 居中对齐的快捷键是_____，分散对齐的快捷键是_____。

38. 在 Word 2010 中，行间距是指段的_____或称行高，段间距是指段落之间的_____。

39. 在"页面布局"对话框中的"纸张大小"选项卡可以设置纸张的_____和_____。

40. 在"页面布局"对话框中的"纸张大小"选项卡的方向组可选择_____或_____，Word 2010 默认的方向是_____。

41. Word 2010 文档的分页是根据设定的_____自动进行分页，但有时却可以在需要的位置强制分页。强制分页实际上是通过在某个位置插入_____来实现的。

42. 在分栏过程中，如果没有选定任何内容，则表示对_____进行分栏排版。

43. 分节符只有在_____与大纲视图方式中才可见到，不能在打印预览方式及打印结果中见到。

44. 页眉和页脚是打印在一页_____和_____。

45. 页眉和页脚只能在_____视图方式和_____视图方式下才可以看到的注释性文字或图形。

46. Word 2010 提供_____功能查看实际打印的效果。

47. 利用"表格和边框"工具栏中的"擦除"按钮，使鼠标指针变为_____，将其移到要擦除的线条的一端，拖动鼠标到另一端，放开鼠标即可擦除_____的线段。

48. 在 Word 2010 编辑状态下，当前对齐方式是左对齐，如果连续两次单击格式工具栏中的 ≡ 按钮，得到的对齐方式应该是 _____。

49. 在一个 Word 2010 的表格中，保存有不同人员的数据，现在需要把全体人员按部门分类集中，则在"表格"菜单中，对"部门名称"使用_____命令就可以实现。

50. 在 Word 2010 中，图形在文档中的位置有两种方式：_____和_____。

51. 在 Word 2010 中，插入图形文件可分为_____和_____两种方式。

52. 在 Word 2010 的设置图片格式中有五种版式，分别是四周型、_____、_____、_____和衬于文字下方。

53. 在 Word 2010 的设置图片格式中，关于文字的环绕位置有七种，分别是：_____、上下型、穿越型、衬于文字下方、浮于文字上方、嵌于文字所在层和_____。

第五部分　Excel 2010 习题

一、单选题

1. 一个 Excel 工作簿文件第一次存盘默认的扩展名是_____。
   (A) .wkv　　　　(B) .xlsx　　　　(C) .xcl　　　　(D) .docx

2. 在 Excel 2010 中，工作簿新建后，默认名称为_____。
   (A) Book　　　　(B) 表　　　　(C) 工作簿 1　　　　(D) 表 1

3. 双击 Excel 2010 窗口标题栏的作用等同于单击_____按钮。
   (A) 打印预览　　　　(B) 最小化　　　　(C) 最大化/还原　　　　(D) 关闭

4. 在 Excel 2010 中，把单元格指针移到 AZ2500 单元格的最快速的方法是_____。
   (A) 拖动滚动条
   (B) 按 Ctrl + 方向键
   (C) 在名称框输入 AZ2500，并按回车键
   (D) 先用 Ctrl + →键移到 AZ 列，再用 Ctrl + ↓键移到 1000 行

5. Excel 2010 中，填充柄位于_____。
   (A) 当前单元格的左下角　　　　(B) 标准工具栏里
   (C) 当前单元格的右下角　　　　(D) 当前单元格的右上角

6. Excel 2010 中，如果单元格 A1 中为 "Mon"，那么向下拖动填充柄到 A3，则 A3 单元格中应为_____。
   (A) Wed　　　　(B) Mon　　　　(C) Tue　　　　(D) Fri

7. Excel 2010 中，在一个单元格里输入文本时，文本数据在单元格的对齐方式是_____。
   (A) 左对齐　　　　(B) 右对齐　　　　(C) 居中对齐　　　　(D) 随机对齐

8. Excel 2010 中，显示键盘状态的是在_____。
   (A) 状态栏　　　　(B) 任务栏　　　　(C) 标题栏　　　　(D) 菜单栏

9. 以下可用于关闭当前 Excel 2010 工作簿文件的方式是_____。
   (A) 双击标题栏
   (B) 选择 "文件" 菜单中的 "退出" 命令
   (C) 单击标题栏 "关闭" 按钮
   (D) 选择 "文件" 菜单中的 "关闭" 命令

10. 关于 Excel 2010，下面的选项中错误的是_____。
    (A) Excel 2010 是表格处理软件
    (B) Excel 2010 不具有数据库管理能力
    (C) Excel 2010 具有报表编辑、分析数据、图表处理、连接及合并等能力
    (D) 在 Excel 2010 中可以利用宏功能简化操作

11. 关于启动 Excel 2010，下面说法错误的是_____。
    (A) 单击 Office 快捷工具栏上的 Excel 的图标
    (B) 通过 "开始" — "所有程序" — "Microsoft Office 2010" 选择 "Excel 2010"
        选项启动

(C) 双击打开某工作簿文件，可以启动 Excel 2010 程序

(D) 双击 IE 浏览器，可以启动 Excel 2010 程序

12. 在 Excel 2010 中我们直接处理的对象称为工作表，若干工作表的集合称为_____。

(A) 工作簿　　　　(B) 文件　　　　(C) 字段　　　　(D) 活动工作簿

13. 在 Excel 2010 中，下面关于单元格的叙述正确的是_____。

(A) A4 表示第 4 列第 1 行的单元格

(B) 在编辑的过程中，单元格地址在不同的环境中会有所变化

(C) 工作表中单元格是由单元格地址来表示的

(D) 为了区分不同工作中相同地址的单元格地址，可以在单元格前加上工作表的名称，中间用#间隔

14. 在 Excel 2010 中工作簿名称被放置在_____。

(A) 标题栏　　　　(B) 状态栏　　　　(C) 工具栏　　　　(D) 菜单栏

15. 在 Excel 2010 中单元格地址是指_____。

(A) 每一个单元格　　　　　　　(B) 每一个单元格的大小

(C) 单元格所在的工作表　　　　(D) 单元格在工作表中的位置

16. 在 Excel 2010 中将单元格变为活动单元格的操作是_____。

(A) 用鼠标单击该单元格

(B) 将鼠标指针指向该单元格

(C) 在当前单元格内键入该目标单元格地址

(D) 没必要，因为每一个单元格都是活动的

17. Excel 2010 的"页面设置"功能能够_____。

(A) 打印预览　　　(B) 改变页边距　　　(C) 保存工作簿　　　(D) 设置单元格格式

18. 在 Excel 2010 中，如果希望打印内容处于页面中心，可以选择"页面设置"中的_____。

(A) 水平居中　　　　　　　　　(B) 垂直居中

(C) 水平居中和垂直居中　　　　(D) 横向打印

19. 在 Excel 2010 中，若工作表单元格的字符串超过该单元格的显示宽度时，下列叙述中不正确的是_____。

(A) 该字符串有可能占用其左侧单元格的空间，将全部内容显示出来

(B) 该字符串可能占用其右侧单元格的空间，将全部内容显示出来

(C) 该字符串可能只在其所在单元格内显示部分内容出来，多余部分被其右侧单元格中的内容覆盖

(D) 该字符串可能只在其所在单元格内显示部分出来，多余部分被删除

20. Excel 2010 中，以下有关格式化工作表的叙述不正确的是_____。

(A) 数字格式只适用于单元格中的数值数据

(B) 字体格式适用于单元格中的数值数据和文本数据

(C) 使用"格式刷"只能在同一张工作表中进行格式化

(D) 使用"格式刷"可以格式化不同工作表中的单元格

21. Excel 2010 中的工作表的列宽可以通过_____。

(A) "数据"菜单中的"列宽"命令来完成调整

(B) "编辑"菜单中的"列宽"命令来完成调整

(C) "格式"菜单中的"列宽"命令来完成调整

(D) "文件"菜单中的"列宽"命令来完成调整

22. 在 Excel 2010 中，下列序列中不属于 Excel 预设自动填充序列的是_____。

(A) 星期一、星期二、星期三、……　　(B) 一车间、二车间、三车间……

(C) 甲、乙、丙、……　　　　　　　　(D) Mon、Tue、Wed、……

23. 在 Excel 2010 中，使用公式输入数据，一般在公式前需要加_____。

(A) =　　　　　　(B) 单引号　　　　　(C) $　　　　　　(D) 0

24. 在 Excel 2010 中，若使该单元格显示 0.3，应该输入_____。

(A) 6/20　　　　　(B) 6/20　　　　　　(C) ="6/20"　　　　(D) =6/20

25. 在 Excel 2010 中，公式"=$C1+E$1"是_____。

(A) 相对引用　　　(B) 绝对引用　　　　(C) 混合引用　　　　(D) 任意引用

26. 在 Excel 2010 中，下列选项中属于对单元格的绝对引用的是_____。

(A) B2　　　　　　(B) ￥B￥2　　　　　(C) $B2　　　　　　(D) $B$2

27. 在 Excel 2010 中，若在编辑栏输入公式="05-4-12"-"05-3-2"，将在活动单元格中得到_____。

(A) 41　　　　　　(B) 00-3-10　　　　　(C) 05-3-10　　　　(D) 40

28. 在 Excel 2010 中，已知工作表中 K6 单元格中为公式"=F6*$D$4"，在第 3 行处插入一行，则插入后 K7 单元格中的公式为_____。

(A) =F7*$D$5　　　(B) =F7*$D$4　　　　(C) =F6*$D$5　　　(D) :F6*$D$4

29. 在 Excel 2010 中，使用坐标$D$1 引用工作表第 D 列第 1 行的单元格，这称为对单元格地址的_____。

(A) 绝对引用　　　(B) 相对引用　　　　(C) 混合引用　　　　(D) 交叉引用

30. 在 Excel 2010 中，工作表 A1 单元格的内容为公式"=SUM(B2：D7)"，在用删除行的命令将第 2 行删除后，A1 单元格中的公式将调整为_____。

(A) =SUM(ERR)　　　　　　　　　　(B) =SUM(B3：D7)

(C) =SUM(B2：D6)　　　　　　　　　(D) #VALUF!

31. 在 Excel 2010 中，已知工作表中 C3 单元格与 D4 单元格的值均为 10，C4 单元格中为公式"=C3=D4"，则 C4 单元格显示的内容为_____。

(A) C3=D4　　　　(B) TRUE　　　　　　(C) #N/A　　　　　(D) 10

32. 在 Excel 2010 中，若在 A2 单元格中输入"=8^2"则显示结果为_____。

(A) 16　　　　　　(B) 64　　　　　　　(C) =8^2　　　　　(D) 8^2

33. 在 Excel 2010 中，若在 A2 单元格中输入"=56>=57"则显示结果为_____。

(A) 56>57　　　　(B) =56<57　　　　　(C) TRUE　　　　　(D) FALSE

34. 在 Excel 2010 中，下面合法的公式是_____。

(A) =A2-C6　　　　(B) =D5+F7　　　　　(C) =A3*A4　　　　(D) 以上都对

35. Excel 2010 中，公式"=AVERAGE(A1：A4)"等价于下列公式中的_____。

(A) =A1+A2+A3+A4　　　　　　　　　(B) =A1+A2+A3+A4/4

(C) =(Al+A2+A3+A4)/4   (D) =(A1+A4)\4

36. Excel 2010 中，如果为单元格 A4 赋值 9，单元格 A6 赋值 4，单元格 A8 为公式"=IF(A4/3>A6，"OK"，"GOOD")"，则 A8 的值应当是_____。

(A) OK   (B) GOOD   (C) #REF   (D) 以上都不是

37. 在 Excel 2010 的工作表中，若单元格 D3 中的数值为 15，E3 中的数值为 20，D4 中的数值为 10，E4 中的数值为 25，单元格 F3 中的公式为"=D3+$E$3"，将此公式复制到 F4 单元格中，则 F4 单元格的值为_____。

(A) 35   (B) 40   (C) 30   (D) 25

38. 在 Excel 2010 中，将 B2 单元格中的公式"=AI+A2-C1"复制到单元格 C3 后公式为_____。

(A) =A1+A2-C6   (B) =B2+B3-D2
(C) =D1+D2-F6   (D) =D1+D2+D6

39. 在 Excel 2010 中，用公式输入法在工作表区域 B1:B25 中输入起始值为 1，公差为 2 的等差数列，其操作过程如下：B1 单元格中输入数字 1，然后在 B2 单元格中输入公式_____。

(A) =B1+1 最后将该公式向下复制到区域 B3：B25 中
(B) =B1+2 最后将该公式向下复制到区域 B3：B25 中
(C) =1+ 2 最后将该公式向下复制到区域 B3：B25 中
(D) =$B$1+2 最后将该公式向下复制到区域 B3：B25 中

40. 在 Excel 2010 中，要改变工作表的标签，可以使用的方法是_____。

(A) 工具栏上按钮   (B) 单击鼠标左键
(C) 双击鼠标左键   (D) 双击鼠标右键

41. 在 Excel 2010 中，数据清单中的列称为_____。

(A) 字段   (B) 记录   (C) 数据   (D) 单元格

42. 在 Excel 2010 中，设工作表区域 A1:A12 各单元格从上向下顺序存储有某商店 1～12 月的销售额，为了在区域 B1:B12 各单元格中从上向下顺序得到从 1 月到各月的累计销售额，其操作过程如下：先在 B1 单元格中输入公式_____。

(A) =SUM(Al:A1)，然后将其中的公式向下复制到区域 B2：B12 中
(B) =SUM(A1:A12)，然后将其中的公式向下复制到区域 B2：B12 中
(C) =SUM(A1:A$1)，然后将其中的公式向下复制到区域 B2：B12 中
(D) =SUM(A1:$A1)，然后将其中的公式向下复制到区域 B2：B12 中

43. 在 Excel 2010 中，要在工作簿中同时选择多个不相邻的工作表，在依次单击各个工作表的标签的同时应该按住_____键。

(A) Ctrl   (B) Shift   (C) Alt   (D) Del

44. Excel 2010 中，若要在工作表中选定一单元格区域，可以执行下列操作中的_____。

(A) 右击鼠标并选择"复制"命令
(B) 从单元格区域的右上角拖动到左下角
(C) 选择"编辑"中的"填充"命令
(D) 在屏幕左边的行号上向下拖动鼠标

45. 在 Excel 2010 中，选中两个单元格后使两个单元格合并成一个单元格，正确的操作应该是_____。

    (A) 使用绘图工具中的"橡皮"工具，擦除两单元格中的竖线

    (B) 使用"工具"菜单中的相关选项

    (C) 使用"格式"菜单的"单元格"选项，选中相应选项

    (D) A，B，C 均可

46. 在 Excel 2010 工作表某列第一个单元格中输入等差数列起始值，然后若要完成逐一增加的等差数列填充输入，应做的操作是_____。

    (A) 用鼠标左键拖曳单元格右下角的填充柄，到等差数列最后一个数值所在单元格

    (B) 按住 Ctrl 键，用鼠标左键拖曳单元格右下角的填充柄，到等差数列最后一个数值所在的单元格

    (C) 在单元格按住 Alt 键，用鼠标左键拖曳单元格右下角的填充柄，到等差数列最后一个数值所在的单元格

    (D) 在单元格按住 Shift 键，用鼠标左键拖曳单元格右下角的填充柄，到等差数列最后一个数值所在的单元格

47. 在 Excel 2010 中，工作表 G8 单元格的值为 7654.375，执行某操作之后，在 G8 单元格中显示一串"#"符号，说明 G8 单元格的_____。

    (A) 公式有错，无法计算   (B) 数据已经因操作失误而丢失

    (C) 显示宽度不够，只要调整宽度即可   (D) 格式与类型不匹配，无法显示

48. 在 Excel 2010 中，若利用自定义序列功能建立新序列，在输入的新序列各项之间要加以分隔的符号是_____。

    (A) 分号";"   (B) 冒号"："   (C) 叹号"！"   (D) 逗号"，"

49. 下列关于 Excel 2010 的叙述中，正确的是_____。

    (A) Excel 2010 将工作簿的每一张工作表分别作为一个文件来保存

    (B) Excel 2010 的图表必须与生成该图表的有关数据处于同一张工作表上

    (C) Excel 2010 工作表的名称由文件名决定

    (D) Excel 2010 允许一个工作簿中包含多个工作表

50. 在 Excel 2010 工作簿中既有一般工作表又有图表，当执行"文件"菜单的"保存文件"命令时，则_____。

    (A) 只保存工作表文件   (B) 只保存图表文件

    (C) 分别保存   (D) 将二者同时保存

51. 在 Excel 2010 中，如果将图表作为工作表插入，则默认的名称为_____。

    (A) 工作表 1   (B) 图表 1   (C) sheet4   (D) 无标题

52. 在 Excel 2010 中，双击图表标题将_____。

    (A) 调出图表工具栏   (B) 调出标准工具栏

    (C) 调出"改变字体"对话框   (D) 调出"图表标题格式"的对话框

53. 在 Excel 2010 中，将图表和数据表放在一张工作表内的方法，称为_____。

    (A) 自由式图表   (B) 分离式图表

(C) 合并式图表　　　　　　　　　　(D) 嵌入式图表

54. 在 Excel 2010 中，"XY 图"指的是_____。

(A) 散点图　　　　(B) 柱形图　　　　(C) 条形图　　　　(D) 折线图

55. 在 Excel 2010 中，若数据表中一些数据已不需要，删除后，相应图表的相应内容将_____。

(A) 自动删除　　　　　　　　　　(B) 单击"更新"后删除

(C) 不变化　　　　　　　　　　　(D) 以虚线显示

56. 在 Excel 2010 中，当产生图表的基础数据发生变化后，图表将_____。

(A) 发生相应的改变　　　　　　　(B) 发生改变，但与数据无关

(C) 不会改变　　　　　　　　　　(D) 被删除

57. 在 Excel 2010 中，单击"图表"工具栏的"数据表"按钮_____。

(A) 会切换到数据表　　　　　　　(B) 会将数据表在图表中显示出来

(C) 会将图表放在数据表中　　　　(D) A 或 B

58. 在 Excel 2010 中，工作表改名过程是_____。

(A) 单击"文件"菜单，选择"重命名"

(B) 单击"编辑"菜单，选择"重命名"

(C) 单击"格式"菜单，选择"工作表"，再选择"重命名"

(D) A、B、C 都正确

59. 在 Excel 2010 中，活动单元格是指_____。

(A) 可以随意移动的单元格

(B) 已经改动了的单元格

(C) 随其他单元格的变化而变化的单元格

(D) 正在操作的单元格

60. 在 Excel 2010 中，A1 单元格设定其格式为保留 0 位小数，当输入"45.51"时，则可以显示_____。

(A) 45.51　　　　(B) 45　　　　(C) 46　　　　(D) ERROR

61. 在 Excel 2010 作表中，A5 的内容是 A5，拖动填充柄至 C5，则 B5、C5 单元格的内容分别为_____。

(A) B5 C5　　　　(B) B6 C7　　　　(C) A6 A7　　　　(D) A5 A5

62. 在 Excel 2010 工作表中，A1 单元格中数值为 3 和 A2 单元格中数值为 8，并选取 A1 和 A2，将鼠标移至 A2 单元格右下角处，鼠标形状为实心"+"时，拖曳鼠标至 A5 单元格，此时 A4 单元格的内容为_____。

(A) 8　　　　(B) 10　　　　(C) 18　　　　(D) 23

63. 在 Excel 2010 中，在打印学生成绩单时，对不及格的成绩用醒目的方式表示(如加图案等)，当要处理大量的学生成绩时，利用最为方便的菜单命令是_____。

(A) 查找　　　　(B) 条件格式　　　　(C) 数据筛选　　　　(D) 定位

64. 在 Excel 2010 的一数据清单中，若单击任一单元格后选择"数据"_____"排序"，Excel 将_____。

(A) 自动把排序范围限定于此单元格所在的行

(B) 自动把排序范围限定于此单元格所在的列

(C) 自动把排序范围限定于整个清单

(D) 不能排序

65. 在 Excel 2010 工作表中，某单元格为数值格式，如将其格式改为货币格式后，则_____。

(A) 单元格内和编辑栏内均显示数值格式

(B) 单元格内和编辑栏内均显示货币格式

(C) 单元格内显示数值格式，编辑栏内显示货币格式

(D) 单元格内显示货币格式，编辑栏内显示数值格式

66. 在 Excel 2010 工作簿中，有 Sheet1、Sheet2、Sheet3 三个工作表，连续选定该三个工作表，在 Sheet1 工作表的 A1 单元格内输入数值"9"，则 Sheet2 工作表和 Sheet3 工作表中 A1 单元格内_____。

(A) 内容均为数值"0"　　　　　(B) 内容均为数值"9"

(C) 内容均为数值"10"　　　　　(D) 无数据

67. 在 Excel 2010 的升序排序中_____。

(A) 逻辑值 FALSE 在 TRUE 之前　　(B) 逻辑值 TRUE 在 FALSE 之前

(C) 逻辑值 TURE 和 FALSE 等值　　(D) 逻辑值 TRUE 和 FALSE 保持原始次序

68. 在 Excel 2010 中，执行自动筛选的数据清单，必须_____。

(A) 没有标题行且不能有其他数据夹杂其中

(B) 拥有标题行且不能有其他数据夹杂其中

(C) 没有标题行且能有其他数据夹杂其中

(D) 拥有标题行且能有其他数据夹杂其中

69. 在 Excel 2010 中，以下会在字段名的单元格内加上一个下拉按钮的命令是_____。

(A) 自动筛选　　(B) 记录单　　(C) 排序　　　　(D) 分类汇总

70. 在 Excel 2010 中，执行了插入工作表的操作后，新插入的工作表_____。

(A) 在当前工作表之前　　　　(B) 在当前工作表之后

(C) 在所有工作表的前面　　　　(D) 在所有工作表的后面

71. 在 Excel 2010 中，用筛选条件"英语>75"与"总分>=240"对成绩数据进行筛选后，在筛选结果中都是_____。

(A) 英语>75 的记录　　　　　(B) 英语>75 且总分>=240 的记录

(C) 总分>=240 的记录　　　　(D) 英语>75 或总分>=240 的记录

72. 在 Excel 2010 中，使用图表向导为工作表中的数据建立图表，正确的说法是_____。

(A) 只能建立一张单独的图表工作表，不能将图表嵌入到工作表中

(B) 只能为连续的数据区建立图表，数据区不连续时不能建立图表

(C) 图表中的图表类型一经选定建立图表后，将不能修改

(D) 当数据区中的数据系列被删除后，图表中的相应内容也会被删除

73. 在 Excel 2010 中，要在图片中加入文本，可以选择"绘图工具栏"上的_____。

(A) 矩形　　　　(B) 直线　　　　(C) 文本框　　　　(D) 箭头

74. 在 Excel 2010 中，当鼠标指针指点超级链接标志时，会弹出的提示是_____。

(A) 是否打开链接　　　　　　　　　　(B) 是否取消链接

(C) 链接建立时间　　　　　　　　　　(D) 该链接目标地址

75. 在 Excel 2010 中，在选取单元格时，鼠标指针状态为_____。

(A) 竖条光标　　　　　　　　　　　　(B) 空心十字光标

(C) 箭头光标　　　　　　　　　　　　(D) 不确定

76. 在 Excel 2010 中，如果要选取若干个不连续的单元格，可以_____。

(A) 按 Shift 键依次单击所选单元格　　(B) 按 Ctrl 键依次单击所选单元格

(C) 按 Alt 键依次单击所选单元格　　　(D) 按 Tab 键依次单击所选单元格

77. 在 Excel 2010 中，在单元格中输入身份证号码时应首先输入_____。

(A) "："　　　　　(B) "'"　　　　　(C) "="　　　　　(D) "/"

78. 在 Excel 2010 工作表中，公式中不能包含以下信息_____。

(A) 中文标点符号　　　　　　　　　　(B) ASCII 符号

(C) 图表　　　　　　　　　　　　　　(D) 汉字

79. 在 Excel 2010 中，若要在当前单元格的左方插入一个单元格，在右击该单元格后在弹出的"插入"对话框中选择_____。

(A) 整行　　　　　　　　　　　　　　(B) 活动单元格右移

(C) 整列　　　　　　　　　　　　　　(D) 活动单元格下移

80. 在 Excel 2010 中，选中某个单元格后，单击工具栏上的"格式刷"按钮，可以复制单元格的_____。

(A) 格式　　　　(B) 内容　　　　(C) 全部(格式和内容)　　　　(D) 批注

81. 在 Excel 2010 中用鼠标拖曳复制数据和移动数据在操作上_____。

(A) 有所不同，区别是：复制数据时，要按住 Ctrl 键

(B) 完全一样

(C) 有所不同，区别是：移动数据时，要按住 Ctrl 键

(D) 有所不同，区别是：复制数据时，要按住 Shift 键

82. 在 Excel 2010 中，当操作数发生变化时，公式的运算结果_____。

(A) 会发生改变　　　　　　　　　　　(B) 不会发生改变

(C) 与操作数没有关系　　　　　　　　(D) 会显示出错信息

83. 在 Excel 2010 中，若在 A1 单元格中输入(123)，则 A1 单元格中的内容是_____。

(A) -123　　　　(B) 123.0　　　　(C) 123　　　　(D) (123)

84. 在 Excel 2010 中，若将 123 作为文本数据输入某单元格,错误的输入方法是_____。

(A) '123　　　　　　　　　　　　　　(B) ="123"

(C) 先输入 123，再设置为文本格式　　(D) "123"

85. 在 Excel 2010 中，下列工具按钮 ⬚ % ， ⬚ ⬚ 分别表示_____。

(A) 数据样式，百分比样式，标点符号，减少小数位数，增加小数位数

(B) 货币样式，百分比样式，标点符号，增加小数位数，减少小数位数

(C) 货币样式，百分比样式，千位分隔样式，增加小数位数，减少小数位数

(D) 货币样式，百分比样式，标点符号，增加小数位数，减少小数位数

86. 在 Excel 2010 中，若要输入电话号码，可以对已输入字符串所在的单元格_____。

(A) 将单元格数字格式设置为"科学计数"

(B) 将单元格数字格式设置为"常规"

(C) 将单元格数字格式设置为"数值"

(D) 将单元格数字格式设置为"文本"

87. 关于工作表叙述正确的是_____。

(A) 工作表是计算和存取数据的文件

(B) 工作表的名称在工作簿的顶部显示

(C) 无法对工作表的名称进行修改

(D) 工作表的默认名称是"sheet1、sheet2……"

88. 在 Excel 2010 中以工作表 Sheet1 中某区域的数据为基础建立的独立图表，该图表标签"图表 1"在标签栏中的位置是_____。

(A) Sheet1 之前　　(B) Sheet1 之后　　(C) 最后一个　　(D) 不确定

89. 下面哪一种不是 Excel 2010 工作簿的保存方法_____。

(A) 执行"文件"菜单中的"另存为"命令

(B) 单击工具栏中"保存"工具图标

(C) 使用"退出"Excel 的方法进行保存

(D) 选择"编辑"菜单的"保存"命令

90. 有一个工作簿有 16 张工作表，标签为 Sheet1～Sheet16，若当前工作表为 Sheet5，将该表复制一份到 Sheet8 之前，则复制的工作表标签为_____。

(A) Sheet5(2)　　(B) Sheet5　　(C) Sheet8(2)　　(D) Sheet7(2)

91. 若在工作簿 Book2 的当前工作表中，引用工作簿 Book1 中 Sheet1 中的 A2 单元格数据，正确的引用是_____。

(A) [Book1.xls]!sheet2　　　　　　(B) Sheet1!$A$2

(C) [Book1.xls]sheet1!$A$2　　　　(D) sheet1!A2

92. 在 Excel 2010 中激活图表的正确方法有_____。

(A) F1 键　　　　　　　　　　(B) 使用鼠标单击图表

(C) 按 Enter 键　　　　　　　　(D) 按 Tab 键

93. 在 Excel 2010 中，移动图表的方法是_____。

(A) 将鼠标指针放在图表的边线上单击

(B) 将鼠标指针放在图表的控点上拖动

(C) 将鼠标指针放在图表内拖动

(D) 将鼠标指针放在图表内双击

94. 已知 A1、B1 单元格中的数据为 33、35，C1 中的公式为"A1+B1"，其他单元格均为空。若把 C1 中的公式复制到 C2，则 C2 显示为_____。

(A) 88　　　　　(B) 0　　　　　(C) A1+B1　　　(D) 55

95. 在 Excel 2010 中，计算平均值的函数是_____。

(A) COUNT　　　(B) AVERAGE　　(C) SUM　　　(D) COUNTA

96. 在进行分类汇总前必须对数据清单进行_____。

(A) 筛选　　　　(B) 排序　　　　(C) 建立数据库　(D) 有效计算

97. 在 Excel 2010 的工作界面中，_____将显示在名称框中。

(A) 工作表名称　(B) 行号　　　　(C) 列标　　　　　(D) 活动单元格地址

98. Excel 2010 中，列标_____。

(A) 用字母表示　　　　　　　(B) 用数字表示

(C) 可以用中文文字表示　　　　(D) 可以用各种符号表示

99. 在 Excel 2010 中，选中单元格后，按下 Del 键，将_____。

(A) 删除选中单元格和里面的内容　(B) 清除选中单元格中的内容

(C) 清除选中单元格中的格式　　　(D) 清除选中单元格中的内容和格式

100. 下面不属于 Excel 2010 的视图方式的是_____。

(A) 普通　　　(B) 分页预览　　　(C) 页面　　　　(D) 全屏显示

101. 在 Excel 2010 中，可以用于计算最大值的函数是_____。

(A) Max　　　(B) Count　　　(C) If　　　　　(D) Average

102. 在 Excel 2010 中，若要设置文本合并及居中，可以利用的按钮是_____。

(A) ▤　　　(B) ▦　　　(C) ▦▾　　　　(D) ▤

103. 在 Excel 2010 中，弹出"替换"对话框的快捷键是_____。

(A) Ctrl + Alt + F　　　　　(B) Ctrl + F

(C) Ctrl + H　　　　　　　(D) Ctrl + Alt + H

104. 在 Excel 2010 中，可以使用"分类汇总"命令来对记录进行统计分析，此命令所在的菜单是_____。

(A) 编辑　　　(B) 格式　　　(C) 数据　　　　(D) 工具

105. 在 Excel 2010 工作表中，日期型数据"2004 年 12 月 21 日"的正确输入形式是_____。

(A) 21-12-2004　(B) 21.12.2004　(C) 21，12，2004　(D) 21:12:2004

106. 计算选定的单元格区域内数值的总和的函数是_____。

(A) SUM　　　(B) COUNT　　　(C) VERAGE　　　(D) MAX

107. 在 Excel 2010 中，若要改变打印时的纸张大小，正确的是_____。

(A) "工具"对话框中的"选项"

(B) "单元格格式"对话框中的"对齐"选项卡

(C) "页面设置"对话框中的"工作表"选项卡

(D) "页面设置"对话框中的"页面"选项卡

108. Excel 2010 是 Office 2010 系列办公软件中的一个组件，主要用来_____。

(A) 编辑图文并茂的文书文档　　(B) 制作电子表格

(C) 制作演示文稿　　　　　　(D) 创建关系型数据库

109. 在 Excel 2010 中，删除了一张工作表后，_____。

(A) 被删除的工作表将无法恢复

(B) 被删除的工作表可以被恢复到原来位置

(C) 被删除的工作表可以被恢复为最后一张工作表

(D) 被删除的工作表可以被恢复为首张工作表

110. 在 Excel 2010 中，执行插入行的命令后，将_____。

(A) 在选定行的前面插入一行　　(B) 在选定行的后面插入一行
(B) 在工作表的最后插入一行　　(D) 在工作表的最前面插入一行

111. 在 Excel 2010 中，"A1:D4" 表示_____。

(A) A1 和 D4 单元格

(B) 左上角为 A1、右下角为 D4 的单元格区域

(C) A、B、C 和 D 四列

(D) 1、2、3、4 四行

112. 在 Excel 2010 中，工作表以工作表标签来标识，工作表的标签位于_____。

(A) 标题栏中　　(B) 文件菜单中　　(C) 工作表区域下方　　(D) 窗口菜单中

113. 在 Execl 2010 中，可以使用格式工具栏上的按钮，将单元格中的数据设置为_____样式。

(A) 时间　　　　(B) 日期　　　　(C) 货币　　　　　　(D) 文本

114. 在 Excel 2010 中，选定 C5 单元格后执行"冻结窗格"的命令，则被冻结的是_____。

(A) 单元格　　　　　　　　　　(B) A1:C5 单元格区域

(C) A1:B4 单元格区域　　　　　(D) 第 C 列和第 5 行单元格

115. 对于 Excel 2010，下面说法中正确的是_____。

(A) 可以将图表插入某个单元格中　(B) 图表也可以插入到一张新的工作表中

(C) 不能在工作表中嵌入图表　　　(D) 插入的图表不能在工作表中任意移动

116. Excel 2010 不能用于_____。

(A) 处理表格　　(B) 统计分析　　(C) 创建图表　　(D) 制作演示文稿

117. 在 Excel 2010 中，执行插入列的命令后，将_____。

(A) 在选定列的左面插入一列　　(B) 在选定列的右面插入一列

(C) 在工作表的最后插入一列　　(D) 在工作表的最前面插入一列

118. 在 Execl 2010 中，执行插入单元格操作时，可以选择被插入的单元格出现在活动单元格的_____。

(A) 上方或者下方　　　　　　　(B) 左侧或者右侧

(C) 上方或者左侧　　　　　　　(D) 上方或者右侧

119. 在 Execl 2010 工作表中，单元格区域 D2：E4 所包含的单元格个数是_____。

(A) 5　　　　　(B) 6　　　　　(C) 7　　　　　　(D) 8

120. 在 Execl 2010 工作表中，单元格 C4 中有公式 "=A3+$C$5"，在第 3 行之前插入一行之后，单元格 C5 中的公式为_____。

(A) =A4+$C$6　(B) =A4+$C$5　(C) =A3+$C$6　(D) =A3+$C$5

121. 在 Execl 2010 工作表的单元格中输入 "=Average(10，-3)-Pi0"，则该单元格显示的值_____。

(A) 大于零　　　(B) 小于零　　　(C) 等于零　　　(D) 不确定

122. 在 Execl 2010 的工作表中，将表格的标题在表格居中显示的方法是_____。

(A) 在标题行处于表格宽度居中位置的单元格输入表格标题

(B) 在标题行任一单元格输入表格标题，然后单击"居中"按钮

(C) 在标题行任一单元格输入表格标题，然后单击"合并及居中"按钮

(D) 在标题行处于表格宽度范围内的单元格中输入标题，选定标题行处于表格宽度范围内的所有单元格，然后单击"合并及居中"工具按钮

123．下列不能对数据表排序的是_____。

(A) 单击数据清单中任一单元格，然后单击工具栏中"升序"或"降序"按钮

(B) 选定要排序的数据区域，然后单击工具栏中的"升序"或"降序"按钮

(C) 选定要排序的数据区域，然后使用"编辑"菜单的"排序"命令

(D) 选定要排序的数据区域，然后使用"数据"菜单的"排序"命令

124．在 Execl 2010 的工作表中，SUM(5，6，7)的值是_____。

(A) 18　　　　(B) 210　　　　(C) 4　　　　(D) 8

125．在 Execl 2010 的工作表中，设在 B5 单元格存有一公式为 SUM(B2:B4)，将其复制到 D5 后，公式变为_____。

(A) SUM(B2:B4)　　　　　　(B) SUM(B2:D5)

(C) SUM(D5:B2)　　　　　　(D) SUM(D2:D4)

126．在 Execl 2010 的工作表中，拖曳窗口与边框角落可改变窗口的_____。

(A) 颜色　　　　(B) 粗细　　　　(C) 大小　　　　(D) 字体

127．在 Execl 2010 的工作表中，利用鼠标拖放移动数据时，若有"是否替换目标单元格内容？"的提示框出现，则说明_____。

(A) 数据不能移动　　　　　　(B) 目标区域已有数据

(C) 目标区域为空白　　　　　(D) 不能用鼠标拖放进行数据移动

128．在 Execl 2010 的工作表中，当某一单元格中显示的内容为"#NAME?"时，它表示_____。

(A) 使用了 Excel 不能识别的名称　(B) 公式中的名称有问题

(C) 在公式中引用的无效的单元格　(D) 无意义

129．已知 Execl 2010 的工作表 B3 单元格与 B4 单元格的值分别为"中国"、"北京"，要在 C4 单元格中显示"中国北京"，正确的公式为_____。

(A) =B3+B4　　(B) =B3，B4　　(C) =B3&B4　　(D) =B3:B4

130．在 Execl 2010 中打印工作表时，"页面设置"对话框中的"工作表"选项卡中的打印顺序有_____。

(A) 先列后行　　(B) 先行后列　　(C) 从上到下　　(D) A 和 B

131．在 Execl 2010 的工作表的 A3 单元格输入数据时，若键入' 110081，则. A3 单元格的数据类型为_____。

(A) 数值数据　　(B) 文本数据　　(C) 日期数据　　(D) 时间数据

132．在 Execl 2010 的工作表中若要选定区域 Al:C4 和 D3:F6，应_____。

(A) 按鼠标左键从 A1 拖动到 C4，然后按鼠标左键从 D3 拖动到 F6

(B) 按鼠标左键从 A1 拖动到 C4，然后按住 Shift 键，并按鼠标左键从 D3 拖动到 F6

(C) 按鼠标左键从 A1 拖动到 C4，然后按住 Ctrl 键，并接鼠标左键从 D3 拖动到 F6

(D) 按鼠标左键从 A1 拖动到 C4，然后按住 Alt 键，并按鼠标左键从 D3 拖动到 F6

133．在 Execl 2010 的工作表中，设 A1 单元格的内容为 10，B2 单元格的内容为 20，

在 C2 单元格中输入 "=B2-A1"，按回车键后，C2 单元格的内容是_____。

    (A) 10   (B) -10   (C) B2-A1   (D) #######

134．在 Execl 2010 的工作表中，某区域由 A1、A2、A3、B1、B2、B3 六个单元格组成，下列不能表示该区域的是_____。

    (A) A1:B1   (B) Al:B3   (C) A3:B1   (D) B3:Al

135．在 Execl 2010 的工作表中，单元格区域 Al：C3 已输入数值 10，若在 D1 单元格内输入公式 "=SUM(A1，C3)"，则 D1 的显示结果为_____。

    (A) 20   (B) 60   (C) 30   (D) 90

136．在 Excel 2010 中，打印工作表前就能看到实际打印效果的操作是_____。

    (A) 仔细观察工作表   (B) 打印预览

    (C) 按 F8 键   (D) 分页预览

137．在 Excel 2010 中，高级筛选的条件区域在_____。

    (A) 数据表区域的左面   (B) 数据表区域的后面

    (C) 数据表区域的下面   (D) 以上均可

138．在 Excel 2010 中，用筛选条件 "数学>65" 与 "总分>260" 对成绩数据表进行筛选后，在筛选结果中都是_____。

    (A) 数学>65 的记录   (B) 总分>260 的记录.

    (C) 数学>65 且总分>260 的记录   (D) 数学>65 或总分>260 的记录

139．在 Excel 2010 工作簿中，有关移动和复制工作表的说法正确的是_____。

    (A) 工作表只能在所在工作簿内移动，不能复制

    (B) 工作表只能在所在工作簿内复制，不能移动

    (C) 工作表可以移动到其他工作簿内，不能复制到其他工作簿内

    (D) 工作表可以移动到其他工作簿内，也可复制到其他工作簿内

140．当 Excel 2010 工作表可以进行智能填充时，鼠标的形状为_____。

    (A) 空心粗十字   (B) 向左上方箭头

    (C) 实心细十字   (D) 向右上方前头

141．在 Excel 2010 工作表中，不正确的单元格地址是_____。

    (A) C$66   (B) $C66   (C) C6$6   (D) $C$66

142．在 Excel 2010 工作表中，求 A1 到 A6 单元格中数据的和，以下错误的公式是_____。

    (A) =A1+A2+A3+A4+A5+A6   (B) =SUM(A1:A6)

    (C) =(A1+A2+A3+A4+A5+A6)   (D) =SUM(A1+A6)

143．在 Excel 2010 工作表中，表示绝对引用地址的符号是_____。

    (A) $ (B) ?   (C) #   (D) &

144．在 Excel 2010 工作表中，若想输入当天日期，可以通过下列哪个组合键快速完成_____。

    (A) Ctrl + A   (B) Ctrl + ;   (C) Ctrl + Shift + A   (D) Ctrl + Shift + :

145．在 Excel 2010 中，若要把工作簿保存在磁盘上，可按_____键。

    (A) Ctrl + A   (B) Ctrl + S   (C) Shift + A   (D) Shift + S

146. 在 Excel 2010 工作表中，被选中的单元格称为_____。

    (A) 工作簿　　　　(B) 活动单元格　　　　(C) 文档　　　　(D) 拆分框

147. 在 Excel 2010 工作表中，文字连接符号为_____。

    (A) $　　　　(B) &　　　　(C) %　　　　(D) @

148. 在 Excel 2010 工作表中，输入文字的方式除直接输入外，还可使用_____函数。

    (A) TEXT()　　(B) SUM()　　(C) AVERAGE()　(D) COUNT()

149. 在 Excel 2010 中，若要将当前工作表由 sheet1 移到 sheet2，可按_____键。

    (A) Ctrl + PageUp　　　　　　(B) Ctrl + PageDown

    (C) PageUp　　　　　　　　　(D) PageDown

150. 在 Excel 2010 中，若要将光标移到活动单元格所在行的 A 列，可按_____键。

    (A) Page UP　　(B) Page Down　　(C) Home　　(D) End

151. 在 Excel 2010 中，若要将光标移到所在工作表的 A1 单元格，可按_____键。

    (A) Home　　(B) End　　(C) Ctrl + Home　　(D) Ctrl + End

152. 在 Excel 2010 中，下列序列不能直接利用自动填充快速输入的是_____。

    (A) 星期一、星期二、星期三、…　　(B) Mon、Tue、Wed、…

    (C) 甲、乙、丙、…　　　　　　　　(D) 第一、第二、第三、…

153. 在 Excel 2010 单元格中，强迫换行的方法是在需要换行的位置按_____键。

    (A) Enter　　(B) Tab　　(C) Alt+ Enter　　(D) Alt+ Tab

154. 已知工作表中 J7 单元格中为公式"=F7*$D$4"，在第 4 行处插入一行，则插入后 J8 单元格中的公式为_____。

    (A) =F8*$D$5　　(B) =F8*$D$4　　(C) =F7*$D$5　　(D) =F7*$D$4

155. 用 Excel 可以创建各类图表，如条形图、柱形图等，为了显示数据系列中每一项占该系列数值总和的比例关系，应该选择哪一种图表_____。

    (A) 条形图　　(B) 柱形图　　(C) 饼图　　(D) 折线图

二、填空题

1. Excel 2010 是 Microsoft 公司推出的功能强大、技术先进、使用方便的_____软件。

2. Excel 2010 工作基于 Windows 7 平台，具有窗口、菜单、对话框和图标，输入工具可以使用键盘或_____操作。

3. "工作表区"由工作表、单元格、网格线、行号、列标、滚动条和_____构成。"列标"就是各列上方的灰色字母，"行号"就是位于各行左侧的灰色编号区。

4. 在保存 Excel 2010 工作簿时，默认的工作簿文件名是_____。

5. Excel 2010 工作表的行坐标范围是_____。

6. Excel 2010 中存储数据的基本单位是_____。

7. 利用 Word 2010 创建的是文档，利用 Excel 2010 中创建的对象称为_____。

8. Excel 2010 中第一张工作表的名称默认用_____表示。

9. 位于工作表窗口下方的区域称为_____，它能提供有关选定命令或操作进程的信息，可据此了解当前可做的操作。在此信息的右侧将显示 Cap Lock、Scroll Lock、NumLock 等键盘按键的当前状态，若这些键处于打开状态，那么它们的名称就会在此显示出来。

10. 在 Excel 2010 中，我们处理的所有数据都保存在_____中。

11. 默认情况下，一个 Excel 2010 工作簿有 3 个工作表，其中第一个工作表的默认名是_____，为了改变工作表的名字，可以_____弹出快捷菜单，选择"重命名"命令。

12. 正在处理的单元格称为_____，正在处理的工作表称为_____。

13. 单元格的名称是由_____来表示的，第 5 行第 4 列的单元格地址应表示为_____。

14. 在 Excel 2010 工作表中，当相邻单元格中要输入相同数据或按某种规律变化的数据时，可以使用_____功能实现快速输入。

15. _____是指对选定的单元格或单元格区域内的内容作清除，单元格依然存在；_____是指将选定单元格和单元格内的内容一并删除。

16. 可以将行标题或列标题_____起来，使行标题或列标题始终显示在数据清单的最上端。

17. 修改工作表中文字字体的方法是：首先选定要修改的文字内容，然后在上面右击鼠标，从快捷菜单中选择"_____"命令。

18. _____是 Excel 2010 中极具特色的一种输入方式，可以实现数据处理的自动化。

19. 在 Excel 2010 中，公式都是以_____开始的，后面由_____和_____构成。

20. _____的含义是把一个含有单元格地址引用的公式复制到一个新的位置时，公式中单元格地址会根据情况而改变。

21. _____的含义是把一个含有单元格地址的公式复制到一个新的位置时，公式中的单元格地址保持不变。

22. 通常，我们使用_____来为 Excel 2010 工作表创建图表。

23. 数据清单中的"列"相当于数据库的_____。

24. 数据清单中的_____相当于数据库的字段名。

25. 数据清单中的每一行都相当于数据库的一条_____。

26. 数据清单中的第一行中显示的"字段名"，我们将这一行称为_____。

27. Excel 2010 的筛选功能包括_____和_____。

28. Excel 2010 允许在单元格中输入公式，公式中可以使两个字符值连接的运算符是_____。

29. Excel 2010 工作表单元格中的数值型数据默认为_____对齐。

30. 在 Excel 2010 工作表的单元格 D6 中有公式"=$B$2+C6"，将 D6 单元格的公式复制到 C7 单元格内，则 C7 单元格的公式为_____。

31. 在 Excel 2010 中正在处理的单元格称为_____，其外总有一个黑色的方框。

32. 在 Excel 2010 中，第 2 列第 3 行单元格地址为_____。

33. Excel 2010 中"清除内容"是指对选定的_____做清除，而单元格依然存在。

34. Excel 2010 中完整的单元格地址通常包括工作簿名、_____、标签名、_____、列标号。

35. Excel 2010 中"删除"是指将选定的_____一并删除。

36. _____的含义是在一个单元格地址中，既有相对地址引用，又有绝对地址引用。

37. Excel 2010 中单元格地址是指它在_____中的位置。

38．Excel 2010中单元格地址根据它被复制到其他单元格后是否会改变,分为_____、_____和_____。

39．在 Excel 2010 中选取"自动筛选"命令后,在清单上的_____出现了下拉式按钮图标。

40．在 Excel 2010 中的某单元格中输入 "=-5+6*7",则按回车键后此单元格显示为_____。

41．如果要在 Excel 2010 数据表中快速查找符合条件的记录,当查找条件与多个字段相关并要求一次完成时,应使用 Excel 提供的_____功能。

42．在 Excel 2010 中,比较运算符可以比较两个数值并产生逻辑值_____、_____。

43．Excel 2010 中的":"为区域运算符,对两个引用之间,包括两个引用在内的所有单元格进行引用,表示 B5 到 BlO 所有单元格的引用_____。

44．在 Excel 2010 中,如果要修改计算的顺序,公式中需首先计算的部分括在____内。

45．在 Excel 2010 中,_____可以完成基本的数学运算。

46．在 Excel 2010 中产生图表的基础数据发生变化后,图表将_____。

47．在 A1 单元格中输入数据$12345确认后,Al 单元格中的结果为_____。

48．Excel 2010 最常用的数据管理功能包括排序、筛选和_____。

49．若只对单元格的部分内容进行修改,则双击单元格或单击_____即可。

50．将鼠标指针指向某工作表标签,按下 Ctrl 键,拖动标签到一新位置,则完成的是复制工作表的操作,拖动时不按 Ctrl 键,则完成_____操作。

51．Excel 2010 中文本默认为水平方向_____对齐。

52．格式工具栏上的"▦"按钮的名称是_____。

53．单击第一张工作表标签后,按 Ctrl 键后再单击第五张工作表标签,则同时选定_____张工作表。

54．在 Excel 2010 中,"▤ ▤ ▤ ▦"四个按钮位于_____工具栏。

55．Excel 2010 提供有各种用于计算的函数,其中用于求总计结果的函数是_____。

56．在 Excel 2010 删除工作表中与图表有链接的数据时,图表中也会自动_____相应的数据点。

57．在进行分类汇总前必须对数据清单进行_____。

58．在 Excel 2010 中为了能够更有效地进行数据管理,通常我们让每个清单独占_____。

59．在 Excel 2010 清单中,针对某些列的数据,我们可以用"数据"菜单项中的_____命令来重新组织行的顺序。

60．在 Excel 2010 中一个经_____的清单仅显示那些包含了某一特定值或符合一组条件的行,暂时隐藏其他行。

61．在 Excel 2010 中可以冻结_____,使之始终显示在清单的最上端。

62．在 Excel 2010 中,公式= "我" & "是" & "中国人"产生字符串_____。

63．在 Excel 2010 中,_____用于指定对操作数或单元格所引用的数据执行何种运算。

64．改变图表的类型可以使用_____菜单中的"图表类型"命令.

65．在 Excel 2010 工作表的单元格 D5 中有公式"=$B$2+D4"，在第 1 行后插入一行，则 D6 单元格中的公式为_____。

66．"Σ ▾"按钮的名称是_____。

67．Excel 2010 中输入文字的方式除直接输入外，还可以_____输入。

68．在 Excel 2010 中提供了分类汇总的功能，汇总时先按工作表分类的字段名进行_____，然后进行_____。

69．当 Excel 2010 中工作表区域的数据发生变化时，相应的图表将_____。

70．在 Excel 2010 中，常用工具栏上的"▥ ▱"按钮作用分别是_____和_____。

71．一个单元格可以包含公式、数值、格式、批注等，复制公式时需要使用"编辑"菜单中的_____命令。

72．Excel 2010 中&用于加入或连接一个或更多字符串来产生一大段文本。如"I Name is" & "zhangsan"，结果将是_____。

73．工作簿文件默认的扩展名是_____。

74．在当前单元格中引用 C5 单元格地址，绝对地址引用是_____，相对地址引用是_____，混合地址引用是_____。

75．将 C3 单元格中的公式"=A2-$B3+Cl"复制到 D4 单元格中，则 D4 单元格中的公式是_____。

76．D5 单元格中有公式"=A5+$B$4"，删除第 3 行后，D4 中的公式是_____。

77．双击某工作表标识符，可以对该工作表进行_____操作。

78．在 Excel 2010 工作表中输入日期和时间可以使用快捷键，若要输入当天日期可按_____组合键，若要输入现在时间可按_____组合键。

79．在 Excel 2010 工作表中，若要选择不连续的单元格，首先单击第一个单元格，按住_____键不放，单击其他单元格。

第六部分　PowerPoint 2010 习题

一、选择题

1. 启动 PowerPoint 2010 的正确操作方法是＿＿＿＿。
   (A) 在"开始"菜单中单击"文档"，在弹出的子菜单中单击"Microsoft PowerPoint 2010"
   (B) 在"开始"菜单中单击"查找"，在弹出的子菜单中单击"Microsoft PowerPoint 2010"
   (C) 在"开始"菜单中单击"程序"，在弹出的子菜单中单击"Microsoft PowerPoint 2010"
   (D) 在"开始"菜单中单击"设置"，在弹出的子菜单中单击"Microsoft PowerPoint 2010"

2. 在 PowerPoint 2010 中，如果希望在演示过程中终止幻灯片的放映，则可按＿＿＿＿。
   (A) Delete　　　　(B) Ctrl + E　　　(C) Shift + E　　　(D) ESC

3. 在 PowerPoint 2010 中，"18"号字体比"8"号字体＿＿＿＿。
   (A) 大　　　　　(B) 小　　　　　　(C) 有时大，有时小　(D) 一样

4. 在 PowerPoint 2010 中，可对母版进行编辑和修改的状态是＿＿＿＿。
   (A) 幻灯片视图　(B) 备注页视图　(C) 母版状态　　　(D) 大纲视图

5. 在 PowerPoint 2010 中，"文件"菜单中的"打开"命令的快捷键是＿＿＿＿。
   (A) Ctrl + P　　　(B) Ctrl + O　　　(C) Ctrl + S　　　(D) Ctrl + N

6. 在 PowerPoint 2010 中，使字体变斜的快捷键是＿＿＿＿。
   (A) Shift + I　　　(B) End + I　　　(C) Ctrl + I　　　(D) Alt + I

7. 在 PowerPoint 2010 的幻灯片大纲视图中不可以进行的操作是＿＿＿＿。
   (A) 删除幻灯片　　　　　　　　(B) 移动幻灯片
   (C) 编辑幻灯片内容　　　　　　(D) 设置幻灯片的放映方式

8. 在 PowerPoint 2010 中的幻灯片浏览视图中不可以进行的操作是＿＿＿＿。
   (A) 删除幻灯片　　　　　　　　(B) 移动幻灯片
   (C) 编辑幻灯片内容　　　　　　(D) 设置幻灯片的放映方式

9. 在 PowerPoint 2010 中打开文件，以下正确的是＿＿＿＿。
   (A) 只能打开一个文件
   (B) 最多能打开四个文件
   (C) 能打开多个文件，但不能同时将它们打开
   (D) 能打开多个文件，也可以同时将它们打开

10. 在 PowerPoint 2010 中，以下说法中正确的是＿＿＿＿。
    (A) 只有在"普通"视图中才能插入新幻灯片
    (B) 只有在"大纲"视图中才能插入新幻灯片
    (C) 只有在"幻灯片浏览"视图中才能插入新幻灯片
    (D) 在"普通"、"大纲"、"幻灯片浏览"视图中都可以插入新幻灯片

11. 在 PowerPoint 2010 的"幻灯片浏览"视图中，用鼠标拖动复制幻灯片时，要同时按住_____。

    (A) Delete   (B) Ctrl   (C) Shift   (D) Esc

12. 在 PowerPoint 2010 的"幻灯片浏览"视图中，用鼠标单击同时选定多张幻灯片时，要按住_____。

    (A) Delete   (B) Ctrl   (C) Shift   (D) Esc

13. 在 PowerPoint 2010 中，不可以在"字体"对话框中进行设置的是_____。

    (A) 文字颜色   (B) 文字对齐格式

    (C) 文字大小   (D) 文字字体

14. 在 PowerPoint 2010 的"幻灯片切换"任务窗格中，允许的设置是_____。

    (A) 设置幻灯片切换时的视觉效果和听觉效果

    (B) 只能设置幻灯片切换时的听觉效果

    (C) 只能设置幻灯片切换时的视觉效果

    (D) 只能设置幻灯片切换时的定时效果

15. 在 Power Point 2010 的幻灯片放映过程中，要回到上一张幻灯片，不可以的操作是_____。

    (A) 按 P 键   (B) 按 PageUp 键

    (C) 按 BackSpace 键   (D) 按 Space 键

16. 在 PowerPoint 2010 中打印文件，以下不是必要条件的是_____。

    (A) 连接打印机

    (B) 对被打印的文件进行打印前的幻灯片放映

    (C) 安装打印驱动程序

    (D) 进行打印设置

17. 对于演示文稿的描述正确的是_____。

    (A) 演示文稿中的幻灯片版式必须一样

    (B) 使用模板可以为幻灯片设置统一的外观式样

    (C) 只能在窗口中同时打开一份演示文稿

    (D) 可以使用"文件"菜单中的"新建"命令为演示文稿添加幻灯片

18. PowerPoint 2010 中，不能实现的功能为_____。

    (A) 设置对象出现的先后次序   (B) 设置同一文本框中不同段落的出现次序

    (C) 设置声音的循环播放   (D) 设置幻灯片的切换效果

19. PowerPoint 2010 中，不可以改变幻灯片顺序的视图是_____。

    (A) 幻灯片   (B) 幻灯片浏览   (C) 普通   (D) 备注页

20. PowerPoint 2010 中，可以修改幻灯片内容的视图是_____。

    (A) 幻灯片   (B) 幻灯片浏览   (C) 幻灯片放映   (D) 备注页

21. PowerPoint 2010 中，可以在两份演示文稿中移动/复制幻灯片的视图是_____。

    (A) 幻灯片   (B) 幻灯片浏览   (C) 幻灯片放映   (D) 备注页

22. PowerPoint 2010 的幻灯片母版中一般都包含的占位符是_____。

    (A) 标题占位符   (B) 文本占位符   (C) 图标占位符   (D) 页脚占位符

23. PowerPoint 2010 中，幻灯片的配色方案可以通过哪项更改?_____。

　　(A) 模板　　　　　(B) 母版　　　　　(C) 样式(D) 版式

24. PowerPoint 2010 中，如果一个幻灯片集没有标题幻灯片，则没有_____。

　　(A) 标题母版　　　(B) 幻灯片母版　　　(C) 备注母版　　　　(D) 讲义母版

25. PowerPoint 2010 中，如果用户要将文件存储为直接放映类型，这时应选择的文件名后缀为_____。

　　(A) PPTX　　　　　(B) PPSX　　　　　(C) HTM　　　　　　(D) AVI

26. PowerPoint 2010 不能实现的功能是_____。

　　(A) 文字编辑　　　(B) 绘制图形　　　　(C) 创建图表　　　　(D) 数据分析

27. PowerPoint 2010 提供了_____种建立演示文稿的方法。

　　(A) 2　　　　　　 (B) 3　　　　　　　 (C) 1　　　　　　　 (D) 4

28. PowerPoint 2010 中，在"动作设置"对话框中，可以设置鼠标的动作为_____。

　　(A) 鼠标三击　　　(B) 鼠标移过　　　　(C) 鼠标双击　　　　(D) 鼠标右击

29. PowerPoint 2010 中，可以在幻灯片中插入表格，为了快速生成表格，所选择的"插入表格"按钮在_____。

　　(A) 常用工具栏　　　　　　　　　　　 (B) 格式工具栏
　　(C) 表格和边框工具栏　　　　　　　　 (D) 绘图工具栏

30. PowerPoint 2010 是_____。

　　(A) 信息管理软件　　　　　　　　　　 (B) 通用电子表格软件
　　(C) 演示文稿制作软件　　　　　　　　 (D) 图形文字出版物制作软件

31. 下列说法正确的是_____。

(A) 在幻灯片中插入的声音用一个小喇叭图标表示

　　(B) 在 PowerPoint 中，可以录制声音

　　(C) 在幻灯片中插入播放 CD 曲目时，显示为一个小唱盘图标

　　(D) 以上三种说法都正确

32. PowerPoint 2010 中，如果要对多张幻灯片进行同样的外观修改，_____。

　　(A) 必须对每张幻灯片进行修改　　　 (B) 只需在幻灯片母版上做一次修改
　　(C) 只需更改标题母版的版式　　　　 (D) 没法修改，只能重新制作

33. PowerPoint 2010 中，在演示文稿中插入图片，首先要_____。

　　(A) 选择幻灯片　　　　　　　　　　 (B) 使用"插入"菜单中的命令
　　(C) 使用常用工具栏上的按钮　　　　 (D) 使用格式工具栏上的按钮

34. PowerPoint 2010 中，要预览幻灯片中的动画和切换效果，应_____。

　　(A) 先"自定义动画"，再使用"动画预览"命令

　　(B) 直接使用"动画预览"命令

　　(C) 先"自定义放映"，再使用"动画预览"命令

　　(D) 先"设置放映方式"，再使用"动画预览"命令

35. PowerPoint 2010 中，为当前幻灯片的标题文本占位符添加边框线，首先要_____。

　　(A) 使用"颜色和线条"命令　　　 (B) 选中标题文本占位符
　　(C) 切换至标题母版　　　　　　　 (D) 切换至幻灯片母版

36. 若要在每页打印纸上打印多张幻灯片，可在"打印内容"框中选择_____。

  (A) 幻灯片   (B) 讲义   (C) 备注页   (D) 大纲视图

37. PowerPoint 2010 中，在幻灯片上绘制图形时，如果要用椭圆工具画出正圆形图形，应按住_____。

  (A) Shift 键 (B) Ctrl 键 (C) Alt 键 (D) Tab 键

38. PowerPoint 2010 中，若要完成常用数学公式的编辑，利用_____。

  (A) 新建窗口 (B) 文本框 (C) 母版   (D) 公式编辑器

39. 在 PowerPoint 2010 中没有的对齐方式是_____。

  (A) 左对齐   (B) 右对齐   (C) 两端对齐   (D) 分散对齐

40. 在 PowerPoint 2010 的大纲窗格中，不可以_____。

  (A) 插入幻灯片 (B) 删除幻灯片 (C) 移动幻灯片 (D) 添加文本框

41. PowerPoint 2010 中可以对幻灯片进行移动、删除、添加、复制和设置动画效果，但不能编辑幻灯片中具体内容的视图是_____。

  (A) 普通视图   (B) 幻灯片浏览视图

  (C) 幻灯片放映视图   (D) 大纲视图

42. 在编辑演示文稿时，要在幻灯片中插入表格、剪贴画或照片等图形，应在以下哪种视图中进行?_____。

  (A) 备注页视图   (B) 幻灯片浏览视图

  (C) 幻灯片放映视图   (D) 幻灯片视图

43. 以下_____不是合法的"打印内容"选项。

  (A) 幻灯片 (B) 备注页 (C) 讲义   (D) 幻灯片浏览

44. 在 PowerPoint 2010 中对普通视图可以进行的操作有_____。

  (A) 移动、删除、添加和复制 (B) 设置动画效果

  (C) 编辑幻灯片中具体内容 (D) 以上都可以

45. 在编辑演示文稿时，要在幻灯片中插入表格、剪贴画或照片等图形，应在_____中进行。

  (A) 备注页视图   (B) 幻灯片浏览视图

  (C) 幻灯片视图   (D) 大纲视图

46. Powerpoint 2010 可以用彩色、灰度或黑白打印演示文稿的幻灯片、大纲、备注和_____。

  (A) 观众讲义   (B) 所有图片

  (C) 所有表格   (D) 所有动画设置情况

47. 在 PowerPoint 2010 中，如果有额外的一、两行不适合文本占位符的文本，则 PowerPoint 会_____。

  (A) 不调整文本的大小，也不显示超出部分

  (B) 自动调整文本的大小使其适合占位符

  (C) 不调整文本的大小，超出部分自动移至下一幻灯片

  (D) 不调整文本的大小，但可以在幻灯片放映时用滚动条显示文本

48. 以下不属于 PowerPoint 2010 视图方式的是_____。

(A) 幻灯片　　　　(B) 大纲　　　　(C) 普通　　　　(D) 讲义

49. 选择全部演示文稿时，可用快捷键_____。

(A) Shift + A　　(B) Ctrl + Shift　　(C) Ctrl + A　　(D) Ctrl + Shift + A

50. PowerPoint 2010 不可创建演示文稿的方法是_____。

(A) 设计模板　　(B) 制作模板　　(C) 内容模板　　(D) 空白模板

51. 可删除幻灯片的操作是_____。

(A) 在幻灯片放映视图中选择幻灯片，再按 Del 键

(B) 在幻灯片视图中选择幻灯片，再按"复制"按钮

(C) 在幻灯片浏览视图中选中幻灯片，再按 Del 键

(D) 按 Esc 键

52. "自定义动画"对话框中有关动画设置的选项不包括_____。

(A) 动画顺序　　(B) 预设动画　　(C) 效果　　　　(D) 声音

53. 下述有关在幻灯片浏览视图下的操作，不正确的是_____。

(A) 采用 Shift 加鼠标左键的方式选中多张幻灯片

(B) 采用鼠标拖动幻灯片可改变幻灯片在演示文稿中的位置

(C) 在幻灯片浏览视图下可隐藏幻灯片

(D) 在幻灯片浏览视图下可删除幻灯片中的某一对象

54. 在幻灯片放映时，从一张幻灯片过渡到下一张幻灯片，称为_____。

(A) 动作设置　　(B) 过渡　　　　(C) 幻灯片切换　　(D) 过滤

55. 水平滚动条左方按钮的作用是_____。

(A) 切换视图方式　　　　　　　(B) 设定字体格式

(C) 设置段落格式　　　　　　　(D) 设置项目符号

56. "幻灯片切换"对话框中不能设置的选项包括_____。

(A) 效果　　　　(B) 换页方式　　(C) 声音　　　　(D) 链接

57. 插入一张新幻灯片按钮为_____。

(A) 插入　　　　(B) 新幻灯片　　(C) 新建　　　　(D) 打开

58. 若要设置幻灯片中对象的动画效果，应选择_____视图。

(A) 幻灯片　　　(B) 母版　　　　(C) 大纲　　　　(D) 幻灯片放映

二、填空题

1. PowerPoint 2010 中常用视图方式有_____、_____、_____、_____。

2. PowerPoint 2010 是在_____操作系统下运行的。

3. 在 PowerPoint 2010 里创建一个演示文稿就是建立一个新的以_____为扩展名的 PowerPoint 文件。

4. 在 PowerPoint 2010 窗口标题栏的右侧，一般有三个按钮，分别是_____、_____ 和_____按钮。

5. PowerPoint 2010 的_____栏用于显示幻灯片的序号或选用的模板等当前视图的有关信息。

6. 在 PowerPoint 2010 中提供了左对齐、右对齐、居中对齐和_____四种对齐方式。

7. 在 PowerPoint 2010 中，"填充效果"对话框由"过渡"、"_____"、"_____"

和"图片"四个选项卡组成。

8. 在 PowerPoint 2010 的"幻灯片版式"中提供了_____种版式。

9. 在 PowerPoint 2010 中，关闭演示文稿窗口时，可以利用双击演示文稿窗口左上角的_____图标进行关闭。

10. 在 PowerPoint 2010 中，在幻灯片的背景设置过程中，如果按_____按钮，则目前背景设置对演示文稿的所有幻灯片起作用；如果按_____按钮，则目前背景设置只对演示文稿的当前幻灯片起作用。

11. 在 PowerPoint 2010 中，"▉"图标用来设置对象的_____效果。

12. 在 PowerPoint 2010 中，"▉"图标用来设置对象的_____效果。

13. 经过_____后的 PowerPoint 文稿，在任何一台 Windows 7 操作系统的机器中都可以正常放映。

14. 在 PowerPoint 2010 中，删除演示文稿中的一张幻灯片的方法可以是：用鼠标单击要删除的幻灯片，再按下_____键，即可删除该张幻灯片。

15. 如果想让公司的标志以相同的位置出现在每张幻灯片上，不必在每张幻灯片上插入该标志，只要简单地将标志放在幻灯片的_____上，该幻灯片就会自动地出现在演示文稿的每张幻灯片上。

16. 在 PowerPoint 2010 中，如果要在幻灯片浏览视图中选定若干张幻灯片，那么应先按住_____键，在分别单击各幻灯片。

17. 在 PowerPoint 2010 中，可以对幻灯片进行移动、删除、复制、设置动画效果，但不能对单独的幻灯片的内容进行编辑的视图是_____。

18. PowerPoint 2010 的 Office 助手能根据当前的任务给出提示和建议，使用户创建出更好的演示文稿。当用户启动某一任务时，有时屏幕上会显示_____，单击它便可以看到提示。

19. 在 PowerPoint 2010 中包含预定义的格式和配色方案，可以应用到任何演示文稿中创建独特的外观的模板是_____。

20. 在 PowerPoint 2010 中，若为幻灯片中的对象设置动画，可使用"预设动画"或_____命令。

21. PowerPoint 文件扩展名为_____。

22. 在 PowerPoint 2010 中，幻灯片放映时的切换速度分别为_____、_____和_____。

23. 在 PowerPoint 2010 中，当选择"空白演示文稿"进行幻灯片设计时，或者选择"插入新幻灯片"时，均会弹出_____任务窗格，提供版式选取。

24. 在 PowerPoint 2010 的背景对话框中，其背景填充包括过渡、图片、纹理和_____。